基于 UG NX 8.5 的产品建模与结构设计

主　编　王洪磊　许红伍
副主编　倪红海　冯静娟　郑爱权
主　审　周晓刚

北京理工大学出版社
BEIJING INSTITUTE OF TECHNOLOGY PRESS

图书在版编目（CIP）数据

　　基于 UG NX 8.5 的产品建模与结构设计/王洪磊，许红伍主编. —北京：北京理工大学出版社，2022.8重印

　　ISBN 978 - 7 - 5682 - 4726 - 9

　　Ⅰ . ①基…　Ⅱ . ①王…　②许…　Ⅲ . ①工业产品 – 产品设计 – 计算机辅助设计 –应用软件 – 高等学校 – 教材　Ⅳ . ①TB472 – 39

　　中国版本图书馆 CIP 数据核字（2017）第 206303 号

出版发行 / 北京理工大学出版社有限责任公司

社　　址 / 北京市海淀区中关村南大街 5 号

邮　　编 / 100081

电　　话 / （010）68914775（总编室）

　　　　　　（010）82562903（教材售后服务热线）

　　　　　　（010）68948351（其他图书服务热线）

网　　址 / http：//www.bitpress.com.cn

经　　销 / 全国各地新华书店

印　　刷 / 三河市天利华印刷装订有限公司

开　　本 / 787 毫米 × 1092 毫米　1/16

印　　张 / 26.25　　　　　　　　　　　　责任编辑 / 王玲玲

字　　数 / 620 千字　　　　　　　　　　　文案编辑 / 王玲玲

版　　次 / 2022年8月第1版第6次印刷　　　责任校对 / 周瑞红

定　　价 / 69.00元　　　　　　　　　　　责任印制 / 李志强

前　言

UG（Unigraphics）是西门子 UGS PLM 软件开发的 CAD/CAM/CAE 一体化集成软件，其汇集了美国航空航天和汽车工业的专业经验。目前，UG 在航空航天、汽车、通用机械、工业设备、医疗器械及其他高科技应用领域的机械设计和模具加工自动化市场上已经得到了广泛的应用。UG NX 8.5 是目前 UG 公司推出的较新版本，与以前的版本相比，其在性能方面有了一定的改善，克服了以前版本中一些不尽如人意的地方。此外，UG NX 8.5 和之前的版本相比，新增了 HD3D、齿轮设计模块和同步建模技术增强功能，创新、开放性的快速、精确可视化分析解决方案，进一步巩固了 NX 以突破性同步建模技术建立的领先地位。UG NX 8.5 融入了各行业的各个模块，涵盖了产品设计、工程和制造、结构分析、运动仿真等，为产品从研发到生产的整个过程提供了一个数字化平台，工程师可以通过这个数字化平台使很多烦琐的事变得方便快捷，和传统的研发过程相比，大大缩短了研发周期。

本教材根据学者的学习习惯和工作后的发展阶段，分成 9 大模块，由浅入深、环环相扣，主要内容安排如下。

模块 1　认识 UG NX 8.5。主要讲解 UG NX 8.5 功能模块、UG NX 8.5 操作界面和 UG NX 8.5 操作环境。

模块 2　基于轴测图的零件建模。主要是通过轴测实体图帮助学者构建三维思路，掌握基准特征和基本特征的创建、扫描特征的创建、详细特征的运用和特征操作。

模块 3　多视图的零件建模（有轴测图）。主要是让学者参考轴测图模型，看懂三视图，确定构建尺寸，同时掌握基准特征和基本特征的创建。

模块 4　多视图的零件建模（无轴测图）。主要是锻炼学者通过三视图构建三维模型，确定构建尺寸，熟练应用基准特征和基本特征。

模块 5　基于图片的零件结构设计。主要是让学者掌握复杂产品的造型方法，能够根据产品的功能确定产品尺寸，构建产品所需曲线和曲面。

模块 6　基于零件的装配建模。主要是让学者模拟装配组建，通过装配组建构建组建的运动仿真，通过仿真明确各部分的连接关系和运动关系。

模块 7　基于装配的零件设计。主要是让学者初步掌握通过 WAVE 模式进行产品研发的过程，同时掌握标准件的调入和使用。

模块 8　零件和组件图纸设计。主要是让学者能够把自己设计的产品输出成工作交流的图纸。

附录主要包括 UG NX 8.5 快捷键的设置、常用快捷键的查询和往届全国 CAD 大赛试题。

本教材把 UG NX 8.5 的曲线功能、草图功能、实体造型、曲面创建、工程图绘制、装配功能、运动仿真功能、模具中标准件调入功能融入具体案例，对于案例中没有引用的特征命令，通过"知识加油"加以补充。

本教材结构严谨、内容丰富、条理清晰、实例典型、易学易用，注重实用性和技巧性，是一本很好的入门学习教程。本教材还配备了包含操作视频在内的教学视频，方便实用，便于学者学习使用。本教材可供高职类学生和广大初中级用户及设计人员使用，也适合作为各职业培训机构、大中专院校相关专业 CAD 课程的参考用书。

参与编写本教材的有苏州健雄职业技术学院的王洪磊老师、许红伍老师、倪红海老师、郑爱权老师，硅湖职业技术学院的冯静娟老师。在本教材完成之际，苏州健雄职业技术学院中德工程学院的周晓刚院长帮助审核了稿件，给教材编写提出了很多的宝贵意见，在这里表示感谢。

虽然作者在编写过程中力求叙述准确、完善，但由于水平有限，加之时间紧迫，书中难免存在不妥或疏漏之处，恳请广大读者批评指正。

编　者

CONTENTS 目录

模块 1

认识 UG NX 8.5

UG（Unigraphics）是西门子 UGS PLM 软件开发的 CAD/CAM/CAE 一体化集成软件，为用户提供了最先进的集成技术和产品开发过程的解决方案，能够把任何产品的构思付诸实际。UG NX 是西门子公司出品的一个产品工程解决方案，它为用户的产品设计及加工过程提供了数字化造型和验证手段。NX 针对用户的虚拟产品设计和工艺设计的需求，提供了经过实践验证的解决方案。NX 先后推出多个版本，并且不断升级，本教程采用的 Siemens NX 8.5 版本进行了多项以用户为核心的改进，提供了特别针对产品式样、设计、模拟和制造而开发的新功能。此软件集建模、制图、加工、结构分析、运动分析和装配等多个应用模块于一体，使用这些模块，可以实现产品工程设计、绘图、装配、辅助制造和分析一体化。随着版本的不断更新和功能的不断补充，使其向专业化和智能化不断迈进，例如，UG NX 被广泛应用于航天、航空、汽车、造船、机械布线等领域，显著地提高了相关工业的生产率。

操作视频

项目 1.1　UG NX 8.5 功能模块认知

●项目要点

本项目主要通过 UG NX 8.5 的操作认识 UG NX 8.5 的功能模块。

●项目目标

☑ 能够熟练切换 UG NX 的功能模块；
☑ 能正确认识各模块的功能。

1.1.1　基本环境

该模块是 UG NX 8.5 软件所有其他模块的基本框架，是启动 UG NX 8.5 软件时运行的第一个模块。它为其他 UG NX 模块提供了统一的数据库支持和交互环境。可以执行打开、创建、保存、屏幕布局、视图定义、模型显示、图层管理、绘图、打印队列和浮动权管理等多种功能。

在 UG NX 8.5 中，通过选择"开始"→"基本环境"命令，可以在任何时候从其他应用模块回到基本环境。如果用户不知道具体的菜单和图标置于软件何处，可以右击，然后在弹出的快捷菜单中选择相应的操作；也可以单击"命令查找器"按钮，在弹出的"命令查找器"中进行搜索。

1.1.2 CAD 模块

1. 建模（Modeling）

该模块主要用于产品部件的三维实体特征建模，是 UG 的核心模块。它不但能生成和编辑各种实体特征，还具有丰富的曲面建模工具，可以自由地表达设计思想，创造性地改进设计，从而获得良好的造型效果和造型速度，如图 1 - 1 所示。

选择"开始"→"建模"命令，可进入该模块。

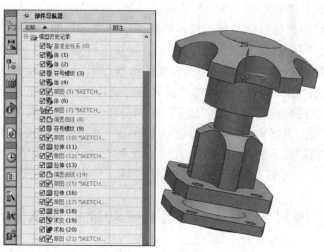

图 1 - 1　建模模块

2. 工程制图（Drafting）

该模块可以从已经建立的三维模型自动生成平面工程图，也可以利用曲线功能绘制平面工程图，如图 1 - 2 所示。它拥有自动视图布置、剖视图、各向视图、局部放大图、局部剖视图、尺寸标注、形位公差、表面粗糙度符号标注、支持国家标准、标准汉字输入、视图手工编辑、装配图剖视、爆炸图和明细表自动生成等工具。

选择"开始"→"制图"命令，可进入该模块。

3. 装配模块（Assembly Modeling）

该模块可以提供并行的自上而下和自下而上的产品开发方法，从而在装配模块中可以改变组件的设计模型；还能够快速地直接访问任何已有的组件或者子装配的设计模型，实现虚拟装配，如图 1 - 3 所示。

选择"开始"→"装配"命令，可进入该模块。

4. 钣金设计（Sheet Metal Design）

该模块提供了基于参数、特征方式的钣金零件建模功能，并提供了对模型的编辑和零件的制造过程，以及对钣金模型展开和重叠的模拟操作，如图1-4所示。

选择"开始"→"钣金"命令，可进入该模块。

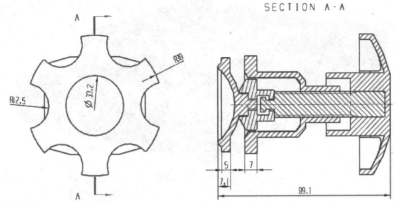

图1-2 工程图模块

图1-3 装配模块　　　　　　　　　　图1-4 钣金模块

5. 注塑模向导（Moldflow Part Adviser）

该模块采用过程向导技术来优化模具设计流程，基于专家经验的工作流程、自动化的模具设计和标准模具库，指导注塑模具的完成，如图1-5所示。

选择"开始"→"所有应用模块"→"注塑模向导"命令，可进入该模块。

1.1.3 CAM 模块

该模块用于数控加工模拟及自动编程，可以进行二-五轴的加工，完成数控加工的全过程。同时提供通用的点位加工编程功能，可用于钻孔、攻丝和镗孔等加工的编程。还可以根据加工机床控制器的不同，定制后处理程序，使生成的指令文件直接应用于用户指定的机床，如图1-6所示。

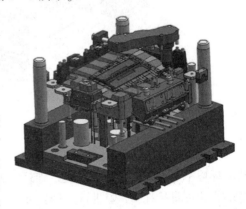

图1-5 注塑模模块

选择"开始"→"加工"命令，可进入该模块。

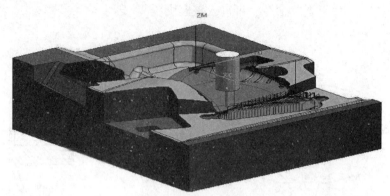

图1-6　加工模块

1.1.4　CAE 模块

1. 有限元分析（Finite Element Analysis）

有限元前后置处理模块是一个集成化、全相关、直观易用的 CAE 工具，可对 UG 零件和装配进行快速的有限元前后置处理。该模块主要用于设计过程中的有限元分析计算和优化，以得到优化的高质量产品，并缩短产品开发时间，如图 1-7 所示。

选择"开始"→"高级仿真"命令，可进入该模块。

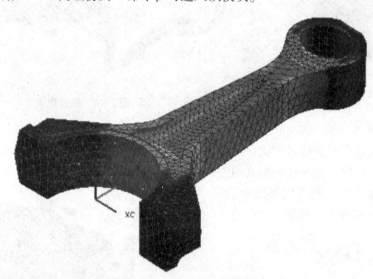

图1-7　有限元分析模块

2. 机构分析（Motion Simulation）

UG NX 运动机构模块提供机构设计、分析、仿真和文档生成功能，可在 UG 实体模型或装配环境中定义机构，包括铰链、连杆、弹簧、阻尼、初始运动条件等机构定义要素，定义好的机构可直接在 UG 中进行分析，可进行各种研究，包括最小距离、干涉检查和轨迹包络线等选项，同时可实际仿真机构运动，如图 1-8 所示。

选择"开始"→"运动仿真"命令，可进入该模块。

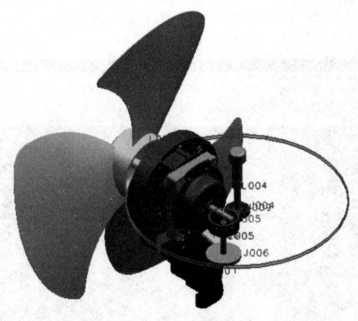

图 1-8　运动仿真模块

项目 1.2　认识 UG NX 8.5 操作环境

●项目要点

　　本项目主要是通过 UG NX 8.5 的操作环境的学习，掌握 UG NX 8.5 的启动方法，能够初步认识 UG NX 8.5 的界面组成；能够简单地操作 UG NX 8.5 进行文件的打开、关闭、保存等；能够对对象进行隐藏、缩放、移动到图层和线框显示等操作；能够初步认识 UG NX 8.5 的坐标系。

●项目目标

　　☑ 能够独立地创建、关闭、保存零件；
　　☑ 能够熟练操作鼠标对视图进行缩放、移动；
　　☑ 能对对象进行删除、显示、移到图层等操作。

1.2.1　UG NX 8.5 操作界面

1. UG NX 8.5 的启动
启动 UG NX 8.5 有以下 3 种方法。
①双击桌面上的快捷方式图标　。

②选择"开始"→"程序"→"Siemens NX 8.5"→"NX 8.5"命令。

③在 UG NX 8.5 安装目录的 UGII 子目录下双击 ugraf. exe 图标。

打开 UG NX 8.5 中文版后，界面如图 1 -9 所示。

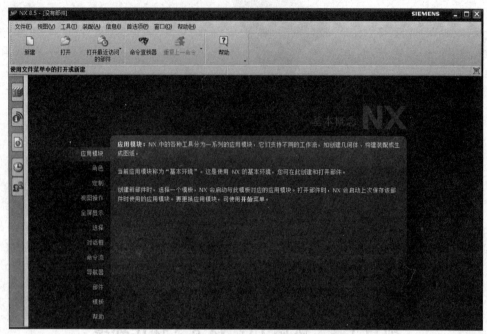

图 1 -9　UG NX 8.5 中文版的启动界面

2. UG NX 8.5 的工作界面

单击图 1 -9 中的"标准"工具栏上的 按钮，打开"新建"对话框，选择"模型"选项卡，设置"单位"为"毫米"，新建一个 *. prt 文件，如图 1 - 10 所示。在文件夹选项处选择合适的目录，单击 确定 按钮，进入基本环境模块。

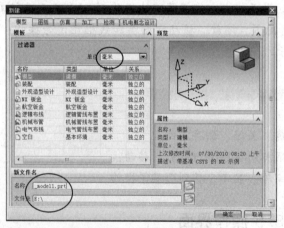

图 1 - 10　"新建"对话框

单击"标准"工具栏上的 开始· 按钮右侧的下拉按钮 ，打开 UG NX 8.5 的各个应用模块，如图 1 - 11 所示，选择相关应用模块即可进入该模块。

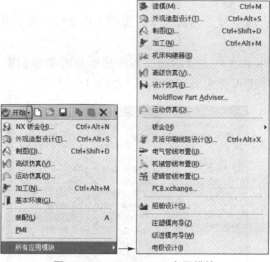

图 1 – 11　UG NX 8.5 应用模块

学习和使用 UG NX 8.5 软件一般都从建模模块开始，下面就通过建模模块的工作界面来介绍 UG NX 8.5 主工作界面的组成。

选择"标准"工具栏中的"开始"→"所有应用模块"→"建模"命令，系统进入建模模块，其工作界面如图 1 – 12 所示。该工作界面主要包括标题栏、菜单栏、工具栏、提示栏、状态栏、部件导航器、坐标系和绘图区域 8 个部分。

图 1 – 12　UG NX 8.5 的工作界面

1）标题栏

用于显示软件名称、版本号、当前模块、当前工作部件文件名和修改状态等信息。

2）菜单栏

菜单栏包含了 UG NX 8.5 的主要功能，系统将所有的命令和设计选项都放在不同的下拉菜单中。单击任一菜单即可弹出其下拉菜单，如图 1 – 13 所示。

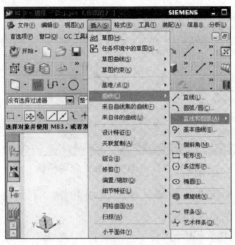

图 1 – 13 "插入"下拉菜单

从图 1 – 12 可以看出，UG NX 8.0 的菜单栏包括"文件""编辑""视图""插入""格式""工具""装配""信息""分析""首选项""窗口""GC 工具箱"和"帮助"13 个菜单项。

3）状态栏

用于显示系统或图元的状态，如显示命令结束的信息等。

4）提示栏

显示用户下一步应该进行的操作。

 要点提示

操作时要随时留意提示栏的相关信息，以确保下一步的操作顺利和正确。

5）坐标系

UG 中的坐标系分两种，即工作坐标系（WCS）和绝对坐标系（ACS）。其中工作坐标系是建模时直接应用的坐标系，通过运用旋转、移动等命令来变换工作平面，便于绘制图形和实体建模。

6）绘图工作区

用于绘图、建模和显示相关对象的区域。

7）部件导航器

显示建模的先后顺序和父子关系，在相应的项目上右击，可进行打开、复制等快速操作。

8）工具栏

把各个菜单转化为图标形式，各图标以图形方式形象地表示出命令的功能，方便用户使用。常用的工具栏近20种，这里列出其中8种。

  □□ "标准"工具栏，如图1－14所示。

图1－14　"标准"工具栏

  □□ "视图"工具栏，如图1－15所示。

图1－15　"视图"工具栏

  □□ "应用模块"工具栏，如图1－16所示。

图1－16　"应用模块"工具栏

  □□ "特征"工具栏，如图1－17所示。

图1－17　"特征"工具栏

  □□ "编辑特征"工具栏，如图1－18所示。

图1－18　"编辑特征"工具栏

📖 "曲线"工具栏,如图1-19所示。

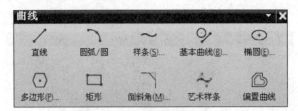

图1-19 "曲线"工具栏

📖 "编辑曲线"工具栏,如图1-20所示。

图1-20 "编辑曲线"工具栏

📖 "曲面"工具栏,如图1-21所示。

图1-21 "曲面"工具栏

1.2.2 UG NX 8.5文件的基本操作

1. UG NX 8.5打开文件(操作案例见Resources\Teaching project\Ch01\lunpian)

在NX 8.5的初始界面,选择"文件"→"打开"命令,或者单击"主页"选项卡中的"打开"按钮,系统弹出"打开"对话框,如图1-22所示。在"查找范围"下拉列表框中浏览到文件所在文件夹,选中某一文件,在对话框右上角显示其预览图,确认之后单击"OK"按钮,即可打开该文件,进入NX 8.5的工作界面。

2. 保存文件

为了避免因断电、系统崩溃意外因素等造成文件丢失,用户在绘图的过程中要及时保存文件,而不要等到关闭文件时再保存。在NX 8.5的工作界面,选择"文件"选项卡中的"保存"命令,子菜单中提供了多种保存文件命令,包括"保存""仅保存工作部件""另存为"和"全部保存"命令,这几种保存命令的作用各不相同。

📖保存:保存工作部件和修改后的组件。

📖仅保存工作部件:工作部件是指在组件文件中设置为工作部件的零件,选择仅"保存工作部件",则工作部件之外的其他部件将不会保存。

📖另存为:将当前文件以不同的路径或文件名保存,这样对打开的源文件不产生影响。

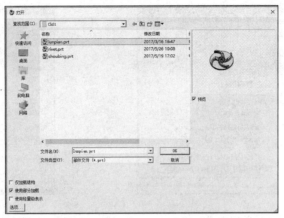

图1－22　"打开"对话框

📖 全部保存：在所有打开的文件中，保存那些已经修改过的文件，未修改的文件不会保存（也没有必要保存）。

由于NX 8.5是在新建文件的时候就已经指定了保存名称和保存路径，因此，执行保存命令之后，该文件直接完成保存，在状态栏的中部会显示保存的进程。如果执行"另存为"命令，系统将弹出"另存为"对话框，如图1－23所示。这里需要重新指定保存的文件名或保存路径，同样需要注意文件名和路径名中不能包含中文。单击"OK"按钮，即完成文件的保存。

图1－23　"另存为"对话框

3. 关闭文件

选择"文件"→"关闭"命令，其子菜单如图1－24所示。各种关闭命令介绍如下。

📖 选定的部件：选择此命令，系统弹出"关闭部件"对话框，如图1－25所示。列表中列出了过滤之后的部件，选择要关闭的部件，单击 确定 按钮即可将其关闭。如果被关闭的文件经过了修改，系统会弹出最后提示信息。

📖 所有部件：选择此命令，将关闭所有打开的文件。如果有文件经过修改且没有保存，则系统会提示保存。

📖 保存并关闭：保存当前窗口的文件，并关闭该文件。

📖 另存并关闭：将当前窗口文件另存，并关闭该文件。

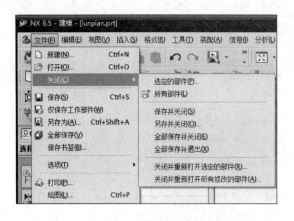

图1-24　文件关闭方式　　　　　　　图1-25　"关闭部件"对话框

    📖全部保存并关闭：将所有打开的文件保存，并关闭所有文件。

    📖全部保存并退出：将所有打开的文件保存，并直接退出软件。

    📖关闭并重新打开选定的部件：在装配过程中，如果对某个部件进行了修改，但不希望使用此修改的部件，那么可以重新打开该部件的初始文件。选择此命令，系统弹出"重新打开部件"对话框。

    📖关闭并重新打开所有修改的部件：装配体中的所有被修改的文件将被重新打开。

1.2.3　UG NX 8.5 对象操作

1. 选择对象

    UG NX 8.5 默认以特征或草图作为单位选择对象。将光标移动到某个特征或草图上，指针旁边出现该对象的信息，如图1-26所示，单击左键即可选择该对象。选中该对象之后，状态栏中部出现对象已经选中的信息，如图1-27所示。选定某一对象之后，按 Esc 键可以取消选中对象。

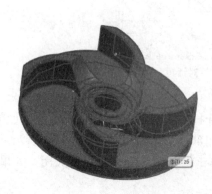

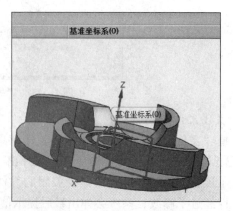

图1-26　对象名称的显示　　　　　　图1-27　状态栏上的选中提示

要点提示

　　操作时要随时留意提示栏的相关信息，以确保下一步的操作顺利和正确。

　　如果需要选择特征的边、面等底层对象，或者需要选择片体、基准等特殊对象，又不希望其他对象影响到选择，就可以使用选择过滤器。选择过滤器分为两级过滤，第一级过滤对象的类型，如图1-28所示；第二级过滤对象所属的范围，如图1-29所示。选择一种过滤类型和过滤范围，指针将只能够选择此类型及该范围内的对象，非所选类型和范围内的对象将不被识别。

图1-28　类型过滤

图1-29　范围过滤

2. 删除对象

　　选择"编辑"→"删除"命令，系统将弹出"类选择"对话框，如图1-30所示。该对话框中提供了以下几种选择方法。

　　📖选择对象：在对话框中不选择任何按钮，即可在绘图区直接选择对象，所选对象的数量在对话框的第一项中列出。

　　📖全选：单击"全选"按钮，将选择绘图区中的所有对象。但如果在选择过滤器中设置了一定的过滤，将只能选择过滤后的所有对象。

　　📖反向选择：反向选择即将当前已经选中的对象排除，并且将未选中的所有对象选中。

　　📖其他选择方法：展开此卷展栏，可以使用名称选择等其他选择方式。

　　📖过滤器：展开该卷展栏，如图1-31所示，可以选择使用多种过滤器来过滤对象。需要注意的是，每一次过滤器的设置只对之后的选择有效，之前选中的对象

图1-30　"类选择"对话框

不受过滤器影响。单击"重置过滤器"按钮，可以将过滤器的设置恢复到初始设置，即过滤所有对象。

3. 设置对象外观

　　选择"编辑"→"对象显示"命令，或选择"实用工具条"的"对象显示"图标，或按Ctrl+J组合键，系统弹出"类选择"对话框，选择要统一设置外观的对象，然后单击**确定**按钮，系统弹出"编辑对象显示"对话框，如图1-32所示。该对话框包含"常规"和"分析"两个选项卡。"分析"选项卡用于设置对象在分析状态中的显示效果。"常规"

选项卡用于设置对象的常规状态显示效果，该选项卡各选项功能介绍如下。

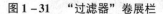

图1-31 "过滤器"卷展栏

图1-32 "编辑对象显示"对话框

    图层：用于指定所选对象的图层，一般将同一类对象放置在同一个图层，便于管理。

    颜色：该选项用于设置所选对象的颜色，单击颜色矩形框，系统弹出图1-33所示的"颜色"对话框，在调色板上选择要应用的颜色。

    线型和宽度：用于设置模型边线、曲线和曲面边线的线型及宽度。

    透明度：拖动滑块可以调整模型显示的透明度，数值越大，透明程度越高。

    局部着色：勾选此项，可以为模型的不同面设置不同颜色。

    面分析：勾选此项表示进行面分析。

    线框显示：只有当选择的对象是曲面对象时，其选项才会激活。该卷展栏用于曲面的网格化显示，通过控制 U、V 两个方向上的线条数量，可以控制网格的密度。

    继承：继承类似于有些软件中的格式刷功能或特征匹配功能，即将一个对象的特性赋予选中的其他对象。单击此按钮，系统弹出"继承"对话框，如图1-34所示。选择一个被继承的对象，然后单击 确定 按钮，系统将回到"编辑对象显示"对话框，将被继承对象的特性应用到所选对象上。

图1-33 "颜色"对话框

图1-34 "继承"对话框

4. 对象隐藏和显示

选择"编辑"→"显示和隐藏"，展开"显示和隐藏"的所有操作命令，如图1-35所示；或展开"实用工具条"的"显示和隐藏"快捷图标，如图 1 – 36 所示；或在绘图区或部件导航器中选择某个对象，展开右键快捷菜单，如图 1 – 37 所示，选择"隐藏"命令，也可以隐藏对象。被隐藏的对象在部件导航器中呈灰色显示，如图 1 – 38 所示。对其展开右键菜单，选择"显示"命令，可以将其重新显示。这种隐藏/显示方法方便快捷，适用于隐藏和显示少量且容易选择的对象。

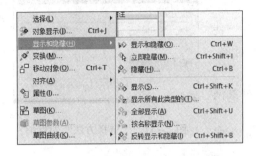

图 1 – 35　"显示和隐藏"下拉菜单

图 1 – 36　"显示和隐藏"快捷图标

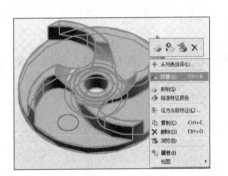

图 1 – 37　"显示/隐藏"下拉菜单

图 1 – 38　"显示/隐藏"快捷图标

　　📖 显示和隐藏：选择此选项，系统弹出"显示和隐藏"对话框，如图 1 – 39 所示。该对话框的作用是对某一类对象进行整体隐藏和显示，单击"隐藏"按钮 ➖，即可将此类对象隐藏；单击"显示"按钮 ➕，即可将该类对象显示。

　　📖 立即隐藏：选择此选项，系统弹出"立即隐藏"对话框，如图 1 – 40 所示。该对话框的作用是在绘图区直接单击要隐藏的对象，该对象立即被隐藏；可以继续选择多个要隐藏的对象。

图 1 – 39　"显示和隐藏"对话框

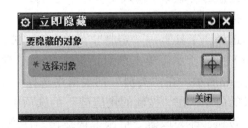

图 1 – 40　"立即隐藏"对话框

📖 隐藏：选择此选项，系统弹出"类选择"对话框，先选择要隐藏的对象，然后进行隐藏。

📖 显示：选择此选项，系统同样弹出"类选择"对话框，此时绘图区只显示已经隐藏的对象，选择要重新显示的对象即可。

在菜单栏中选择"编辑"→"显示和隐藏"命令，其子菜单中包含更多的显示和隐藏命令。

图1-41 "选择方法"对话框

📖 显示所有此类型：选择此选项，系统弹出"选择方法"对话框，如图1-41所示。过滤出一类对象，即可将该类型对象全部显示。

📖 全部显示：选择此选项，将所有隐藏的对象恢复显示。

📖 反转显示和隐藏：将当前隐藏的对象显示，同时将当前显示的对象隐藏。

1.2.4 UG NX 8.5 鼠标和键盘操作

NX 8.5作为一个交互式软件，鼠标和键盘操作是输入指令、调整视图、选择对象的重要工具。

1. 鼠标操作

📖 单击左键：选择特征或命令。

📖 单击右键：

❖ 鼠标在工具按钮区域，则打开设置工具栏对话框；

❖ 鼠标在绘图区空白处，则显示常用显示、筛选命令；

❖ 鼠标在几何特征上，则显示常用特征操作命令。

📖 长按右键：显示渲染快捷命令。

📖 单击中键：相当于"确认"命令。

📖 转动滚轮：相当于视图"缩放"命令。

📖 按住中键并拖动：相当于视图"旋转"命令。

📖 中键+右键或者Ctrl+中键并拖动：相当于视图"平移"命令。

📖 中键+左键并拖动：相当于视图"缩放"命令。

2. 键盘操作

键盘的功能除了输入文本外，还可以设置快捷键。在NX 8.5中几乎所有的命令都可以为其指定一个快捷键或多个按键组合。

选择"工具"→"定制"菜单命令，或按Ctrl+1组合键，系统弹出"定制"对话框，如图1-42所示。单击该对话框上的"键盘"按钮，系统弹出"定制键盘"对话框，如图1-43所示。在"类别"列表框中选择一个菜单目录，然后在"命令"列表框中选择要定义的命令，在"按新的快捷键"的选项中单击鼠标左键，然后按键盘上的键，单击"指派"按钮，即为该命令指派了快捷键。注意指派的快捷键不要与其他命令的快捷键重复，如果其他命令已经使用了该快捷键，对话框底部会有提示信息。

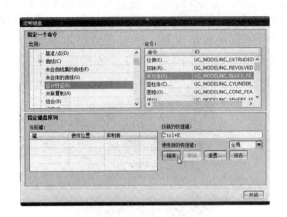

图1-42　"定制"对话框　　　　　　　图1-43　"定制键盘"对话框

1.2.5　UG NX 8.5 视图操作

在设计3D实体模型的过程中，为了能够让用户很方便地在计算机屏幕上用各种视角来观察实体，NX提供了多种控制观察方式及三维视角的功能，包括定向视图、视图操作、渲染样式、背景和布局等。本节将主要讲解这些控制观察方式及三维视角的方法。

在"视图"选项卡中可以添加命令按钮，也可以添加命令类型的下拉菜单，方便用户的使用，下面介绍定向视图、视图操作和渲染样式的操作。

1. 定向视图

选择工具条"视图"→"定向视图"图标，如图1-44所示。

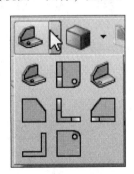

图1-44　定向视图图标

📖前视图 ⌐：用来指定某平面的正方向（即平面的法线方向）朝向前方（即正对于视者）。

📖后视图 ⌐：用来指定某平面的正方向朝向后方（即背对于视者）。

📖仰视图 ⌐：用来指定某平面的正方向朝向上方。

📖俯视图 ⌐：用来指定某平面的正方向朝向下方。

📖左视图 ◁：指定某平面的正方向朝向左方。

📖右视图 ◁：指定某平面的正方向朝向右方。

📖正等测视图 ⬢：用来指定模型等轴测方向的视角。

正二测视图 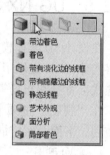：用来指定模型正二测方向的视角。

选择不同的视角按钮，模型就会显示不同的定向视图，如分别选择正等测视图和俯视图，模型显示如图1-45和图1-46所示。

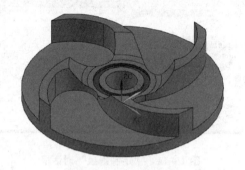 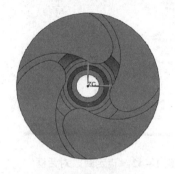

图1-45　正等测视图　　　　　　　　　图1-46　俯视图

2. 渲染样式（操作案例见 Resources\Teaching project\Ch01\View）

"视图"选项卡"样式"工具条中的渲染样式如图1-47所示，其中有多个按钮可以用来设置模型的渲染样式，下面依次来介绍这些选项。

1）线框显示

线框显示有3种，其中"带有淡化边的线框"按钮 表示物体的隐藏线以暗线来表示；"带有隐藏边的线框"按钮 表示物体的隐藏线不显示出来；"静态线框"按钮 表示物体所有的线（包括隐藏线及非隐藏线）都以实线来表示。图1-48所示为3种不同线框显示的模型。

图1-47　渲染样式

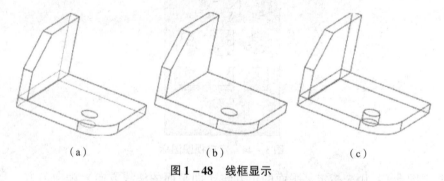

　　　　（a）　　　　　　　　　　（b）　　　　　　　　　　（c）

图1-48　线框显示

（a）带有淡化边的线框；（b）带有隐藏边的线框；（c）静态线框

2）着色显示

着色显示有"带边着色"按钮 、"着色"按钮 和"局部着色"按钮 3个选项。"带边着色"表示用光顺着色和打光渲染工作视图中的面，并显示面的边；"着色"表示用光顺着色和打光渲染工作视图中的面，不显示面的边；"局部着色"表示用光顺着色和打光渲染光标指向的视图中的局部着色面。图1-49所示为3种不同着色显示的模型。

（a）　　　　　　　　　　（b）　　　　　　　　　　（c）

图1-49　着色显示

（a）带边着色；（b）着色；（c）局部着色

1.2.6　工作图层设置

UG NX 8.5为每个部件提供了256个图层，但是只能有一个工作图层。用户可以设置任意一个图层为工作层，也可以设置多个图层为可见层。下面将介绍一些图层设置的操作方法。

1. 图层设置

如图1-50所示，在上边框条中选择"菜单"→"格式"→"图层设置"命令，打开如图1-51所示的"图层设置"对话框，系统提示用户选择图层或者类别。一个图层的状态有4种，它们是"设为可选""设为工作层面""设为不可见"和"设为仅可见"。用户在"图层/状态"列表框中选择一个图层后，"可选""不可见"和"只可见"3个按钮被激活，用户根据自己的需要，只要单击相应的按钮即可设置选择图层为可选的、不可见的或者只可见的。

图1-50　选择"图层设置"命令

图1-51　"图层设置"对话框

2. 移动至图层

有时用户需要把某一图层的对象移动到另一个图层中去，就需要用到"移动至图层"命令。在上边框条中选择"菜单"→"格式"→"移动至图层"命令，系统打开如图1-

52 所示的"类选择"对话框。用户在绘图区选择需要移动的对象后，单击 ▣确定▣ 按钮，打开如图 1 – 53 所示的"图层移动"对话框，系统提示用户选择要放置已选对象的图层。

图 1 – 52　　"类选择"对话框

图 1 – 53　　"图层移动"对话框

项目 1.3　UG NX 8.5 系统参数设置

● 项目要点

本项目主要是让用户根据自己的需要，改变 UG NX 8.5 默认的一些参数设置，如对象的显示颜色、绘图区的背景颜色、对话框中显示的小数点位数等。本节将介绍一些改变系统参数设置的方法，包括对象参数设置、用户界面参数设置、选择参数设置和可视化参数设置。

● 项目目标

☑ 能够改变 UG NX 的操作语言环境；
☑ 能够改变 UG NX 的背景环境；
☑ 能对 UG NX 的对象显示进行编辑。

1.3.1　系统环境参数设置

1. 系统环境变量的设置

在 Windows 系统中，软件系统的工作路径是由系统注册表和环境变量来设置的。UG NX 8.5 安装后会自动建立一些系统环境变量，如 UGII_BASE_DIR、UGII_LANG、UG_ROOT_DIR、UGII_LICENSE 等。下面通过任务实例来介绍添加或者改变环境变量的方法。

　📖 右击桌面上的"我的电脑"图标，在弹出的快捷菜单中选择"属性"命令，弹出

"系统属性"对话框，如图1－54所示。

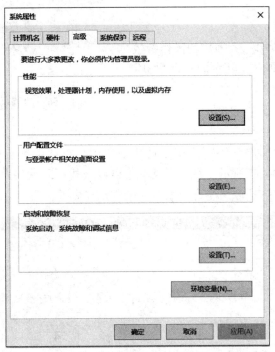

图1-54　"系统属性"对话框

📖选择"高级"选项卡，单击"环境变量"按钮，弹出"环境变量"对话框，如图1－55所示。

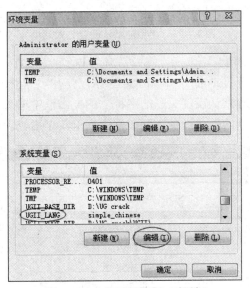

图1-55　"环境变量"对话框

📖在"系统变量"列表框中选择UGII_LANG选项，然后单击"编辑"按钮，弹出"编辑系统变量"对话框，如图1－56所示。在"变量值"文本框中输入"simple_chinese"（中文）或"simple_english"（英文），单击 确定 按钮。

📖重启 UG，即可实现中、英文界面的切换。

　　2. 系统参数的设置

　　在 UG NX 8.5 环境中，大多数的操作参数都有默认值，如尺寸单位、尺寸的标注方式、字体大小、对象的颜色等。参数的默认值保存在默认参数设置文件中，当启动 UG 时会自动

图 1-56　"编辑系统变量"对话框

调用。用户可根据自己的习惯预先修改默认参数的默认值，以提高设计效率。

　　在菜单栏中选择"文件"→"实用工具"→"用户默认设置"命令，弹出"用户默认设置"对话框，如图 1-57 所示。在该对话框中可以查找所需默认设置的作用域和版本、把默认参数以电子表格的格式输出、升级旧版本的默认设置等。

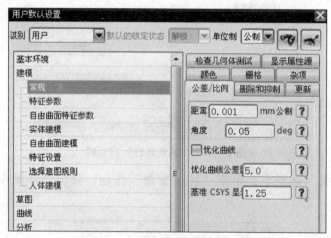

图 1-57　"用户默认设置"对话框

　　①查找默认设置。

　　在如图 1-57 所示的对话框中单击 🐦 图标，弹出"查找默认设置"对话框，如图 1-58所示。在"输入与默认设置关联的字符"的文本框中输入要查找的默认设置，单击"查找"按钮，则在"找到的默认设置"列表框中列出其作用域、版本、类型等。

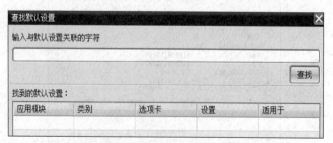

图 1-58　"查找默认设置"对话框

　　②管理当前设置。

　　在如图 1-57 所示的对话框中单击 🐕 图标，弹出"管理当前设置"对话框，如图 1-59所示。在该对话框中可以实现对默认设置的新建、删除、导入、导出和电子表格输出等。

1.3.2 背景颜色设置

系统默认的工作界面背景颜色为蓝色过渡色，实际使用过程中，用户可根据需要对背景颜色进行修改。选择主菜单中的"首选项"→"背景"命令，弹出"编辑背景"对话框，如图1-60所示。

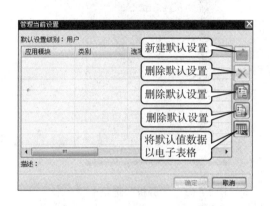

图1-59　"管理当前设置"对话框　　　　图1-60　"编辑背景"对话框

在"着色视图"和"线框视图"的选项组中进行如下设置。

📖选中"纯色"单选按钮，背景将为单色显示。单击"普通颜色"对应的颜色按钮，可以选择相应的单一背景色。

📖选中"渐变"单选按钮，再选择俯视图、仰视图对应的颜色按钮，背景颜色将从俯视图颜色过渡到仰视图颜色。

📖单击"默认渐变颜色"按钮，系统将恢复为蓝色过渡色的颜色。

1.3.3 对象参数设置

对象参数设置是设置曲线或者曲面的类型、颜色、线型、透明度、偏差矢量等默认值。

选择"菜单"→"首选项"→"对象"命令，打开如图1-61所示的"对象首选项"对话框，系统提示用户设置对象首选项。单击"分析"标签，切换到"分析"选项卡，显示如图1-62所示。

在"常规"选项卡中，用户可以设置"工作图层"，如线的类型、线在绘图区的显示颜色、线型和线宽，还可以设置实体或者片体的"局部着色""面分析"和"透明度"等参数。用户只要在相应的选项中选择参数即可。

在"分析"选项卡中，用户可以设置曲面连续性的显示颜色。用户单击复选框后面的颜色小块，系统打开"颜色"对话框。用户可以在该对话框中选择一种颜色作为曲面连续性的显示颜色。此外，用户还可以在"分析"选项卡中设置截面分析显示、偏差度量显示和高亮线的显示颜色等。

图1-61 "常规"选项卡   图1-62 "分析"选项卡

1.3.4 用户界面参数设置

选择"菜单"→"首选项"→"用户界面"命令,打开如图1-63所示的"用户界面首选项"对话框,系统提示用户设置用户界面首选项。单击"布局"标签,切换到"布局"选项卡,显示如图1-64所示。"宏"选项卡、"操作记录"选项卡和"用户工具"选项卡用户可以自己切换,这里不再介绍。

图1-63 "用户界面首选项"   图1-64 "布局"选项卡

在"常规"选项卡中，用户可以设置对话框中小数点的位数、跟踪条小数点的位数、信息窗口中小数点的位数、资源条的主页网址等参数。

在"布局"选项卡中，用户可以设置窗口风格、资源条的显示位置及是否自动飞出等参数。

1.3.5 选择参数设置

用户选择对象时的一些相关参数，如光标半径、选取方法和矩形方式的选取范围等参数设置。

选择"菜单"→"首选项"→"选择"命令，打开如图1-65所示的"选择首选项"对话框，系统提示用户设置选择首选项。用户可以设置多重选择的参数、面分析视图和着色视图等高亮显示的参数、预览延迟和快速拾取延迟的参数、光标半径等的光标参数、成链的公差和选取的方法等参数。

1.3.6 可视化参数设置

可视化参数设置是指设置渲染样式、光亮度百分比、直线线型、对象名称显示、背景编辑等参数。

在上边框条中选择"菜单"→"首选项"→"可视化"命令，打开如图1-66所示的"可视化首选项"对话框，系统提示用户设置可视化首选项。其中包含"名称/边界""直线""特殊效果""视图/屏幕""可视""着重""小平面化""手柄"和"颜色/字体"9个标签。用户单击不同的标签就可以切换到不同选项卡中设置相关参数。图1-66所示为切换到"可视"选项卡的情况。

图1-65 "选择首选项"对话框　　　　图1-66 "可视化首选项"对话框

模块 2

《《《《《

基于轴测图的零件建模

在实际工作中经常会根据实物测量尺寸进行建模，然后根据公司要求对部分尺寸与结构进行调整，从而满足产品设计要求。在这个测量、建模、改进的设计过程中，首先要还原实物的尺寸与外形特征，然后进行尺寸参数的调整，因而控制特征数量和顺序是整个建模过程的关键。本模块强调以学者为主，在学习过程中多思考，培养三维空间能力和识图能力，养成好的独立思考问题的习惯，充分挖掘学者的想象力，在应用软件的同时体验简单结构设计。

操作视频

项目 2.1　座台零件建模

●项目要点

本章将运用特征建模（长方体、圆柱）基本孔、布尔运算、边倒圆完成座台零件建模。（操作课件见 Resources\教学课件\项目 2.1 座台零件建模；操作视频见 Resources\Teaching project\Ch02\坐台.avi；完成零件见 Resources\Teaching project\Ch02\zuotai.prt。）

●项目目标

☑ 完成座台零件建模；

☑ 能看懂轴测图；

☑ 能分析出产品的结构组成。

2.1.1　结构分析

本例将完成座台的制作，效果如图 2 − 1 所示。案例描述：本实例中的座台的底座是一个长方体，长方体长、宽、高为 $30 \times 15 \times 5$；长方体的四周倒 $R2$ 圆角；长方体底座钻了 2 个圆孔，圆孔直径 $\phi6$，圆孔定位尺寸为：宽度方向为中心位置，长度方向为 4.5；在两个圆孔边上各铣了一个方形槽，槽的长、宽、高为 $4 \times 6 \times 5$。底座顶面中心位置放置了一个圆柱，圆柱的

直径为 $\phi12$，高度为 11；在圆柱的上面钻了一个通孔，孔的直径为圆环的直径，为 $\phi8$。

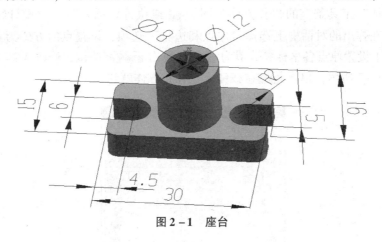

图 2−1　座台

2.1.2　建模思路

建模思路如图 2−2 所示。

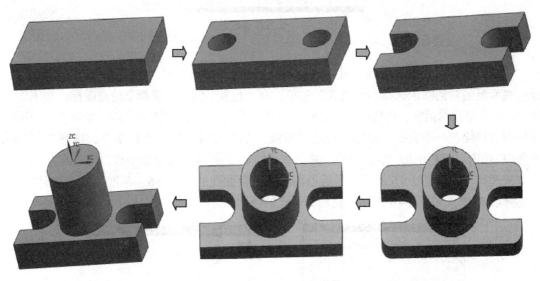

图 2−2　座台零件建模思路

2.1.3　产品建模

1）启动 UG

2）新建一个文件

执行"文件"→"新建"命令，给新文件指定路径和文件名，单击 **确定** 按钮。

3）选择建模命令

执行"起始"→"所有应用模块"→"建模"命令或按 Ctrl + M 组合键，切换到建模模式。

4）创建长方体

单击"特征"工具条上的"长方体"图标■或执行"插入"→"设计特征"→"长方体"命令。在弹出的对话框上选择"原点和边长"选项，设置点的方式为点构造器，在出现的对话框上设置原点各坐标参数值为"0"，单击 确定 按钮，修改 $XC=30$，$YC=15$，$ZC=5$，如图 2-3 所示，单击 确定 按钮，这样长方体就建好了。

图 2-3　长方体参数设置

5）创建圆孔

单击"特征"工具条上的"孔"图标■或执行"插入"→"设计特征"→"孔"命令。在弹出的对话框中选择"常规孔"选项，在"位置"选项中选择草绘点图标，如图 2-4 所示，弹出草绘对话框；选择草绘对话框的"草图平面"为长方体上表面，如图 2-5 所示；在草图窗口绘制一条直线，鼠标左键选中直线，单击右键，弹出下拉菜单，选择"转换为参考"；单击工具栏上的"点"图标＋，在直线的 2 个端点绘制 2 个点，通过鼠标双击尺寸来修改尺寸，如图 2-6 所示，然后退出草绘；设置孔的直径 =6，深度为"贯通体"，单击 确定 按钮，如图 2-4 所示，完成 2 个孔的创建。

图 2-4　孔中心点绘制选择

图 2-5　草图平面设置

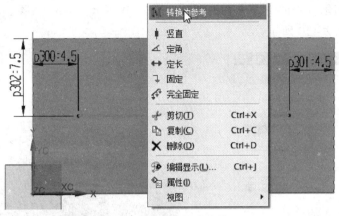

图 2-6　孔中心点定位

6）创建 2 个长方体槽

单击"实用工具"工具条上的"原点坐标"图标 <，或执行"格式"→"WCS"→"原点"命令。在弹出的对话框中选择"坐标原点"为底座左下角；单击"特征"工具条上"长方体"图标 ，在弹出的对话框上选择"两个对角点"选项，在"原点"选项中设置点的方式为点构造器，在出现的对话框上设置 $XC=0$，$YC=4.5$，$ZC=0$，如图 2-7 所示，单击 确定 按钮，完成原点设置；在"原点出发的点"选项中设置点的方式为象限点，选择底座上顶面圆孔的 90°位置处，完成象限点的选择；选择对话框中布尔运算中的"求差"选项，如图 2-8 所示，单击 确定 按钮，完成一个长方体槽的创建；用同样的方法完成另一个长方体槽的创建。

图 2-7　原点设置

图 2-8　原点出发点设置

7）创建中间圆柱体

单击"特征"工具条上"圆柱体"图标 或执行"插入"→"设计特征"→"圆柱体"命令。在弹出的对话框中设置"指定矢量"为底座上表面；在"指定点"选项中设置点的方式为点构造器，在出现的对话框（如图 2-7 所示）上设置 $XC=15$，$YC=7.5$，$ZC=0$，单击 确定 按钮，完成"指定点"设置；在"尺寸"选项中设置直径 =12，高度 =16，选择对话框中"布尔"中的"求和"选项，如图 2-9 所示，单击 确定 按钮，完成一个圆柱体的创建，如图 2-10 所示。

图 2-9　圆柱参数设置

图 2-10　圆柱完成效果图

8）创建中间圆孔

单击"特征"工具条上的"孔"图标 或执行"插入"→"设计特征"→"孔"命令，在弹出的对话框中选择"常规孔"选项，在"位置"选项中选择圆柱上表面的圆的中心点，如图 2-11 所示；在"形状和尺寸"选项中设置孔的直径 =8，"深度限制"为"贯通体"；选择对话框中"布尔"中的"求差"选项，如图 2-12 所示，单击 确定 按钮，完成中间孔的创建。

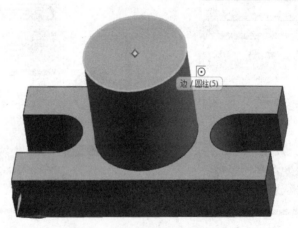

图 2-11　中间孔中心点选择

9）创建边倒圆

单击"特征操作"工具条上的"边倒圆"图标 或执行"插入"→"细节特征"→"边倒圆"命令，弹出边倒圆和选择意图对话框，设置选择意图为"面的边"，设置半径为 2，选取图 2-13 所示的边，单击 确定 按钮，效果如图 2-14 所示。摇轮制作完成。

图 2 – 12　中间孔参数设置

图 2 – 13　边倒圆设置图

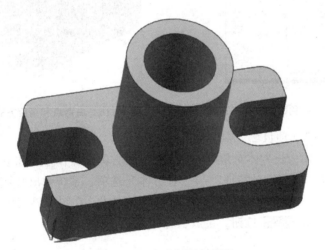

图 2 – 14　完成倒圆角效果

❀ 知识加油

1. 长方体

单击"特征"工具条上的"长方体"图标 ▣ 或执行"插入"→"设计特征"→"长方体"命令，弹出如图 2 – 3 所示的"块"对话框。

1)"原点和边长度"（项目 2.1 中已应用）

通过设定长方体的原点和 3 条边的长度来建立长方体。其操作步骤如下：

 📖 选择一点。

 📖 设置长方体的尺寸参数。

 📖 指定所需的布尔操作类型。

📖 单击"应用"按钮，创建长方体特征。

  2）"两点和高度"

  通过定义两个点作为长方体底面对角线的顶点，并且设定长方体的高度来建立长方体。操作步骤如下：

  📖 选择"插入"→"设计特征"→"长方体"选项，系统弹出"块"对话框。

  📖 在"类型"下拉列表中选择"两点和高度"方式，指定点 1 为坐标原点，点 2 的 $XC=50$，$YC=50$，$ZC=0$，沿 ZC 方向的高度设为 40，如图 2-15 所示。单击 确定 按钮，生成长方体，如图 2-16 所示。

图 2-15   由两点和高度创建长方体对话框

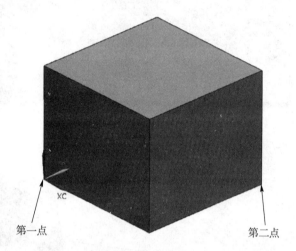

图 2-16   由两点和高度方式创建的长方体

  3）"两个对角点"（项目 2.1 中已应用）

  通过定义两个点作为长方体对角线的顶点建立长方体。操作步骤如下：

  📖 选择"插入"→"设计特征"→"长方体"选项，系统弹出"块"对话框。

  📖 在"类型"下拉列表中选择"两个对角点"方式，在图形界面指定两点，作为长方体的两个对角点。单击 确定 按钮，生成长方体。

  2. 圆柱

  单击"特征"工具栏中的 🔲 图标或执行"插入"→"设计特征"→"圆柱体"命令，弹出如图 2-16 所示的"圆柱"对话框。

  1）轴、直径和高度（项目 2.1 中已应用）

  用于指定圆柱体的直径和高度来创建圆柱特征。其创建步骤如下：

  📖 创建圆柱轴线方向。

  📖 设置圆柱尺寸参数。

  📖 创建一个点作为圆柱底面的圆心。

  📖 指定所需的布尔操作类型，创建圆柱特征。

  2）圆弧和高度

  用于指定一条圆弧作为底面圆，再指定高度创建圆柱特征。其创建步骤如下：

  📖 首先绘制半径为 20 的圆弧，单击图标 完成草图，退出草绘模式。

  📖 选择"插入"→"设计特征"→"圆柱"选项，或者在工具栏中单击 🔲 图标，系统弹出"圆柱"对话框。

　　选择所绘制的圆弧，设定高度为60，如图2-17所示。单击 确定 按钮，生成圆柱，如图2-18所示。

图2-17　"圆弧"对话框

图2-18　创建的圆柱体

项目2.2　螺母零件建模

●任务要点

　　本项目将运用特征建模（六边形曲线、拉伸、旋转，布尔运算、螺纹孔）完成螺母零件的建模。（操作课件见 Resources\教学课件\项目2.2螺母零件建模；操作视频见 Resources\Teaching project\Ch02\螺母.avi；完成零件见 Resources\Teaching project\Ch02\luomu. prt。）

●任务目标

　　☑ 完成螺母零件建模；
　　☑ 能看懂轴测图；
　　☑ 能分析出产品结构组成。

●任务实施

2.2.1　结构分析

　　本例将完成螺母的制作，效果如图2-19所示。案例描述：本实例中的底部是一个旋转体，旋转体底面圆柱的直径为21，高度为2，圆柱顶面做了一个$1.5 \times 20°$的倒角；旋转体上面圆柱的直径为17，高度为1。在直径为17的圆柱上创建了一个正六棱柱，其内切圆直径为 15，高度为 5。螺母的螺纹孔的尺寸为 M10。

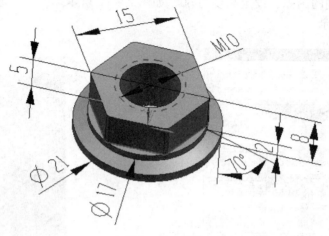

图 2－19　螺母

2.2.2　建模思路

根据对基础特征的不同了解，可以有以下两种建模方案。

1. 建模思路一

零件的基础特征（毛坯）为旋转体，然后在毛坯上移除材料——带偏置的六角拉伸特征。零件建模流程如图 2－20 所示。

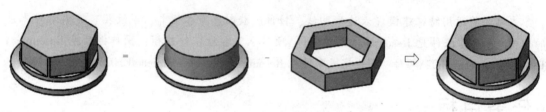

图 2－20　建模思路一

2. 建模思路二

零件的基础特征（毛坯）为旋转体，然后在毛坯上添加材料——六角拉伸特征。零件建模流程如图 2－21 所示。

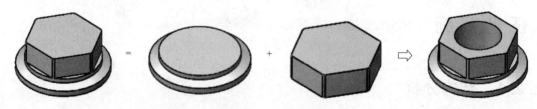

图 2－21　建模思路二

通过分析可以看出，完成一个零件的建模可以有多种建模方案。下面给出思路二的操作指导，思路一的操作过程请读者自行完成。

2.2.3　产品建模

1）启动 UG

2）新建一个文件

执行"文件"→"新建"命令，给新文件指定路径和文件名，单击 ▣确定▣ 按钮。

3）草图绘制旋转体轮廓线

单击"直接草绘"工具条上的"草图"图标 ⊿ 或执行"插入"→"草图"命令，在弹出的草图对话框上选择"草图平面"选项为"自动判断"，如图 2 - 22 所示，单击 ▣确定▣ 按钮退出草图对话框；单击"在草图任务环境打开"图标 ⊿ 进入草绘环境，绘制旋转轮廓线，如图 2 - 23 所示，单击完成草绘按钮 ▧ 完成草图，完成草图绘制。

图 2 - 22　草图对话框

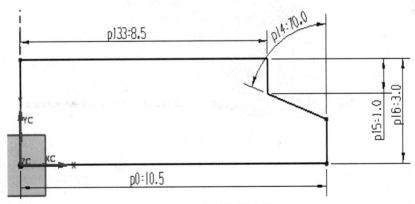

图 2 - 23　旋转体轮廓线

4）创建基础特征——旋转体

单击"特征"工具条上"回转"图标 ▣ 或执行"插入"→"设计特征"→"回转"命令，在弹出的"回转"对话框中选择"截面"选项为图 2 - 23 绘制的草图；设置"轴"选项为"自动判断"，选择图 2 - 21 左侧直线为回转轴线；设置"极限"参数：开始角度 = 0°，结束角度 = 360°，如图 2 - 24 所示，单击 ▣确定▣ 按钮，完成回转实体创建。

图2-24　回转对话框

5）正六边形绘制

要点提示

通过曲线创建多边形时，一定要保证多边形的绘制区域在XY坐标系内，故在绘制正方形前，应进行如下操作：单击"格式"→"WCS"→"旋转"，打开坐标旋转对话框，选中图2-25所示选项，"角度"设置90度，坐标旋转遵守"右手准则"。

图2-25　回转实体

单击"曲线"工具条上的"多边形"图标⊙或执行"插入"→"曲线"→"多边形"命令，在弹出的对话框中设置"变数"=6，单击 确定 按钮，弹出设置"多边形"对话框，选择"内切圆半径"，如图2-26所示，单击 确定 按钮。设置"内切圆半径"=7.5，"方位角"=0，单击 确定 按钮，完成正六边形的创建，效果如图2-27所示。

6）创建正六棱柱

单击"特征"工具条上的"拉伸"图标▥或执行"插入"→"设计特征"→"拉伸"命令，在弹出的对话框中选择"截面"选项为图2-25创建的六边形；设置"方向"选项为默认；设置"极限"参数：开始=0，结束=5；设置"布尔"为无，如图2-28所示，单击 确定 按钮，完成拉伸实体的创建，效果如图2-29所示。

图 2 - 26　"多边形"对话框

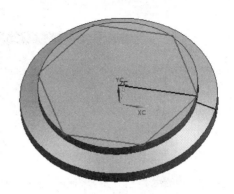

图 2 - 27　多边形绘制效果

图 2 - 28　拉伸对话框

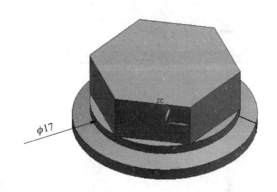

图 2 - 29　创建正六棱柱

7）切除正六棱柱多余的六个顶角

单击"特征"工具条上的"拉伸"图标 或执行"插入"→"设计特征"→"拉伸"命令。在弹出的对话框中选择"截面"选项为图 2 - 27 中直径为 17 的圆；设置"方向"选项为默认；设置"极限"参数：开始 = 0，结束 = 5；设置"布尔"为求差，求差体为步骤 6）创建的正六棱柱；设置"偏置"选项为两侧：开始 = 0，结束 = 2，如图 2 - 30 所示。单击 确定 按钮，完成切除实体，效果如图 2 - 31 所示。

8）布尔求和

利用"布尔运算"中的"求和"命令把旋转体和六棱柱合并。

9）创建螺母螺纹孔

单击"特征"工具条上的"孔"图标 或执行"插入"→"设计特征"→"孔"命令，在弹出的对话框中选择"螺纹孔"选项，在"位置"选项中选择螺母下表面的圆的中心点；在"形状和尺寸"选项中，"螺纹尺寸"设置孔的大小 = M10 × 1.5，径向进刀 = 0.75，深度 = 1.0 × 直径，在"尺寸"选项中，"深度限制"为贯通体，如图 2 - 32 所示；选择对话框中"布尔"中的"求差"选项。单击 确定 按钮，完成螺纹孔的创建，如图 2 - 33 所示。

图 2-30　拉伸对话框（偏置）

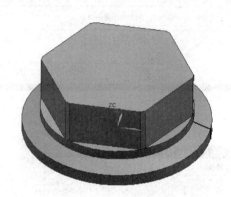

图 2-31　切除六个顶角

图 2-32　"螺纹孔"对话框

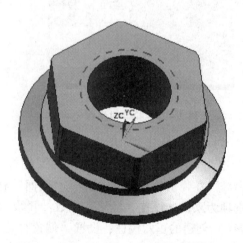

图 2-33　螺纹孔效果图

2.2.4　知识加油

1. 拉伸

拉伸特征是将截面轮廓草图进行拉伸生成实体或片体。其草绘截面可以是封闭的，也可以是开口的，可以由一个或者多个封闭环组成，封闭环之间不能自交，但封闭环之间可以嵌套，如果存在嵌套的封闭环，在生成添加材料的拉伸特征时，系统自动认为里面的封闭环类似于孔特征。

选择"插入"→"设计特征"→"拉伸"选项，或者单击"特征"工具栏中的 图图标，弹出如图 2 - 34 所示的"拉伸"对话框，选择用于定义拉伸特征的截面曲线。

1）截面

📖选择曲线：指定使用已有草图来创建拉伸特征，在如图 2 - 34 所示的对话框中默认选择 图标。

📖绘制草图：在如图 2 - 34 所示的对话框中单击 图标，在工作平面上绘制草图来创建拉伸特征。

2）方向

📖指定矢量：用于设置所选对象的拉伸方向。在该选项组中选择所需的拉伸方向或者单击对话框中的 图标，弹出如图 2 - 35 所示的"矢量"对话框，在该对话框中选择所需拉伸方向。

图 2 - 34　"拉伸"对话框

图 2 - 35　"矢量"对话框

📖反向：在如图 2 - 34 所示的对话框中单击 图标，使拉伸方向反向。

3）极限

📖开始：用于限制拉伸的起始位置。

📖结束：用于限制拉伸的终止位置。

4）布尔操作

在如图 2 - 34 所示的对话框的"布尔"下拉列表中选择布尔操作类型。

5）偏置

📖单侧：指在截面曲线一侧生成拉伸特征，以结束值和起始值之差为实体的厚度。

📖两侧：指在截面曲线两侧生成拉伸特征，以结束值和起始值之差为实体的厚度。

📖对称：指在截面曲线的两侧生成拉伸特征，其中每一侧的拉伸长度为总长度的一半。

6）启用预览

选中"启用预览"复选框后，用户可预览绘图工作区的临时实体的生成状态，以便及时修改和调整。

2. 回转

回转特征是由特征截面曲线绕旋转中心线旋转而成的一类特征，它适合于构造回转体零件特征。

选择"插入"→"设计特征"→"回转"选项，或者单击"特征"工具栏中的图标，弹出如图2-36所示的"回转"对话框，选择用于定义拉伸特征的截面曲线。

1）截面

📖选择曲线：用来指定已有草图来创建旋转特征，在如图2-36所示的对话框中默认选择 📷 图标。

📖绘制草图：在如图2-36所示的对话框中，单击 📷 图标，可以在工作平面上绘制草图来创建回转特征。

2）轴

📖指定矢量：用于设置所选对象的旋转方向。在下拉列表中选择所需的旋转方向或者单击 📷 图标，弹出"矢量"对话框，回转"矢量"对话框与拉伸"矢量"对话框界面一样，如图2-35所示，在该对话框中选择所需旋转方向。

📖反向：在如图2-36所示对话框中单击 ❌ 图标，使旋转轴方向反向。

📖指定点：在"指定点"下拉列表中可以选择要进行旋转操作的基准点。单击 📷 按钮，可通过捕捉直接在视图区中进行选择。单击 📷 按钮，弹出"点"对话框，如图2-37所示，可以通过设置参数在视图中指定点。

图2-36 "回转"对话框

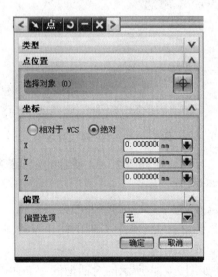

图2-37 "点"对话框

3）限制

📖开始：在设置以"值"或"直至选定对象"方式进行旋转操作时，用于限制旋转的起始角度。

📖结束：在设置以"值"或"直至选定对象"方式进行旋转操作时，用于限制旋转的终止角度。

📖布尔：在下拉列表中选择布尔操作类型。

4）偏置

📖无：直接以截面曲线生成回转特征。

📖两侧：指在截面曲线两侧生成回转特征，以结束值和起始值之差作为实体的厚度。

项目 2.3　摇轮零件建模摇轮

●任 务 要 点

本章将运用基本曲线、特征建模（管道、圆柱、球体）、特征编辑（阵列特征）、布尔运算、边倒圆完成摇轮零件建模。（操作课件见 Resources＼教学课件＼项目 2.3 摇轮零件建模；操作视频见 Resources＼Teaching project＼Ch02＼摇轮 . avi；完成零件见 Resources＼Teaching project＼Ch02＼yaolun . prt。）

●任 务 目 标

☑ 完成摇轮零件建模；

☑ 能看懂轴测图；

☑ 能分析出产品结构组成。

●任 务 实 施

2.3.1　结构分析

本例将完成摇轮的制作，效果如图 2 − 38 所示。案例描述：本实例中的摇轮外轮是一个圆环，圆环的直径为 5，圆环的中心圆直径为 50；摇轮有三个梁，三个梁的直径为 2，三个

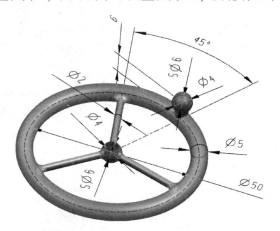

技术要求：
过渡圆角R2

图 2 −38　摇轮

梁均匀分布；摇轮中心为一个直径为 S6 的球体；球体中心钻了一个直径为 4 的通孔；摇轮有一个圆把手，圆把手由一个圆柱和一个球体组成：圆柱与三个梁中的一个梁成 45°，圆柱把手分布在直径为 50 的中心圆上，圆把手的圆柱结构直径为 4，高度为 6；球体圆心为圆柱上表面的圆心，球体直径为 S6；本产品的过渡圆角均为 R2。

2.3.2　建模思路

建模思路如图 2 – 39 所示。

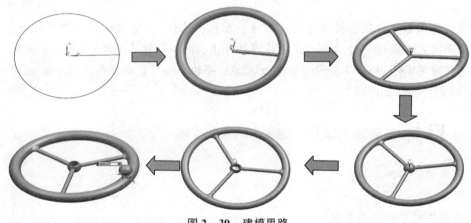

图 2 – 39　建模思路

2.3.3　产品建模

1）启动 UG

2）新建一个文件

执行"文件"→"新建"命令，给新文件指定路径和文件名，单击 确定 按钮。

3）绘制圆

单击"曲线"工具条上"基本曲线"图标 或执行"插入"→"曲线"→"基本曲线"命令。在弹出的对话框上单击 按钮，设置点的方式为点构造器，在出现的对话框中单击"重置"按钮，单击 确定 按钮，修改 $XC = 25$，单击 确定 按钮，完成圆的建立。

4）绘制直线

执行"插入"→"曲线"→"直线"命令，在出现的对话框的"起点"选项中单击"点构造器"按钮，在出现的对话框中设置各坐标都为"0"，单击 确定 按钮，在"终点"选项中单击"点构造器"按钮，在出现的对话框中设置 $X = 25$，其余为 0，单击 确定 按钮，完成直线的建立，效果如图 2 – 40 所示。

5）形成管状实体

单击"成型特征"工具条上的"管道"图标 或执行"插入"→"扫掠"→"管道"命令，在出现的对话框中设置外直径为 5，内直径为 0，输出类型为多段线，设置如图 2 – 41 所示，单击 确定 按钮，依据系统提示，选取圆形，单击 应用 按钮，完成圆环实体建模。系统保留"管道"对话框，选取直线，修改"外直径"为 2，其他默认，"布尔"

选择"无"按钮。单击 确定 按钮，完成"直线"管道的创建，实体效果如图2-42所示。

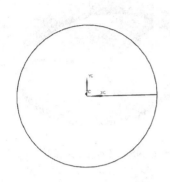

图2-40　绘制圆与直线

图2-41　设置管道参数

6）阵列实体

单击"特征操作"工具条上的"阵列特征"图标 或执行"插入"→"关联复制"→"阵列特征"命令，弹出"对特征形成图样"对话框，单击"选择特征"一栏，选取"管道（2）"为阵列特征，在"阵列定义"的"布局"中选择"圆形"选项，设置角度和方向参数为：间距选择"数量和跨距"，数量为3，跨角为360°，如图2-43所示。在旋转轴一栏指定矢量为 ，通过"点构造器"对话框指定旋转中心点，为所有坐标都设置为"0"，再单击 确定 按钮，这时系统弹出"创建引用"对话框，单击"是"按钮，这样实体就阵列好了，效果如图2-44所示。

图2-42　管状实体

图2-43　设置实例参数

7）特征求和

执行"插入"→"组合"→"求和"命令，打开"合并"对话框，选择圆环为"目标体"，阵列实体为"工具体"，单击 确定 按钮。

8）创建边倒圆

单击"特征操作"工具条上的"边倒圆"图标 或执行"插入"→"细节特征"→"边倒圆"命令，弹出边倒圆和选择意图对话框，设置选择意图为"相切曲线"，设置半径为 2，选取 3 个柱状的实体与环状实体的交线，如图 2 - 45 所示，单击 确定 按钮。

图 2 - 44　阵列实体

图 2 - 45　选择边倒圆的线

9）增添球体

执行"插入"→"设计特征"→"球"命令或单击"特征"工具条上的"球"图标，弹出"球"对话框，单击"中心点和直径"按钮，输入直径为 6，如图 2 - 46（a）所示。单击"点对话框"按钮，弹出点构造器对话框，设置坐标点为原点，单击 确定 按钮。单击布尔选项中的"求和"按钮。效果如图 2 - 46（b）所示。

（a）

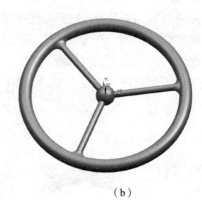

（b）

图 2 - 46　球体创建

（a）"球"对话框；（b）创建球

10）圆柱剪除实体

单击"成型特征"工具条上的"圆柱"图标 或执行"插入"→"设计特征"→"圆柱"命令，弹出"圆柱"对话框，单击"直径，高度"按钮，在弹出的对话框上单击 ↑ZC 按钮，单击 确定 按钮，设置直径：4，高度：12，如图 2 - 47 所示。单击"点对话框"按钮，弹出"点构造器"对话框，修改 $ZC = -6$，如图 2 - 48 所示，单击 确定 按钮。单击布尔选项中的"求差"，效果如图 2 - 49 所示。

11）创建边倒圆

单击"特征操作"工具条上的"边倒圆"图标 或执行"插入"→"细节特征"→"边倒圆"命令，弹出边倒圆和选择意图对话框，设置半径为 2，选取 3 个柱状的实体与球实体的交线，如图 2 - 50 所示，单击 确定 按钮，完成倒圆角。

12）旋转工作坐标系

定制工具条的坐标图标：进入"定制"对话框，单击"命令"选项，选择"格式"

选项，把需要的图标拖到工具条上，如图 2 –51 所示。

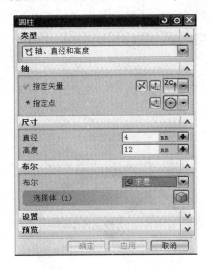

图 2 –47　圆柱对话框

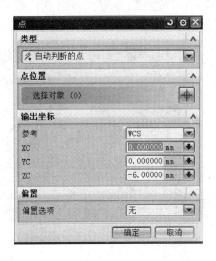

图 2 –48　点坐标设置

图 2 –49　剪除实体

图 2 –50　边圆角

　　 旋转坐标系：单击"实用工具"工具条"旋转"图标 或执行"旋转"→
"WCS"→"旋转"命令，选择 – ZC 轴：YC→XC 选项，设置角度为 45 度，如图 2 –52 所
示，单击 确定 按钮。

图 2 –51　"定制"对话框

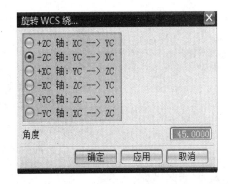

图 2 –52　选择旋转坐标系

📖移动坐标系：单击"实用工具"工具条"原点"图标 ↳ 或执行"旋转"→"WCS"→"原点"命令，弹出点构造器对话框，修改 XC 为 25，如图 2 − 53 所示，单击 确定 按钮。坐标系就移动到如图 2 − 54 所示的地方。

图 2 − 53　设置移动坐标系　　　　　图 2 − 54　坐标系的位置

13）创建圆柱

单击工具条上的"圆柱"图标 🗍 或执行"插入"→"设计特征"→"圆柱"命令，弹出"圆柱"对话框，单击"直径，高度"按钮，在边缘/曲线矢量下选择 ↑ZC，单击 确定 按钮，输入直径为 4，高度为 6，单击"点对话框"按钮，弹出点构造器对话框，设置圆心点为原点，单击 确定 按钮，单击对话框的"求和"按钮。

14）创建球体

单击"成形特征"工具条上的"球"图标 🔵 或执行"插入"→"设计特征"→"球"命令，弹出"球"对话框，单击"中心点和直径"按钮，输入直径为 6，单击 确定 按钮。在"中心点"处选择"圆心"捕捉，选择步骤 13）创建的圆柱体上表面的圆心，如图 2 − 55 所示，然后单击"求和"按钮。

图 2 − 55　球体对话框

15）创建边倒圆

单击"特征操作"工具条上的"边倒圆"图标 🎔 或执行"插入"→"细节特征"→"边倒圆"命令，弹出边倒圆和选择意图对话框，设置选择意图为"面的边"，设置半径为

2，选取图 2 - 56 所示的曲线，单击 应用 按钮，效果如图 2 - 56 所示。摇轮制作完成。

图 2 - 56 选择边倒圆的边

✲ 知识加油

一、设计特征

1. 球

单击"特征"工具栏中的 ◉ 图标，弹出如图 2 - 46（a）所示的"球"对话框。

1）"中心点和直径"（项目 2.3 中已应用）

用于指定直径和球心位置，创建球特征。其创建步骤如下。

📖 在如图 2 - 46（a）所示对话框的"类型"下拉列表中选择"中心点和直径"方式。

📖 在"中心点"选项组中单击 ⊞ 图标，弹出"点"对话框，指定球的中心点。

📖 指定中心点之后，在"尺寸"选项组中设定球的直径。

📖 指定所需的布尔操作类型。

📖 单击 确定 或者"应用"按钮，生成球体。

2）"采用圆弧方式创建球体"

📖 单击"工具栏"中的 ◲ 按钮，绘制圆弧，半径为 30，如图 2 - 57 所示。单击 完成草图 按钮，退出草绘模式。

📖 选择"插入"→"设计特征"→"球"选项，或者单击"特征"工具栏中的 ◉ 图标，系统弹出"球"对话框。

📖 在"类型"下拉列表中选择"圆弧"方式，绘制图 2 - 57 所示的圆弧。

📖 单击 确定 按钮，生成球体，如图 2 - 58 所示。

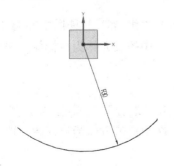

图 2 - 57 绘制圆弧

图 2 - 58 采用圆弧方式创建的球体

2. 管道

管道特征是指把引导线作为旋转中心线旋转而成的一类特征。

选择"插入"→"扫掠"→"管道"选项，或者单击"特征"工具栏中的 图标，弹出如图2-41所示的"管道"对话框。在视图区选择引导线，在该对话框中设置参数，然后单击 确定 按钮，创建管道特征。

1) 横截面

用于设置管道的内、外径。外径值必须大于0.2，内径值必须大于或等于0，且小于外径值。

2) 设置

用于设置管道面的类型，有单段和多段两种类型，图2-59（a）所示为单段，图2-59（b）所示为多段。选定的类型不能在编辑过程中被修改。

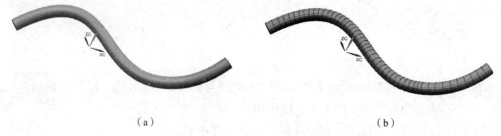

（a）   （b）

图2-59　管道类型

（a）创建的单段管道；（b）创建的多段管道

 要点提示

管道的引导线必须光滑、相切和连续。

二、组合

布尔运算在实体建模中应用很多，用于实体建模中的各个实体之间的求加、求差和求交操作。布尔运算中的实体称为工具体和目标体，只有实体对象才可以进行布尔运算，曲线和曲面等无法进行布尔运算。完成布尔运算后，工具体成为目标体的一部分。

1. 求和

选择"插入"→"组合"→"求和"选项或者单击"组合"工具栏中的 图标，弹出如图2-60右侧所示的"求和"对话框。选择图2-60中的长方体为目标体，选择圆柱为刀具体，则最终组合成图2-61所示产品结构。

2. 求差

选择"插入"→"组合"→"求差"选项或者单击"组合"工具栏中的 图标，弹出如图2-62右侧所示的"求差"对话框。选择图2-62中的长方体为目标体，选择圆柱为刀具体，则最终组合成图2-63所示的产品结构。

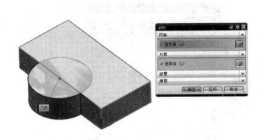

图 2 - 60 "求和"前产品结构和"求和"对话框

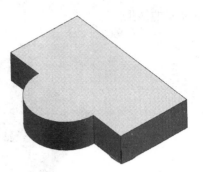

图 2 - 61 "求和"后的产品结构

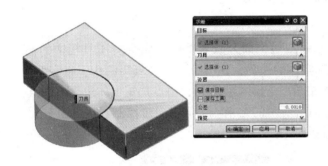

图 2 - 62 "求差"前产品结构和"求差"对话框

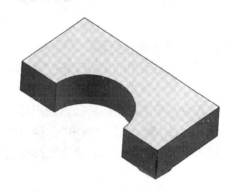

图 2 - 63 "求差"后的产品结构

3. 求交

选择"插入"→"组合"→"求交"选项或者单击"组合"工具栏中的 图标,弹出如图 2 - 64 右侧所示的"求交"对话框。选择图 2 - 64 中的长方体为目标体,选择圆柱为刀具体,则最终组合成图 2 - 65 所示的产品结构。

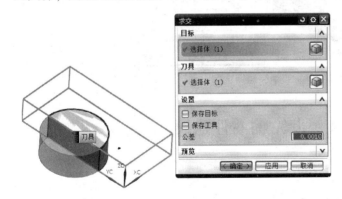

图 2 - 64 "求差"前产品结构和"求差"对话框

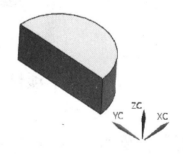

图 2 - 65 "求差"后的产品结构

三、倒圆角

1. 等半径边倒圆(项目 2.1 中已应用)

主菜单"插入"→"细节特征"→"边倒圆"或者单击"组合"工具栏中的 图标,系统弹出"边倒角"对话框,点选实体的边界,输入半径 25,单击"应用",得到如图 2 -

66 所示的结果。

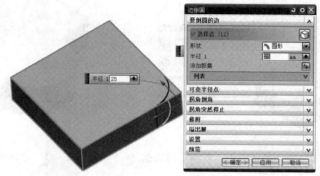

图 2-66 等半径边倒圆

2. 变半径边倒圆

单击主菜单"插入"→"细节特征"→"边倒圆"或者单击"组合"工具栏中的 图标，系统弹出"边倒角"对话框，点选实体的边界，在"可变半径点"栏中，指定新的位置点，单击端点图标，点选矩形体边界左端点，输入半径 10，再点选矩形体边界右端点，输入半径 15，单击"应用"，得到如图 2-67 所示的结果。也可以通过控制线段的百分比，输入不同的半径，达到变半径圆弧过渡效果。

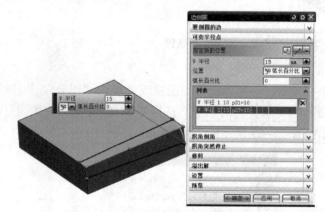

图 2-67 变半径边倒圆

项目 2.4 齿轮轴零件建模

●任务要点

本项目运用特征建模（圆柱、凸台、定位、割槽、键槽）、布尔运算、倒角、圆锥、基本平面等命令完成齿轮轴零件建模。（操作课件见 Resources\教学课件\项目 2.4 齿轮轴零件建模；操作视频见 Resources\Teaching project\Ch02\齿轮轴.avi；完成零件见 Resources\Teaching project\Ch02\zhou.prt。）

任务目标

☑ 完成齿轮轴零件建模；
☑ 能看懂轴类零件轴测图；
☑ 能分析出轴类产品结构组成。

2.4.1 结构分析

本例将完成齿轮轴零件的制作，效果如图2-68所示。案例描述：本实例中的齿轮轴是轴套类零件，轴的主体由圆柱和圆锥组成，其从左到右尺寸分别为：圆柱直径$\phi10$、长17，圆台大端直径$\phi18$、长27、锥度1:8，圆柱直径$\phi18$、长10，圆柱直径$\phi20$、长20，圆柱直径$\phi24$、长51，圆柱直径$\phi35$、长5，圆柱直径$\phi24$、长10，圆柱直径$\phi20$、长16；直径$\phi10$的圆柱上钻了一个$\phi4$的通孔，孔的中心到轴左端的尺寸为6；长51、直径$\phi24$的圆柱上铣了一个长为28的键槽，键槽宽8、深4；最左端圆柱上车了一个退刀槽，其尺寸为2×1.5；最右端圆柱上也车了一个退刀槽，其尺寸为2×1；最左端圆柱左侧倒角$1 \times 45°$；最右端圆柱右侧倒角$2 \times 45°$。

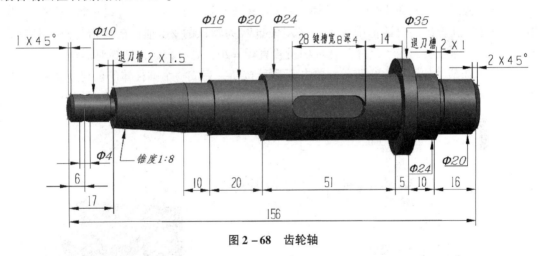

图2-68 齿轮轴

2.4.2 建模思路

通过分析结构，零件建模设计从右端开始，具体如图2-69所示。

2.4.3 产品建模

1）启动UG
2）新建一个文件
执行"文件"→"新建"命令，给新文件指定路径和文件名，单击 确定 按钮。

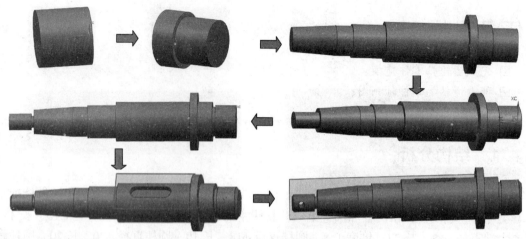

图 2 - 69　齿轮轴

3）选择建模命令

执行"起始"→"所有应用模块"→"建模"命令或按 Ctrl + M 组合键，切换到建模模式。

4）创建最右端圆柱

单击"特征"工具条上的"圆柱体"图标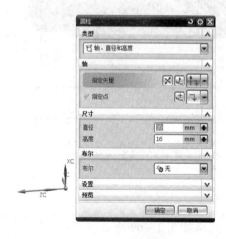或执行"插入"→"设计特征"→"圆柱体"命令，在弹出的对话框中设置"指定矢量"为默认的 ZC 轴；在"指定点"选项中设置默认为坐标原点，在"尺寸"选项中设置直径 = 20，高度 = 16，选择对话框中"布尔"中的"无"选项，如图 2 - 70 所示。单击 确定 按钮，完成一个圆柱体的创建，如图 2 - 71所示。

图 2 - 70　圆柱对话框

图 2 - 71　圆柱体效果

5）创建直径 φ24、长 10 的圆柱

单击"特征"工具条上"凸台"图标 或执行"插入"→"设计特征"→"凸台"命令，弹出如图 2 - 72 所示的对话框，设置"直径" = 24，"高度" = 10，"锥角" = 0；选择放置面，如图 2 - 73 所示。单击 应用 按钮，进入"定位"对话框，选择"定位"对话框中的"点落在点上"，选择图 2 - 74 所示鼠标所指圆弧，设置圆弧的位置为"圆弧中心"，完成一个圆柱体的创建，效果如图 2-75 所示。

图 2-72 凸台特征参数对话框

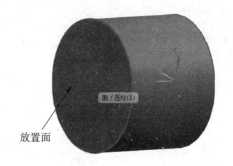

图 2-73 放置面选择

图 2-74 凸台圆心定位

图 2-75 圆柱完成效果图

6）创建直径 φ35、长 5 的圆柱

重复步骤 5），修改特征参数，完成直径 φ35、长 5 的圆柱的创建。

7）创建直径 φ24、长 51 的圆柱

重复步骤 5），修改特征参数，完成直径 φ24、长 51 的圆柱的创建。

8）创建直径 φ20、长 20 的圆柱

重复步骤 5），修改特征参数，完成直径 φ20、长 20 的圆柱的创建。

9）创建直径 φ18、长 10 的圆柱

重复步骤 5），修改特征参数，完成直径 φ18、长 10 的圆柱的创建。

10）创建圆台

借助 AutoCAD 软件获得圆台小端的直径，具体步骤：绘制一个圆锥，圆锥直径为 18，高度为 144，然后在高度方向上截取高度 27 的直线，直线的长度 14.625 就是小端直径。图 2-76 为 AutoCAD 获得圆台小端的直径的计算图。

单击"特征"工具条上的"圆锥"图标或执行"插入"→"设计特征"→"圆锥"命令，弹出"圆锥"对话框，选择创建类型为"直径和高度"；设置"指定矢量"为 ，设置"指定点"为 ，选择图 7-77 所示左端圆柱的圆弧；设置"底部直径"=18，"顶部高度"=14.625，"高度"=27；设置"布尔"选项为"求和"，单击 确定 按钮，完成一个圆台的创建，效果如图 2-78 所示。

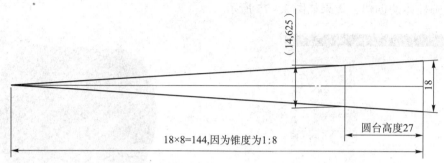

图2-76　圆台小端直径计算图示

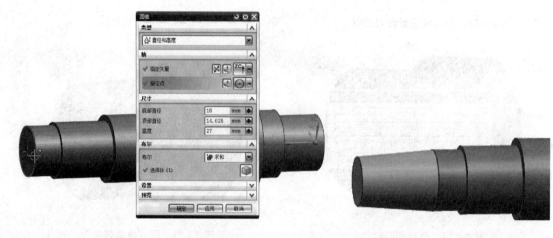

图2-77　圆锥对话框设置

图2-78　圆台创建完成效果

11）创建直径φ10、长17的圆柱

重复步骤5），修改特征参数，完成直径φ10、长17的圆柱的创建。效果如图2-79所示。

图2-79　齿轮轴主体部分效果图

12）创建退刀槽2×1.5

单击"特征"工具条上的"开槽"图标 或执行"插入"→"设计特征"→"开槽"命令，弹出如图2-80所示的"槽"对话框，选择创建类型为"矩形"，单击 确定 按钮，弹出如图2-81所示"矩形槽"对话框。选择图2-81中鼠标所指圆柱表面，弹出如图2-82所示"矩形槽"尺寸对话框，设置"槽直径"=7，"宽度"=2，单击 确定 按钮，弹出如图2-83右上方所示的"定位槽"对话框，选择"目标边"为"圆弧1"，选择"刀具边"为"圆弧2"，弹出如图2-83右下方所示的"创建表达式"对话框，设置表达式数值为0，单击 确定 按钮，完成一个退刀槽的创建。

图 2－80　"开槽"对话框

图 2－81　"矩形槽"对话框

图 2－82　矩形槽尺寸

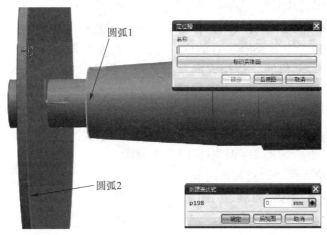

图 2－83　退刀槽定位设置

13）创建退刀槽 2×1

重复步骤 12），修改特征参数和定位，完成退刀槽 2×1 的创建，效果如图 2－84 所示。

14）创建键槽

（1）键槽基准平面创建步骤：

单击"特征"工具条上的"基准平面"图标 □ 或执行"插入"→"基准/点"→"基

准平面"命令。弹出"基准平面"对话框，"类型"选择"相切"，"相切子类型"也选择"相切"，"参照几何体"的选择对象为图2-85阴影所示的圆柱面，"平面方位"方向 ⊠ 保持不变，单击 确定 按钮，完成基准面的创建。

图2-84 退刀槽创建完成效果图

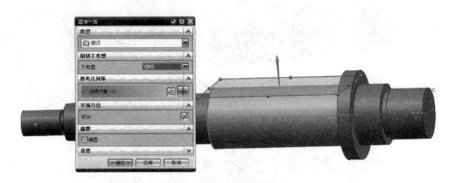

图2-85 基准面创建

（2）键槽创建步骤：

单击"特征"工具条上的"键槽"图标 或执行"插入"→"设计特征"→"键槽"命令，弹出图2-86所示的"键槽"对话框，键槽类型选择"矩形槽"。单击 确定 按钮，弹出图2-87左边的"矩形键槽"对话框，选择放置平面为图2-87鼠标所指"基准平面"，弹出图2-85右上角的"键槽方向"对话框，选择"接受默认边"。单击 确定 按钮，弹出图2-88左侧的"水平参考"对话框，选择"类型"为"实体面"，用鼠标单击图2-88右边阴影所示圆柱体表面，弹出"矩形键槽"尺寸对话框，设置尺寸如图2-89所示。单击 确定 按钮，弹出图2-90所示"定位"对话框，用鼠标单击"水平"定位图标 ，选择"目标对象"为图2-91中突出的大圆弧，弹出图2-91右上角所示"设置圆弧的位置"对话框，选择"圆弧中心"，然后选择刀具边为图2-91中突出的大圆弧，弹出"设置圆弧的位置"对话框，选择"圆弧中心"，弹出图2-91下方所示的"创建表达式"对话框，设置数值为14，单击 确定 按钮。然后选择图2-90的"竖直"定位 图标，设置方法同"水平"尺寸定位一样，设置数值为0，单击 确定 按钮，完成键槽创建。

图2-86 "键槽类型"对话框

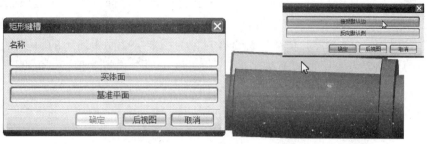

图 2 – 87　"键槽放置面"设置

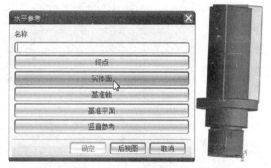

图 2 – 88　"水平参考"设置

图 2 – 89　"矩形键槽"尺寸

图 2 – 90　"定位"对话框

图 2 – 91　"水平尺寸"设置

15）创建圆孔

（1）圆孔基准平面创建步骤：

单击"特征"工具条上的"基准平面"图标□或执行"插入"→"基准/点"→"基准平面"命令。弹出"基准平面"对话框,"类型"选择"相切","相切子类型"选择"与平面成一定角度","参照几何体"的选择对象为图2-92阴影所示的圆柱面,"选择平面对象"为图2-92箭头所示"基准平面","角度选项"设置为值,"角度"=90,单击 确定 按钮,完成基准面的创建,如图2-93所示。

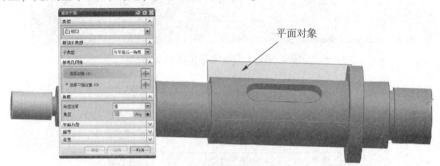

平面对象

图2-92 圆孔基准面创建

图2-93 圆孔基准面创建效果图

(2)圆孔创建步骤:

单击"特征"工具条上的"孔"图标 或执行"插入"→"设计特征"→"孔"命令,在弹出的对话框中选择"常规孔"选项,在"位置"选项中选择草绘点图标,弹出"草绘"对话框;选择"草绘"对话框中的"草图平面"为图2-93所创建的基准平面。在草图窗口绘制一个"点",尺寸和位置如图2-94所示,然后退出草绘。设置孔的"直径"=4,"深度"为贯通体,单击 确定 按钮,完成孔的创建,如图2-95所示。

图2-94 圆孔点草图

图2-95 圆孔创建完成效果

16)创建倒斜角

单击"特征操作"工具条上的"倒斜角"图标 或执行"插入"→"细节特征"→"倒斜角"命令,弹出"倒斜角"对话框,设置"选择边"为图2-96所示的左边的圆弧边,"横截面"设置为"偏置和角度",设置"距离"=1,"角度"=45,单击 应用 按钮。设置"选择边"为图2-96所示的右边的圆弧边,"横截面"设置为"偏置和角度",设置"距离"=2,"角度"=45,单击 确定 按钮,完成倒斜角的创建。

图 2 - 96 创建 "倒斜角"

知识加油

1. 凸台（项目 2.4 中已应用）

在机械设计过程中，常常需要设置一个凸台以满足结构和功能上的要求。单击 "特征" 工具栏中的 图标，弹出如图 2 - 72 所示的 "凸台" 对话框。通过该对话框可以在已存在的实体表面上创建圆柱形或圆锥形凸台。

对话框中各功能介绍如下：

（1）放置面：放置面是指从实体上开始创建凸台的平面或者基准平面。

（2）过滤器：通过限制可用的对象类型帮助用户选择需要的对象。这些选项是任意、面和基准平面。

（3）凸台的形状参数：

📖 直径：圆台在放置面上的直径。

📖 高度：圆台沿轴线的高度。

📖 锥角：锥度角。若指定为非 0 值，则为锥形凸台。正的角度值为向上收缩（即在放置面上的直径最大），负的角度为向上扩大（即在放置面上的直径最小）。

（4）反侧：若选择的放置面为基准平面，则可按此按钮改变圆台的凸起方向。

（5）定位：凸台的其他参数设置完成后，系统会弹出类似图 2 - 90 所示的 "定位" 对话框进行定位。

2. 键槽

选择 "插入" → "设计特征" → "键槽" 选项，或单击 "特征" 工具栏中的 图标，弹出 "键槽" 对话框，如图 2 - 86 所示。

键槽主要有以下几种类型。

📖 矩形槽：槽的横截面形状为矩形。

📖 球形端槽：槽的横截面形状为半圆形。

📖 U 形槽：槽的横截面形状成 U 形。

📖 T 形槽：槽的横截面形状为 T 形。

📖 燕尾槽：槽的横截面形状为燕尾形。

1）创建球形键槽

操作步骤如下：

📖 建立长方体模型。

📖 单击"特征"工具栏中的 🔲 图标，弹出"键槽"对话框。

📖 单击"球形键槽"按钮，系统提示选择球形槽放置面，选择长方体上表面；系统弹出"球形键槽"对话框，输入参数，如图2-97（a）所示。

📖 单击 确定 按钮，系统弹出"定位"对话框，确定键槽的位置。

📖 单击 确定 按钮，形成球形键槽，如图2-97（b）所示。

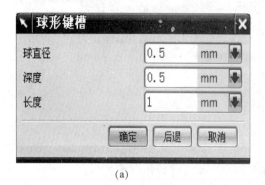
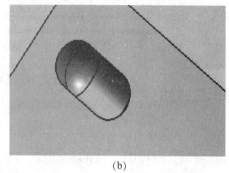

（a）　　　　　　　　　　　　　　　　　（b）

图2-97　"球形键槽"参数对话框及实例

其余各类键槽的创建操作步骤和球形键槽的创建步骤类同，在这里给出参数和形成的实例，如图2-98～图2-101所示，留给读者自己练习。

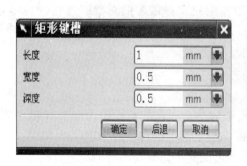
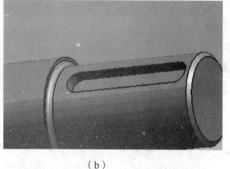

（a）　　　　　　　　　　　　　　　　　（b）

图2-98　"矩形键槽"参数对话框及实例

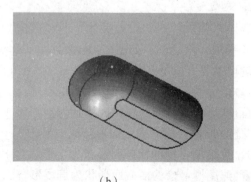

（a）　　　　　　　　　　　　　　　　　（b）

图2-99　"U形键槽"参数对话框及实例

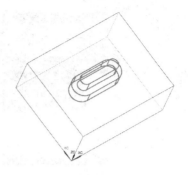

（a） （b）

图 2–100　"T 形键槽"参数对话框及实例

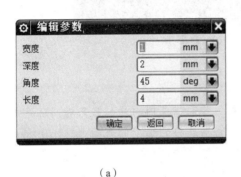

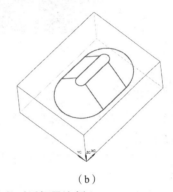

（a） （b）

图 2–101　"燕尾形键槽"参数对话框及实例

3. 开槽

在机械加工螺纹时，常常有退刀槽，此特征就可以快速创建类似的沟槽。

沟槽的类型有以下几种：

📖 矩形槽：横截面形状为矩形。

📖 球形端槽：横截面形状为半圆形。

📖 U 形槽：横截面形状为 U 形。

1）创建矩形退刀槽（项目 2.4 中已应用）

2）球形端槽

📖 建立圆柱体模型。

📖 选择"插入"→"设计特征"→"沟槽"选项，或单击特征工具栏中的 🔋 图标，系统自动弹出如图 2–80 所示的"槽"对话框。

📖 单击"球形端槽"按钮，系统提示选择矩形槽放置面，选择圆柱面；弹出"球形端槽"对话框，输入参数，如图 2–102 所示。

📖 单击 ▭ 确定 ▭ 按钮，系统弹出"定位"对话框，确定矩形槽的位置。

📖 单击 ▭ 确定 ▭ 按钮，形成球形沟槽，如图 2–102 所示。

3）U 形槽

U 形槽的创建操作步骤和球形端槽的创建步骤类同，"U 形槽"对话框参数和效果如图 2–103 所示。

图 2 – 102 球形端槽

图 2 – 103 U 形槽

 要点提示

此命令用于在圆柱体或圆锥体上建立一外沟槽或内沟槽，且只对圆柱体或圆锥体操作。沟槽在选择的面的位置附近生成，并自动连接到选中的表面上。

4. 倒斜角

选择"插入"→"细节特征"→"倒斜角"选项，或者单击"特征"工具栏中的 图标，弹出如图 2 – 104 所示的"倒斜角"对话框。该对话框用于在已存在的实体上沿指定的边缘做倒角操作。

（a） （b）

图 2 – 104 "倒斜角"对话框和"非对称"倒斜角实例

1）选择边

选择要倒角的边。

2 横截面

对称：用于将与倒角边邻接的两个面使用同一个偏置值创建简单的倒角。选择该方

式，"距离"文本框被激活，在该文本框中输入倒角边要偏置的值，单击 [确定] 按钮，即可
创建倒角。

📖非对称：用于将与倒角边邻接的两个面分别使用不同偏置值创建倒角。选择该方式，
"距离1"和"距离2"文本框被激活，在这两个文本框中输入用户所需的距离值，单击
[确定] 按钮，即可创建"非对称"倒角。

📖偏置和角度：用于由一个偏置值和一个角度来创建倒角。选择该方式，"距离"和
"角度"文本框被激活，在这两个文本框中输入用户所需的距离值和角度，单击 [确定] 按
钮，创建倒角。

●自主项目

1. 自主学习项目1
功能模块：

草图	实体	曲面	装配	制图
	√			

功能命令：圆柱体、长方体、圆孔、拉伸。
素材：如图2-105所示。

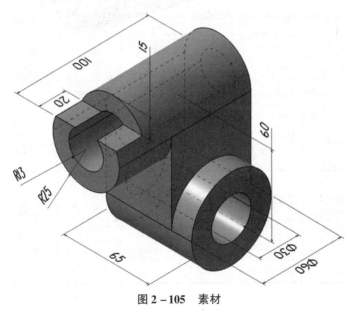

图2-105　素材

2. 自主学习项目2
功能模块：

草图	实体	曲面	装配	制图	逆向
	√				

功能命令：草图、长方体、布尔求和、孔、圆柱、边倒圆。
素材：如图 2 – 106 所示。

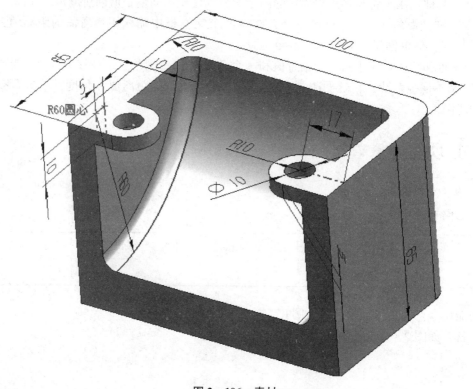

图 2 – 106　素材

3. 自主学习项目 3
功能模块：

草图	实体	曲面	装配	制图
√	√			

功能命令：圆柱体、长方体、圆孔、拉伸、布尔运算。
素材：如图 2 – 107 所示。

4. 自主学习项目 4
功能模块：

草图	实体	曲面	装配	制图
√	√			

功能命令：圆柱体、长方体、圆孔、镜像特征、布尔运算、草绘。
素材：如图 2 – 108 所示。

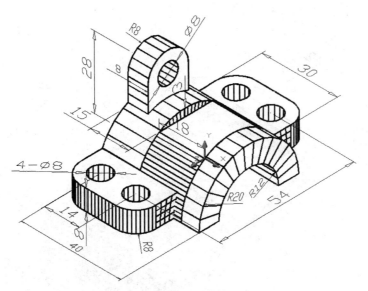

图 2 - 107 素材

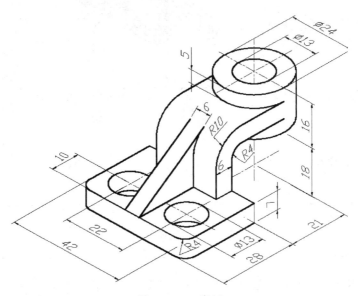

图 2 - 108 素材

5. 自主学习项目 5

功能模块：

草图	实体	曲面	装配	制图
√	√			

功能命令：长方体、垫块、圆孔、倒圆角、坐标系、草图、布尔运算。

素材：如图 2 - 109 所示。

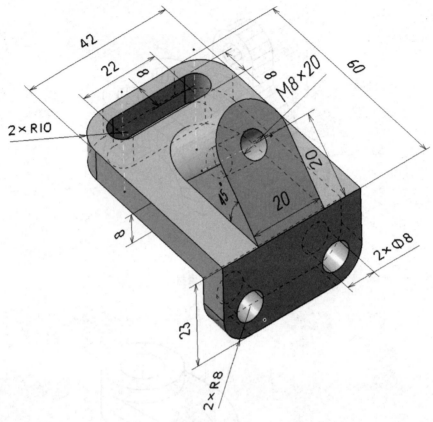

图 2 - 109 素材

6. 自主学习项目6
功能模块：

草图	实体	曲面	装配	制图
√	√			

功能命令：长方体、垫块、圆孔、倒圆角、坐标系、草图、布尔运算。
素材：如图 2 - 110 所示。

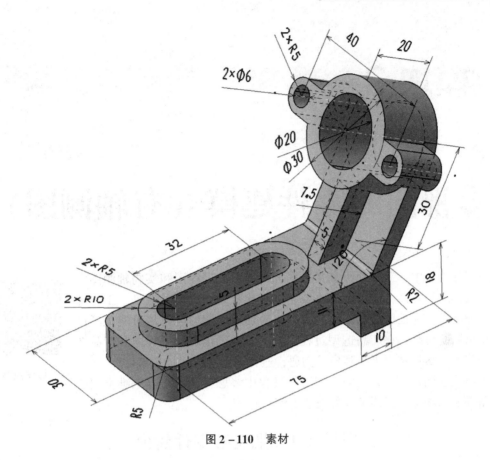

图 2 – 110　素材

模块 3

《《《《《

多视图的零件建模（有轴测图）

在实际工作中，工程师经常会根据客户提供的工程图和实物轴测图图片进行实体造型设计，这种情况主要是针对比较复杂的产品造型，工程师通过轴侧图更容易把握产品的结构，在缩短建模周期的同时尽量避免了产品造型出错的可能。在产品造型过程中，由于有了正确的工程图和产品造型作为依据，尽量减少了与客户的沟通，避免了后续的"扯皮事件"

本模块强调以学者为主的，在学习过程中多思考，在培养三维空间能力的基础上，增加了识图模块的技能训练。

操作视频

项目 3.1　烟灰缸零件建模

● 项目要点

本项目将运通过圆锥、腔体、抽壳、倒圆角、圆柱、阵列特征、布尔等命令完成烟灰缸的零件建模。（操作课件见 Resources\教学课件\项目 3.1 烟灰缸零件建模；操作视频见 Resources\Teaching project\Ch03\烟灰缸 . avi；完成零件见 Resources\Teaching project\Ch03\yanhuigang. prt。）

● 项目目标

☑ 完成烟灰缸零件建模；

☑ 能通过烟灰缸的 3D 模型看懂烟灰缸三视图；

☑ 能分析出烟灰缸产品的结构组成。

☑ 能独立构建烟灰缸结构的设计思路。

● 项目实施

3.1.1　结构分析

本例将完成烟灰缸的制作，效果如图 3-1 所示。案例描述：烟灰缸的主体是一个圆台，

圆台底部直径为 φ120，高度为 30，半锥角为 75°；圆台顶部挖掉一个圆台用于盛放烟灰，凹下圆台的底部直径为 φ75，高度为 20，半锥角为 30°，其底部倒圆角为 R8；烟灰缸有 6 个烟灰槽，用来放置香烟，其结构为半圆柱形，圆柱直径为 φ12，烟灰缸其余外漏边倒圆角为 R4，便于产品的成型与加工；最后为了减小烟灰缸的质量，对烟灰缸的内部做了抽壳处理，抽壳后烟灰缸的壁厚为 3。

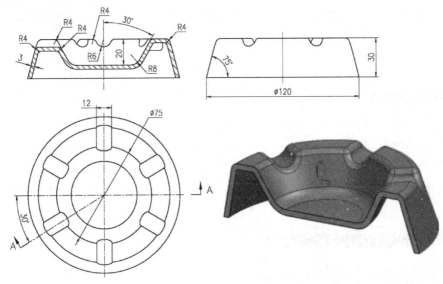

图 3-1　烟灰缸工程图

3.1.2　建模思路

建模思路如图 3-2 所示。

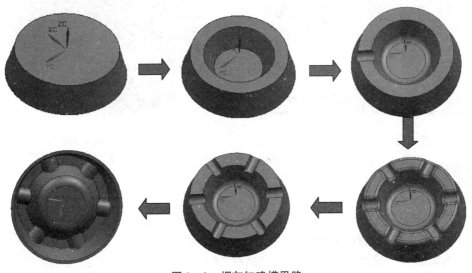

图 3-2　烟灰缸建模思路

3.1.3 产品建模

1）启动 UG

2）新建一个文件

执行"文件"→"新建"命令，给新文件指定路径和文件名，单击 **确定** 按钮。

3）选择建模命令

执行"起始"→"所有应用模块"→"建模"命令或按 Ctrl + M 组合键，切换到建模模式。

4）创建烟灰缸主体

单击"特征"工具条上的"圆锥"图标 ⚠ 或执行"插入"→"设计特征"→"圆锥"命令。弹出"圆锥"对话框，如图 3 - 3 所示，选择创建类型为"底部直径，高度和半角"；设置"指定矢量"为 **ZC**；设置"指定点"为"点构造器"，设置为坐标原点；设置"底部直径"=120，"顶部高度"=30，"半角"=15；设置"布尔"选项为"无"。单击 **确定** 按钮，完成一个圆台的创建，效果如图 3 - 4 所示。

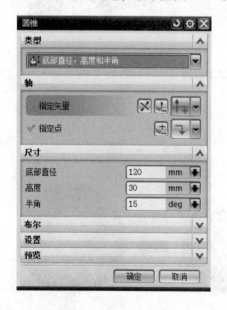

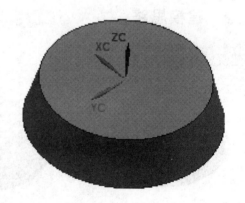

图 3 - 3 "圆锥"对话框　　　　　　　图 3 - 4 烟灰缸主体

5）创建凹下部分

单击"特征"工具条上的"腔体"图标 ⬛ 或执行"插入"→"设计特征"→"腔体"命令，弹出如图 3 - 5 所示的"腔体"对话框。选择"腔体"创建方式为"柱"，弹出图 3 - 6 所示的放置面设置对话框，选择图 3 - 6 所示上表面为"放置面"，弹出如图 3 - 7 所示腔体参数对话框，设置"直径"=75，"高度"=20，"锥角"=30。单击 **确定** 按钮，进入"定位"对话框，选择"定位"对话框中的"点落在点上"，选择加亮圆弧，设置圆弧的位置为"圆弧中心"，如图 3 - 8 所示，由此，完成了一个圆柱腔体的创建，效果如图 3 - 2 的步骤 2 所示。

图3-5 "腔体"对话框

图3-6 腔体放置面选择

图3-7 腔体参数设置

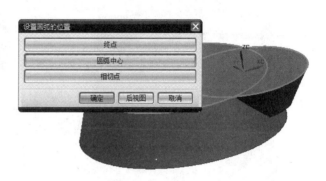

图3-8 "腔体"定位

6）凹下部分倒圆角 $R8$

7）移动工作坐标系

单击"实用工具"工具条的"原点"图标 ↳ 或执行"格式"→"WCS"→"原点"命令，弹出"坐标系"原点设置对话框。单击对话框上的 ⊙ 按钮，点取适当的位置，如图3-9所示，移动坐标系到上表面圆心。

图3-9 坐标系移动

8）剪除实体特征

单击"特征"工具条上的"圆柱"图标 ▮ 或执行"插入"→"设计特征"→"圆柱"命令，弹出"圆柱"的对话框，如图3-10所示。单击"轴，直径和高度"按钮，设置矢量为 ↗，设置参数为："直径"=12，"高度"=60，设置点为"点构造器"，设置点的坐标为：$XC=0$，$YC=0$，$ZC=0$，单击 确定 按钮，效果图3-11所示。

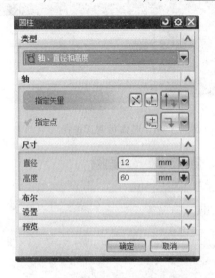

图3-10　"圆柱"参数设置

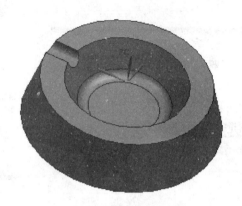

图3-11　单个烟灰槽剪除效果

9）创建六个烟灰槽

单击"特征操作"工具条上的"阵列特征"图标 或执行"插入"→"关联复制"→"阵列特征"命令，弹出"阵列特征"对话框，单击"选择特征"一栏，选取步骤8）创建的剪切实体特征为阵列特征，在"阵列定义"的"布局"中选择"圆形"选项，设置角度和方向参数为：间距选择"数量和跨距"，数量为6，跨角为360°，如图3-12所示。在旋转轴一栏指定矢量为 ，通过"点构造器"对话框指定旋转中心点的所有坐标都为"0"，再单击 确定 按钮，这时系统弹出创建引用对话框，单击"是"按钮，这样实体就阵列好了，效果如图3-13所示。

图3-12　阵列参数设置

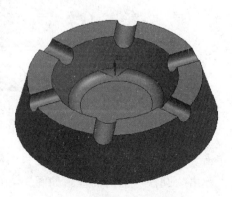

图3-13　六个烟灰槽剪除的效果

10）创建倒圆角 R4

单击"建模"工具条上的"边倒圆"图标 或执行"插入"→"细节特征"→"边倒圆"命令，在"边倒圆"对话框中设置默认半径为4，点选烟灰缸上部的六个烟灰槽沿着槽的方向的2条槽边，单击 应用 按钮，效果如图3-14所示。然后选择烟灰缸上部内外弧，单击 确定 按钮，完成边倒圆操作，效果如图3-15所示。

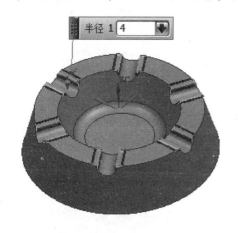

图3-14 槽边选择示意

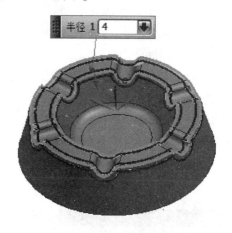

图3-15 圆弧选择示意

11）建立挖空特征

单击"特征"工具条上的"抽壳"图标图标 或执行"插入"→"细节特征"→"抽壳"命令，在弹出的"抽壳"对话框里设置默认厚度为3，单击选择要挖空的面，如图3-16所示。单击 应用 按钮，完成了挖空操作，执行效果如图3-17所示。单击 取消 按钮退出"抽壳"对话框。

图3-16 "抽壳"对话框

图3-17 挖空后的烟灰缸

✳ 知识加油

1. 圆锥

单击"特征"工具栏中的 ⚠ 图标或执行"插入"→"细节特征"→"圆锥"命令，可以弹出"圆锥"对话框。

1）直径和高度（项目2.4中已应用）

用于指定圆锥的顶圆直径、底圆直径和高度，创建圆锥。

📖 在"类型"下拉列表中选择"直径和高度"方式。

📖 在"轴"选项组中设定轴向矢量和圆锥底圆中心点。

📖 在"尺寸"选项组中设定底部直径、顶部直径和高度。

📖 指定所需的布尔操作类型。

📖 单击 确定 或"应用"按钮，创建圆锥特征。

2）直径和半角

📖 选择"插入"→"设计特征"→"圆锥"选项，或单击"特征"工具栏中的 ⚠ 图标，系统弹出"圆锥"对话框。

📖 在"类型"下拉列表中选择"直径和半角"方式，指定 ZC↑ 为圆锥的轴向，坐标原点为圆心，如图3-18所示。

📖 设定底部直径为100，顶部直径为30，半角为45°，单击 确定 按钮，生成圆锥，如图3-19所示。

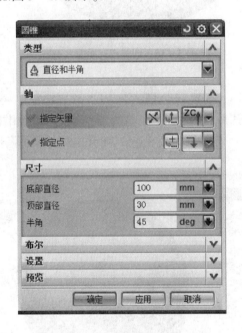

图3-18 设置直径和半角

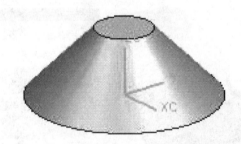

图3-19 由"直径和半角"方式创建的圆锥

3）底部直径、高度、半角（项目3.1中已应用）

用于指定圆锥的底圆直径、高度和锥顶半角，创建圆锥。

4）顶部直径、高度、半角

用于指定圆锥的顶圆直径、高度和锥顶半角，创建圆锥。

5）两个共轴的弧

用于指定两个共轴的圆弧分别作为圆锥的顶圆和底圆，创建圆锥。

2. 腔体

单击"特征"工具栏中的 ▥ 图标，弹出如图3-20所示的"腔体"类型选择对话框。

该对话框用于从实体移除材料或用沿矢量对截面进行投影生成的面来修改片体。

1）矩形腔体

📖 创建长方体模型。

📖 单击"特征"工具栏中的 ▣ 图标，弹出如图 3 - 20 所示的"腔体"类型选择对话框。

📖 单击"矩形"按钮，系统自动弹出"矩形腔体"对话框，选择长方体上表面为腔体的放置平面，填写参数，如图 3 - 21 所示。

图 3 - 20　"腔体"类型对话框图

图 3 - 21　"矩形腔体"对话框

📖 单击 确定 按钮，系统自动弹出"定位"对话框，确定矩形腔体的位置，形成矩形腔体，如图 3 - 22 所示。

2）圆柱腔体（项目 3.1 中已应用）

3. 抽壳

单击"特征"工具条上的"抽壳"图标 ▣ 或执行"插入"→"细节特征"→"抽壳"命令，弹出如图 3 - 16 所示的"抽壳"对话框。抽壳有两种类型，即"抽壳所有面"和"移除面，然后抽壳"。

1）抽壳所有面

可在"抽壳"对话框的"类型"下拉列表中选择此类型，在视图区选择要进行抽壳操作的实体。

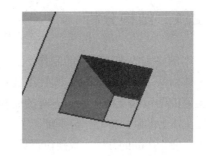

图 3 - 22　腔体完成效果

2）移除面，然后抽壳

可在"抽壳"对话框的"类型"下拉列表中选择此类型，用于选择要抽壳的实体表面，所选的表面在抽壳后会形成一个缺口。大多数情况下都用此类型，它主要用于创建薄壁零件或箱体。

 要点提示

"抽壳所有面"和"移除面，然后抽壳"的不同之处在于：前者对所有面进行抽空，形成一个空腔；后者在对实体抽空后，移除所选择的面。

项目 3.2 支座零件建模

● 项目要点

本项目将运用草图绘制、拉伸、圆柱、沉头孔、垫块、拔模、定位、修剪体、阵列特征、镜像特征、变换等命令完成支座零件建模。(操作课件见 Resources\教学课件\项目 3.2 支座零件建模;操作视频见 Resources\Teaching project\Ch03\支座.avi;完成零件见 Resources\Teaching project\Ch03\zhizuo.prt。)

● 项目目标

☑ 完成支座零件建模;
☑ 能通过支座的 3D 模型看懂支座三视图;
☑ 能分析出支座产品的结构组成;
☑ 能独立构建支座结构的设计思路。

● 项目实施

3.2.1 结构分析

本例将完成支座零件的制作,效果如图 3-23 所示。案例描述:通过左视图可以看出,支座主体由一个拉伸体和一个圆柱组成;在主体的中间挖掉一个槽;槽的中间设计一块筋板,其对支座的两边起支撑作用;支座的底板加工了 4 个沉孔,便于支座的安装,尺寸见俯视图;支撑座主体上的圆弧中心,分别加工了 2 个沉孔,尺寸见左视图;支座的结构有 3 处做了 8°的拔模斜度,便于产品的开模,拔模位置见左视图(2 处)和俯视图(1 处)。

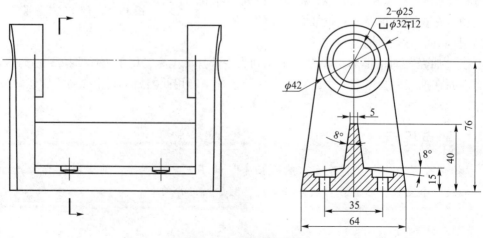

图 3-23 连接件工程图

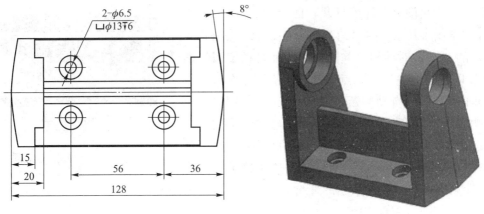

图 3 – 23 连接件工程图（续）

3.2.2 建模思路

建模思路如图 3 – 24 所示。

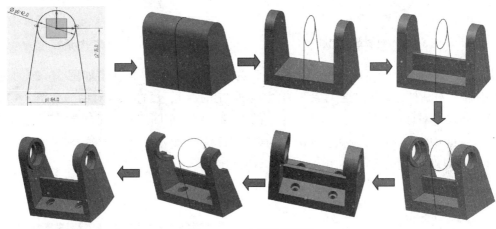

图 3 – 24 支架建模思路

3.2.3 产品建模

1）启动 UG

2）新建一个文件

执行"文件"→"新建"命令，给新文件指定路径和文件名，单击 确定 按钮。

3）选择建模命令

执行"起始"→"所有应用模块"→"建模"命令或按 Ctrl + M 组合键，切换到建模模式。

4）草图绘制主体轮廓线

单击"直接草绘"工具条上的"草图"图标 或执行"插入"→"草图"命令，在弹出的草图对话框中选择"草图平面"选项为"自动判断"，单击 确定 按钮退出草图对话框；单击"在草图任务环境打开"图标 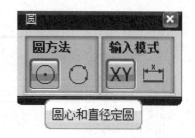 进入草绘环
境。单击草图工具条上的"圆"图标 ◯，弹出如图 3 -
25 所示的"圆"对话框，单击"圆心和直径定圆"图
标 ⊙，以草图中的坐标原点为圆心，绘制一个圆。单
击草图工具条上"自动判断尺寸"图标 ⟋，用鼠标单
击绘制的圆，修改圆的直径尺寸为 42，完成如图 3 - 26
所示的圆。单击草图工具条上的"轮廓"图标 ↰，弹
出如图 3 - 27 所示"轮廓"对话框，选择绘图方式为
"直线"，绘制如图 3 - 28 所示的直线。

图 3 - 25 "圆"对话框

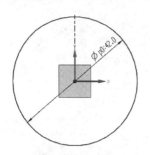

图 3 - 26 绘制草图"圆"

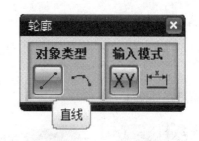

图 3 - 27 "轮廓"对话框

  加上"约束"：单击草图工具条上的"设为对称"图标 ▣，弹出如图 3 - 29 所示的
"设为对称"对话框，设置"主对象"为图 3 - 28 中的点 1，设置"次对象"为图 3 - 28 中
的点 2，设置"对称中心线"为图 3 - 28 中的 Y 轴；单击草图工具条上"约束"图标 ⟂，
选择图 3 - 28 中的直线 1 和圆弧，弹出"约束"对话框，单击"相切"符合 ⊚，约束直线
和圆相切，同理，约束图 3 - 28 中的直线 2 与圆相切。

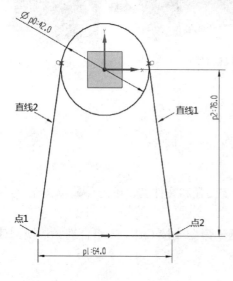

图 3 - 28 主体草图

图 3 - 29 "设为对称"对话框

  标注尺寸：单击草图工具条上的"自动判断尺寸"图标 ⟋，标注如图 3 - 28 所示的定

位和定形尺寸。

单击左上角的完成草图绘制图标 完成草图，完成草图的绘制。

5）创建支座主体

单击"特征"工具条上的"拉伸"图标 或执行"插入"→"设计特征"→"拉伸"命令，在弹出的对话框中选择"截面"选项为图3-28创建的主体草图；设置"方向"选项为默认；设置"极限"参数，"结束"设为"对称值"，"距离"设为64，设置"布尔"为无，单击 确定 按钮，完成拉伸主体，效果如图3-24所示建模思路的第2步效果。

6）挖掉主体中间槽

单击"特征"工具条上的"拉伸"图标 或执行"插入"→"设计特征"→"拉伸"命令，在弹出的对话框中选择"截面"选项为"草绘"，弹出"创建草图"对话框；设置"草图平面"的方式为"创建平面"，"指定平面"方式设置为垂直于轴，水平方向采用默认，如图3-30所示。单击 确定 按钮，进入草图绘制界面，绘制如图3-31所示草图。单击左上角的完成草图绘制图标 完成草图的绘制。设置"方向"选项为默认。设置"极限"参数，"结束"设为"对称值"，"距离"设为40，设置"布尔"为"求差"，单击 确定 按钮，挖掉主体中间槽，效果如图3-24所示建模思路的第3步效果。

图3-30　"创建草图"对话框

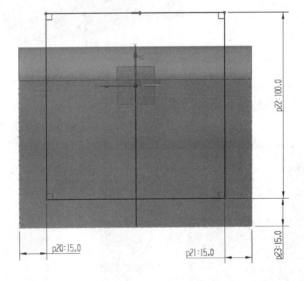

图3-31　挖槽草图

7）创建支撑筋板

单击"特征"工具条上的"垫块"图标 或执行"插入"→"设计特征"→"垫块"命令。弹出如图3-32所示的"垫块"对话框，选择"垫块"创建方式为"矩形"。弹出图3-33左上角所示的放置面设置对话框，选择图3-33所示面1部分为"放置面"。弹出"参考"对话框，选择图3-33所示的面2为"竖直参考"。弹出"垫块参数"对话框，设置"长度"=100，"宽度"=5，"高度"=25，"拐角半径"=0，"锥角"=0。单击 确定 按钮，进入"定位"对话框，选择"定位"对话框中的"水平"定位，选择图3-34所示的"加亮"的两条直线为尺寸参考，设置"水平尺寸"=0；然后选择"定位"对话框中的"竖直"定位，选择图3-35所示的"加亮"的两条直线为尺寸参考，设置"竖直尺寸"=

29.5。单击 按钮，完成筋板的创建，效果如图3-24所示的步骤4。

图3-32 "垫块"对话框

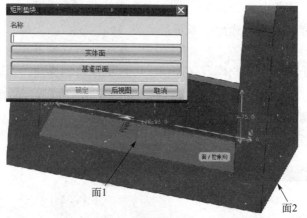

图3-33 垫块放置

图3-34 水平定位

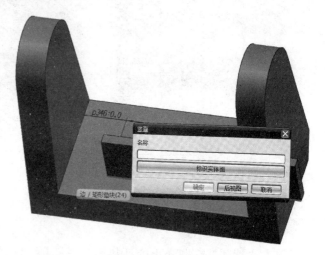

图3-35 竖直定位

8）创建连接处沉头孔

单击"特征"工具条上的"孔"图标■或执行"插入"→"设计特征"→"孔"命令，在弹出的对话框中选择"常规孔"选项，在"位置"选项中选择图3-36所示圆弧，捕捉圆的中心点；在"形状和尺寸"选项中，选择成形为"沉头"，设置"沉头直径"=32，"沉头深度"=12，"直径"=25，"深度限制"为贯通体，设置"布尔"为"求差"，如图3-37所示。单击 按钮，完成沉头孔的创建，如图3-38所示。

图 3 – 36　孔中心选择

图 3 – 37　连接处沉头孔参数设置

9）镜像连接处沉头孔

单击"特征"工具条上的"镜像特征"图标 或执行"插入"→"关联复制"→"镜像特征"命令，弹出"镜像特征"对话框。在弹出的对话框中，在"特征"选项中选择步骤8）创建的沉头孔特征，在"镜像平面"选项中选择"新平面"，在"指定平面"选项中选择 ，如图3 – 39所示。单击 确定 按钮，完成对称处沉头孔的创建，如图3 – 40所示。

图 3 – 38　连接处沉头孔完成效果图

图 3 – 39　"镜像特征"对话框

10）创建底座沉头孔

单击"特征"工具条上的"孔"图标 或执行"插入"→"设计特征"→"孔"命令，在弹出的对话框中选择"常规孔"选项，在"位置"选项中单击 图标，选择图3 – 40所示的平面作为绘图平面，"草图方向"选择实体中沿 Z 轴方向的实体边。单击 确定 按钮，进入草图绘制界面，绘制如图3 – 41所示点，并标注尺寸，完成草图绘制。设置"沉头孔"参数，如图3 – 42所示。单击 确定 按钮，完成沉头孔的创建，如图3 – 43所示。

图 3 - 40　对称沉头孔完成效果图

图 3 - 41　底座沉头孔的点尺寸设置

图 3 - 42　底座沉头孔参数设置

图 3 - 43　底座沉头孔完成效果图

11）创建底座其余沉头孔

单击"特征操作"工具条上的"阵列特征"图标 或执行"插入"→"关联复制"→"阵列特征"命令，弹出"阵列特征"对话框。单击"选择特征"一栏，选取步骤 10）创建的沉头孔特征为阵列特征，在"阵列定义"的"布局"中选择"线性"选项，在"边界定义"选项中定义"方向 1"参数：矢量为，间距选择"数量和节距"，数量为 2，节距为 56，定义"方向 2"参数：矢量为，间距选择"数量和节距"，数量为 2，节距为 35，如图 3 - 44 所示。再单击 确定 按钮，这样实体就阵列好了，效果如图 3 - 24 的步骤 5 所示。

12）修剪体

单击"特征"工具条上的"修剪体"图标 或执行"插入"→"修剪"→"修剪体"命令，弹出"修剪体"对话框，如图 3 - 45 所示。在弹出的对话框中，在"目标"选项中选择步骤 11）创建的实体，在"工具"选项中选择"新建平面"，在"指定平面"选项中选择 ，如图 3 - 46 所示。单击 确定 按钮，完成修剪体的创建，如图 3 - 24 的步骤 6 所示。

图 3 – 44　"线性阵列" 参数设置

图 3 – 45　"修剪体" 对话框

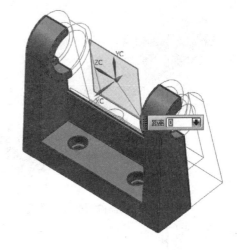

图 3 – 46　修剪平面创建示意图

13）筋板拔模

单击"特征"工具条上的"拔模"图标 或执行"插入" → "细节特征" → "拔模"命令，弹出"拔模"对话框。在弹出的对话框中选择"类型"为"从平面"，在"脱模方向"选项中选择 为脱模方向，在"固定面"选项中选择图 3 – 47 所示固定平面，在"要拔模的面"选项中选择图 3 – 47 所示拔模曲面，设置"角度"=8，如图 3 – 48 所示。单击 按钮，完成筋板拔模斜度的创建。

14）支座其余 3 处拔模斜度的创建

单击"特征"工具条上的"拔模"图标 或执行"插入" → "细节特征" → "拔模"命令，弹出"拔模"对话框。在弹出的对话框中选择"类型"为"从平面"，在"脱模方向"选项中选择 为脱模方向，在"固定面"选项中选择图 3 – 49 所示固定平面，在

"要拔模的面"选项中选择图3-49所示3处曲面为拔模曲面，设置"角度1"=8，如图3-48所示，单击 确定 按钮，完成拔模斜度的创建。

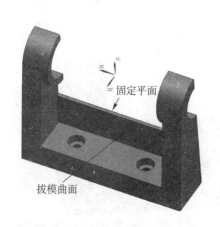

图3-47 筋板拔模曲面选择示意图

图3-48 "拔模"对话框

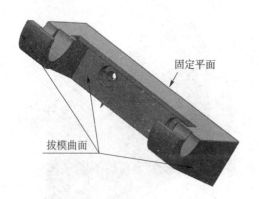

图3-49 拔模曲面选择示意图

图3-50 拔模后的效果图

15) 镜像体

执行"开始"→"NX 钣金"→"插入"→"关联复制"→"镜像体"命令，弹出如图3-51所示"镜像体"对话框，在"体"选项中选择图3-50所示的体，在"镜像平面"选项中选择图3-50中的"镜像平面"，单击 确定 按钮，完成镜像体的创建，效果如图3-24中的步骤8所示。执行"开始"→"建模"命令，切换到"建模"模块。

图3-51 "镜像体"对话框

16) 合并体

单击"特征"工具条上的"求和"图标 ，弹出"求和"对话框，完成零件合并。

3.2.4　知识加油

1. 垫块（项目 3.2 中已经应用）

垫块与凸台最主要的区别在于垫块创建的是矩形凸起，而凸台创建的是圆柱或圆锥凸起。

单击"特征"工具栏中的 图标，弹出如图 3 – 32 所示的"垫块"类型选择对话框。矩形垫块的创建步骤与腔体的创建步骤类同。

2. 拔模

单击"插入"→"细节特征"→"拔模"或者单击"特征"工具栏中的 图标，弹出如图 3 – 48 所示的"拔模"对话框。该对话框用于以一定的角度沿着拔模方向改变选择的面。

拔模有 4 种方式：从平面、从边、与多个面相切和至分型边。

1）从平面（项目 3.2 已经应用）

选择"从平面"类型，用于从参考平面开始，与拔模方向成拔模角度，对指定的实体表面进行拔模。

2）从边

选择"从边"类型，用于从实体边开始，与拔模方向成拔模角度，对指定的实体表面进行拔模，如图 3 – 52 的实例所示。

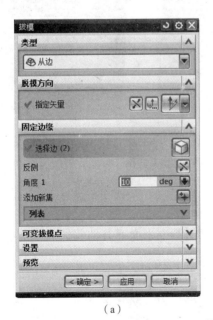

（a）

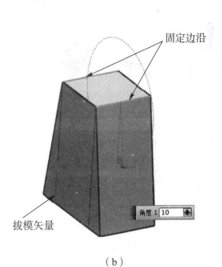

（b）

图 3 – 52　"从边"类型及实例

3）与多个面相切

选择"与多个面相切"类型，用于与拔模方向成拔模角度对实体进行拔模，并使拔模面相切于指定的实体表面，如图 3 – 53 所示的实例。

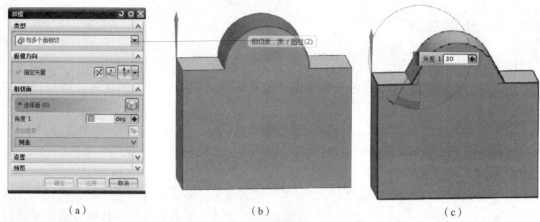

（a）　　　　　　　　　　（b）　　　　　　　　　　（c）

图3-53　"与多个面相切"类型及实例

4）至分型边

选择"至分型边"类型，可以在分型边缘不发生改变的情况下拔模，并且分型边缘不在固定平面上。用于从参考面开始，与拔模方向成拔模角度，沿指定的分割边对实体进行拔模，如图3-54所示的实例。

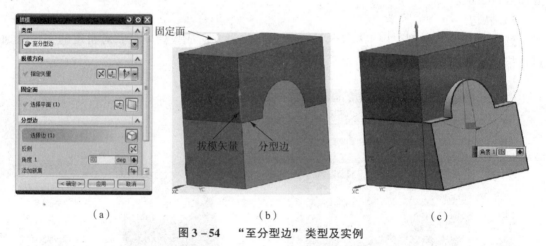

（a）　　　　　　　　　　（b）　　　　　　　　　　（c）

图3-54　"至分型边"类型及实例

3. 修剪体（项目3.2已经应用）

单击"特征"工具条上的"修剪体"图标 或执行"插入"→"修剪"→"修剪体"命令，弹出"修剪体"对话框。此命令可使用基准平面或其他几何体修剪一个或多个目标体。

4. 拆分体

选择"插入"→"修剪"→"拆分体"选项或单击"特征"工具栏中的 图标，弹出如图3-55（a）所示的对话框。此命令可使用基准平面或其他几何体拆分一个或多个目标体，拆分体将目标体做分割处理，操作结果会导致模型非参数化。拆分的操作过程比较简单，这里给出拆分体的操作实例，选择图3-55（b）所示实体，选择"新建平面"，单击"点和方向"图标 ，选择图3-55（b）中圆弧的圆心，选择朝左方向，完成平面创建，单击 确定 按钮，完成拆分体。

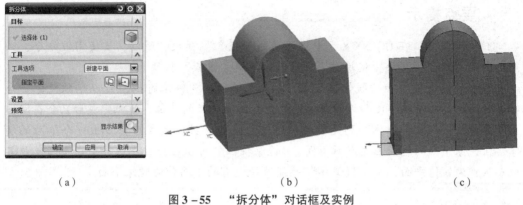

（a）　　　　　　　　　　（b）　　　　　　　　　　（c）

图 3 – 55　"拆分体"对话框及实例

5. 镜像特征（项目 3.2 已经应用）

选择"插入"→"关联复制"→"镜像特征"或者单击"特征"工具栏中的 图标，弹出图 5 – 56（a）所示的"镜像特征"对话框，通过一基准面或选择的特征去建立对称的模型。

1）选择特征

用于在部件中选择要镜像的特征，如图 5 – 56（b）中的圆柱所示。

2）相关特征

📖 "添加相关特征"：将选定要镜像特征的相关特征也包括在"候选特征"列表框中。

📖 "添加体中的全部特征"：将选定的要镜像的特征所在实体中的所有特征都包含在"候选特征"列表框中。

3）镜像平面

用于选择镜像平面，可在"平面"下拉列表中选择镜像平面，也可以通过选择平面按钮直接在视图中选取镜像平面。图 3 – 56（b）中带箭头的平面为创建的平面。

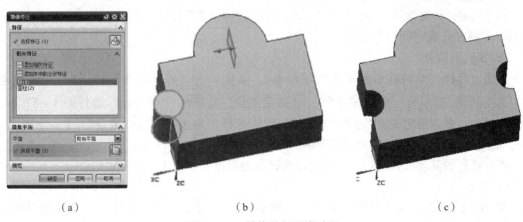

（a）　　　　　　　　　　（b）　　　　　　　　　　（c）

图 3 – 56　镜像特征形成过程

6. 镜像体（项目 3.2 已经应用）

执行"开始"→"NX 钣金"→"插入"→"关联复制"→"镜像体"命令。"镜像体"命令比较简单，在这里不详细介绍，由读者自己练习，熟悉操作对话框。

要点提示

① "镜像体" 在 UG NX 8.5 中被移动到 "钣金" 模块，所以，要使用该命令，必须切换到 "钣金" 模块，使用结束后可以切换到 "建模" 模块。

② "镜像特征" 和 "镜像体" 的不同之处在于："镜像特征" 可以单独镜像一个实体里面的某些特征，比如倒圆角、通孔之类的有参数的特征，镜像完成后只会在实体上增加特征；而 "镜像体" 则是直接镜像整个实体，镜像完成后会多出一个单独的实体。在镜像平面的选择上也有所不同，"镜像特征" 可以在操作中选择现在平面或是其他参照作为镜像平面，而 "镜像体" 只能选择现有的平面作为镜像平面。

7. 阵列特征

单击 "特征操作" 工具条上的 "阵列特征" 图标 或执行 "插入" → "关联复制" → "阵列特征" 命令，弹出 "阵列特征" 对话框。

"阵列特征" 的阵列方式有七种：线性、圆形、多边形、螺旋式、沿曲线、常规、参考。

1）圆形阵列（项目 3.1 已经应用）

单击 "特征操作" 工具条上的 "对特征形成图样" 图标 或执行 "插入" → "关联复制" → "对特征形成图样" 命令，弹出 "阵列特征" 对话框，在 "阵列定义" 的 "布局" 中选择 "圆形" 选项，然后选择 "阵列" 特征，设置 "旋转方向" 和 "旋转点"，定义圆形阵列相关参数，单击 确定 按钮，完成 "圆形" 阵列。

2）线性阵列（项目 3.2 已经应用）

单击 "特征操作" 工具条上的 "对特征形成图样" 图标 或执行 "插入" → "关联复制" → "对特征形成图样" 命令，弹出 "阵列特征" 对话框，在 "阵列定义" 的 "布局" 中选择 "线性" 选项，选择阵列特征，设置方向 1：指定矢量，确定方向 1 阵列的 "数量" 和 "节距"；设置方向 2：指定矢量，确定方向 2 阵列的 "数量" 和 "节距"，单击 确定 按钮，完成 "线性" 阵列。

3）多边形阵列

点选工具栏 "对特征形成图样" 图标 ，系统弹出 "阵列特征" 对话框，"选择特征" 选小圆柱，"布局" 选 "多边形"，"指定矢量" 选 ，"指定点" 选择图 3 - 57（b）中圆的圆心；多边形定义："边数"=8，"间距" 选择 "每边数目"，"数量"=3，"跨距"=360，如图 3 - 57（a）所示。单击 确定 按钮，效果如图 3 - 57（c）所示。

阵列特征的其他方式应用，读者可以自己练习操作，在此不再详细讲解。

8. 定位

在 UG NX 8.5 的成型操作过程中，一般都需要对所创建的特征定位，定位对话框如图 3 - 58 所示。

（1）水平：把 X 方向作为竖直方向，选择对象实行 "水平" 定位。

（2）竖直：把 Y 方向作为竖直方向，选择对象实行 "竖直" 定位。

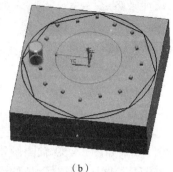

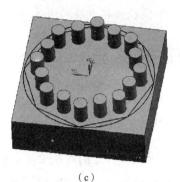

（a）　　　　　　　　　　（b）　　　　　　　　　（c）

图3－57　多边形阵列

（3）平行：实行"平行"定位。

（4）垂直：实行"垂直"定位。

（5）按一定距离平行：对对象实行"按一定距离平行"定位。

（6）角度：目标边和草图曲线成一定角度的定位。

（7）点到点：在两个点之间定位。

（8）点到线：在点和线之间的定位。

（9）线到线：两直线之间的定位。

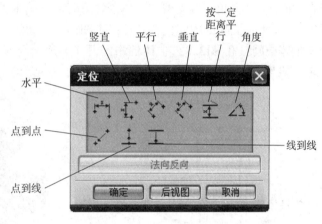

图3－58　"定位"对话框

项目3.3　双向阀体零件建模

●项目要点

本项目将运用草图、拉伸、镜像体、基本平面、基本轴、镜像特征、基本孔、布尔运算、边倒圆完成双向阀体零件建模。（操作课件见 Resources\教学课件\项目3.3 双向阀体零件建模；操作视频见 Resources\Teaching project\Ch03\双向阀体. avi；完成零件见 Resources\Teaching project\Ch03\shuangxiangfati. prt。）

●项目目标

☑ 完成双向阀体零件建模；

☑ 能通过双向阀体的3D模型看懂烟灰缸三视图；

☑ 能分析出双向阀体产品结构组成；

☑ 能独立构建双向阀体结构的设计思路。

●任务实施

3.3.1 结构分析

本例将完成双向阀体零件的制作，效果如图 3 - 59 轴测图所示。案例描述：通过对双向阀体视图的分析，可以看出其主体中间是一个由圆形对称拉伸而成的圆柱；圆柱的两边各有一个 U 形底座，其尺寸参照主视图，在主体的中间的两边是一对倾斜安装的支架，支架与竖直方向成 45°夹角，该支架与主体圆柱直径 φ15.6 相切，厚度为 2.5，其尺寸主要体现在视图 A—A 上；支架的中间位置挖掉一个凹槽，凹槽的尺寸主要体现在局部视图 B 上；双向阀体主体中间打孔 φ13.8；主体的中间开了两个对称的方形槽，方形槽四周倒圆角 R1.3；安装支架与主体相交处做圆角处理，圆角大小为 R2.8。

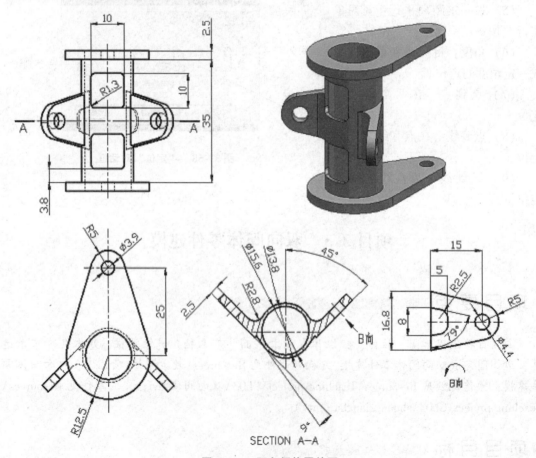

图 3 - 59 双向阀体零件图

3.3.2　建模思路

建模思路如图 3 – 60 所示。

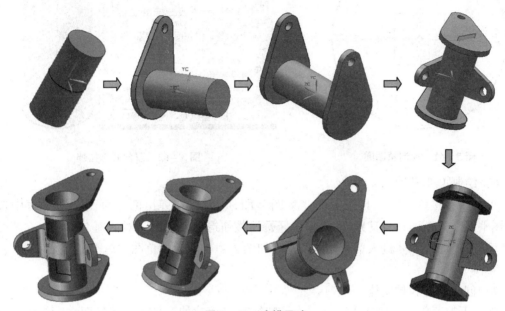

图 3 – 60　建模思路

3.3.3　产品建模

1）启动 UG

2）新建一个文件

执行"文件"→"新建"命令，给新文件指定路径和文件名，单击 确定 按钮。

3）选择建模命令

执行"起始"→"建模"命令，切换到建模模式。

4）绘制草图

单击"直接草绘"工具条上的"草图"图标 。在弹出的草图对话框中选择"草图平面"选项为"自动判断"，单击 确定 按钮退出草图对话框；单击"在草图任务环境打开"图标 进入草绘环境。单击草图工具条上的"圆"图标 ，弹出"圆"对话框，单击"圆心直径定圆"图标 ，以草图中的坐标原点为圆心，绘制一个圆，单击草图工具条上的"自动判断尺寸"图标 ，用鼠标单击绘制的圆，修改圆的直径尺寸为 15.6；完成如图 3 – 61 所示的圆。单击"完成草图"，退出"草图"模块。

5）创建拉伸特征

选择下拉菜单中的"插入"→"设计特征"→"拉伸"命令，选择如图 3 – 61 所示的曲线作为"截面曲线"，并设置对称拉伸的"距离"为 17.5，其余保持默认设置，拉伸设置如图 3 – 62 所示，单击 确定 按钮，完成拉伸。

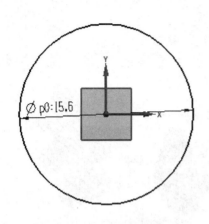

图3-61　绘制草图圆

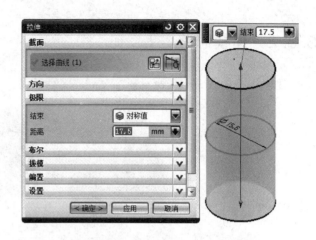

图3-62　双向阀体拉伸

6) 绘制 U 形草图

单击"直接草绘"工具条上的"草图"图标 ⬚。在弹出的"草图"对话框中选择"草图平面"选项为"自动判断"，单击 [确定] 按钮退出"草图"对话框。单击"在草图任务环境打开"图标 ⬚ 进入草绘环境，绘制如图 3 – 63 所示的草图，单击"完成草图"，退出"草图"模块。

7) 创建 U 形拉伸实体

选择下拉菜单中的"插入"→"设计特征"→"拉伸"命令，选择图 3 – 63 所示的曲线作为截面曲线，并设置开始距离为 17.5，结束距离为 20，其余保持默认设置，如图 3 – 64 所示，单击 [确定] 按钮，完成 U 形拉伸实体创建。

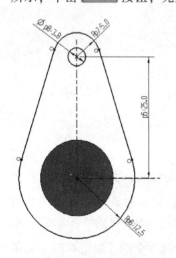

图3-63　U形草图

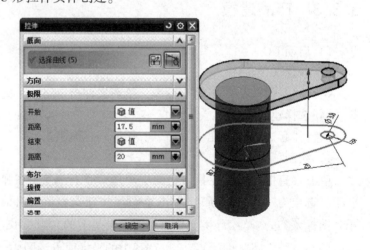

图3-64　U形底座拉伸

8) 创建镜像体

选择下拉菜单中的"插入"→"关联复制"→"镜像体"命令，选择步骤 7) 创建的 U 形拉伸体为被镜像的"体"，选择基准坐标系的 XC – YC 平面作为"镜像平面"，如图 3 – 65 所示，单击 [确定] 按钮。

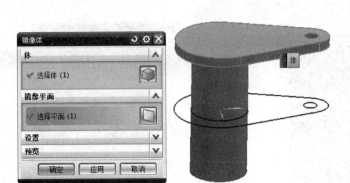

图 3-65　镜像特征创建

9）创建基准平面

单击"特征"工具条上的"基准平面"图标 □，弹出"基准平面"对话框，创建 YC - ZC 平面，单击"应用"按钮，然后设置"类型"为"成一角度"，选择前面创建的 YC - ZC 平面作为"平面参考"，选择圆柱中心线作为"通过轴"，输入"角度"为 -45°，如图 3 - 66 所示，单击 确定 按钮。

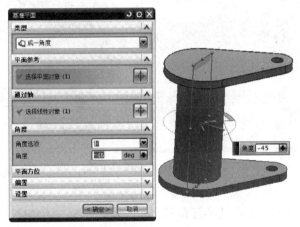

图 3-66　支架结构基准平面创建

10）绘制阀体支架草图

单击"直接草绘"工具条上的"草图"图标 ，在弹出的"草图"对话框中选择"草图平面"为选择步骤 9）所做基准平面，单击 确定 按钮退出"草图"对话框。单击"在草图任务环境打开"图标 进入草绘环境。绘制如图 3 - 67 所示的草图，单击"完成草图"，退出"草图"模块。

11）创建支架拉伸实体

选择下拉菜单中的"插入"→"设计特征"→"拉伸"命令，选择步骤 10）所绘制的曲线作为"截面曲线"，并设置开始距离为 5.3，结束距离为 7.8，其余保持默认设置，如图 3 - 68 所示，单击 确定 按钮。

12）创建支架拉伸实体的镜像体

选择下拉菜单中的"插入"→"关联复制"→"镜像体"命令，选择步骤 11）创建的拉伸体为被镜像的"体"，选择基准坐标系的 YC - ZC 平面作为"镜像平面"，如图 3 - 69 所示，单击 确定 按钮。

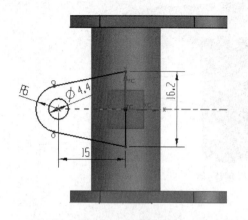

图 3－67　支架草图

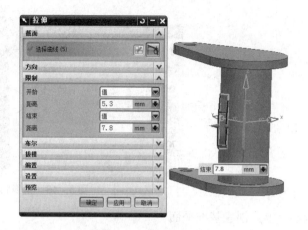

图 3－68　支架拉伸

图 3－69　支架镜像示意

13）实体求和

选择已创建的 5 个实体，对其进行布尔求和，使其成为一个整体。

14）凹槽基本平面创建

单击"特征"工具条上的"基准平面"图标，弹出"基准平面"对话框，设置"类型"为"成一角度"，选择图 3－70 所示的平面作为"平面参考"，选择图 3－70 所示的边缘作为"通过轴"，输入"角度"为"－8"，单击 确定 按钮。

15）绘制凹槽草图

单击"直接草绘"工具条上的"草图"图标，在弹出的"草图"对话框中选择图 3－71 所示的"绘图平面"为草图平面，"水平参照"选择图 3－71 所示的直线作为参考，单击 确定 按钮退出"草图"对话框。单击"在草图任务环境打开"图标进入草绘环境，绘制如图 3－71 所

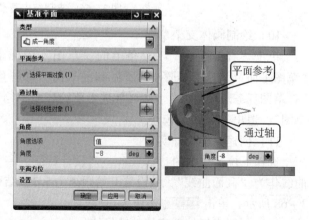

图 3－70　凹槽的基本平面

示的草图，单击"完成草图"。

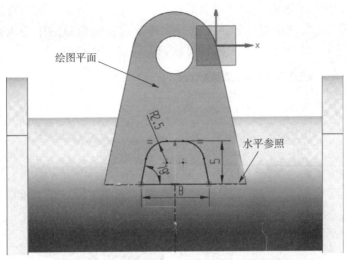

图 3－71　凹槽草图

16）切割凹槽

选择下拉菜单中的"插入"→"设计特征"→"拉伸"命令，选择如图 3－72 所示的曲线作为截面曲线，并设置开始距离为0，结束距离设置为"直至选定"，"选择对象"为步骤 14）创建的平面，"布尔"为"求差"，其余保持默认设置，如图 3－72 所示，单击 确定 按钮，完成切割凹槽。

17）切割凹槽特征镜像

选择下拉菜单中的"插入"→"关联复制"→"镜像特征"命令，选择步骤 16）创建的拉伸特征为被镜像的"特征"，选择基准坐标系的 YC－ZC 平面作为"镜像平面"，如图 3－73 所示，单击 确定 按钮。

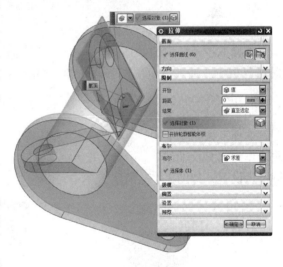

图 3－72　凹槽拉伸示意

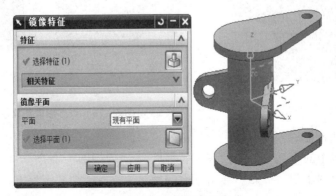

图 3－73　凹槽镜像示意

18）创建简单孔特征

选择下拉菜单中的"插入"→"设计特征"→"孔"，弹出"孔"对话框，选择"孔"的方式为"常规孔"，在"位置"选项中选择实体上表面的圆弧的中心为孔的起始中心点，设置孔的参数如图 3 - 74 所示，单击 确定 按钮，完成打孔特征。

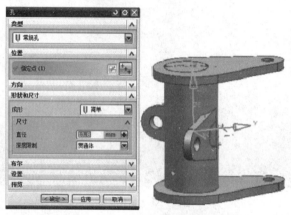

图 3 - 74　主体中间孔创建示意

19）绘制长方形槽的草图

选择下拉菜单中的"插入"→"草图"命令，选择 XC - ZC 平面作为草图平面，单击 确定 按钮，进入"草图"模块。绘制如图 3 - 75 所示的草图，单击"完成草图"，退出"草图"模块。

20）创建长方形槽

选择下拉菜单中的"插入"→"设计特征"→"拉伸"命令，选择如图 3 - 76 所示的曲线作为"截面曲线"，并设置开始距离为 0，结束距离为 15，"布尔"为"求差"，其余保持默认设置，如图 3 - 76 所示，单击 确定 按钮。

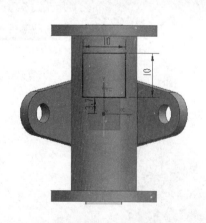

图 3 - 75　长方形槽草图

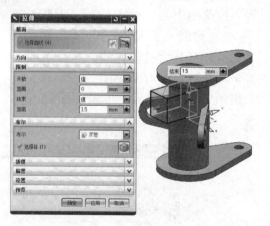

图 3 - 76　长方形槽创建示意

21）创建圆角特征

选择下拉菜单中的"插入"→"细节特征"→"边倒圆"命令，选择如图 3 - 77 所示的边，并输入 Radius 1 为"1.3"，单击 确定 按钮。

图 3-77　方形槽圆角创建

22）创建镜像特征

选择下拉菜单中的"插入"→"关联复制"→"镜像特征"命令，选择步骤20）创建的拉伸特征及步骤21）创建的圆角特征作为被镜像的"特征"，选择基准坐标系的 $XC-YC$ 平面作为"镜像平面"，如图3-78所示，单击 确定 按钮。

图 3-78　镜像方形槽

23）创建圆角特征

选择下拉菜单中的"插入"→"细节特征"→"边倒圆"命令，选择如图3-79所示的边，并输入 Radius 1 为"2.8"，单击 确定 按钮，完成双向阀体，效果如图3-80所示。

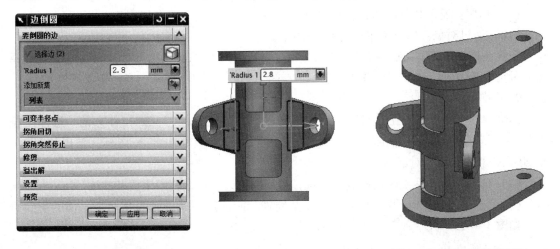

图 3-79　圆角创建　　　　　　　图 3-80　双向阀体效果图

3.3.4 知识加油

1. 基准平面

基准平面的主要作用为：在辅助设计形状特征时，当特征的定义平面和目标实体上的表面不平行（垂直）时，辅助建立其他特征而建立的绘图平面，或者作为实体的修剪面。

选择"插入"→"基准/点"→"基准平面"选项或单击"特征"工具栏中的 □ 图标，弹出如图 3-81 所示的"基准平面"对话框。

下面介绍基准平面的创建方法。

（1）自动判断：系统根据所选对象创建基准平面。

（2）点和方向：通过选择一个参考点和一个参考矢量来创建基准平面。

（3）曲线上：通过已存在的曲线，创建在该曲线某点处和该曲线垂直的基准平面。

（4）按某一距离：通过对已存在的参考平面或基准面进行偏置，得到新的基准平面。"按某一距离"建模对话框设置及效果如图 3-82 所示。

（5）成一角度：通过与一个平面或基准面成指定角度来创建基准平面。

（6）二等分：通过两个平面间的中心对称平面创建基准平面。

（7）曲线和点：通过选择曲线和点来创建基准平面。

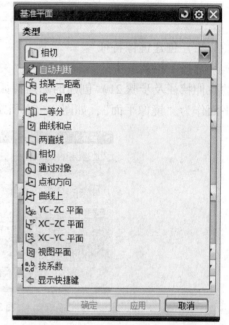

图 3-81　"基准平面"对话框

（8）两直线：选择两条直线，若两条直线在同一平面内，则以这两条直线所在平面为基准平面；若两条直线不在同一平面内，那么基准平面通过一条直线且和另一条直线平行。

（9）相切：通过和一曲面相切且通过该曲面上点或线或平面来创建基准平面。

（10）通过对象：以对象平面为基准平面。

系统还提供了 XC-YC 平面、XC-ZC 平面、YC-ZC 平面和按系数 4 种方法。也就是说，可选择 XOY 面、XOZ 面、YOZ 面为基准平面，也可以单击图标，自己定义基准平面。

2. 基准轴

基准轴的主要作用为建立回转特征的旋转轴线，建立拉伸特征的拉伸方向。选择"插入"→"基准/点"→"基准轴"选项或单击"特征"工具栏中的 ↑ 图标，弹出如图 3-83 所示的"基准轴"对话框。

（1）自动判断：系统根据所选对象选择可用的约束，自动判断生成基准轴。

（2）交点：通过选择两个平面来创建基准轴，所创建的基准轴与这两个平面的交线重合，如图 3-83 所示。

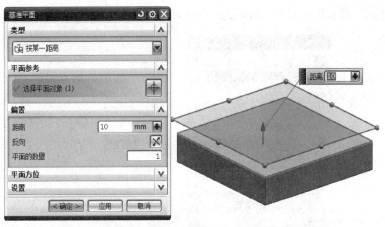

图 3 – 82　通过"按某一距离"方式创建的基准平面

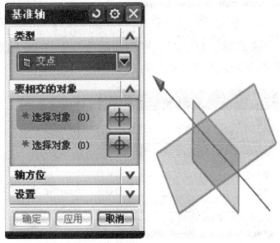

图 3 – 83　"交点"创建基准轴

（3）曲线/面轴：通过选择一条直线或面的边来创建基准轴，所创建的基准轴与该直线或面的边重合，如图 3 – 84 所示。

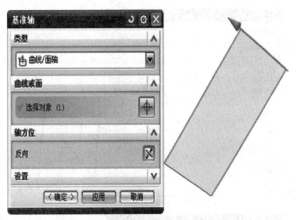

图 3 – 84　"曲线/面轴"创建基准轴

（4）曲线上矢量：通过选择一条曲线为参照，同时，选择曲线上的起点来定义基准轴，该起点的位置可以通过圆弧长度来改变，所创建的基准轴与所选曲线相切或垂直，如图3-85所示。

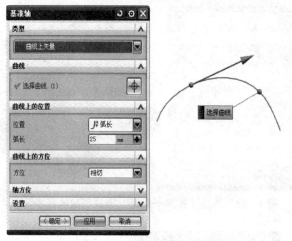

图3-85 "曲线上矢量"创建基准轴

（5）坐标轴：如选择模式为"XC轴"，则创建的基准轴与XC轴重合。同理，创建的基准轴与YC轴重合或创建的基准轴与ZC轴重合，如图3-86所示。

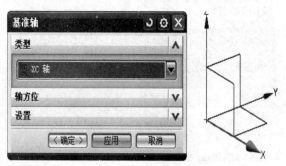

图3-86 "XC轴"创建基准轴

（6）点和方向：通过选择一个参考点和一个参考矢量，建立通过该点且平行或垂直于所选矢量的基准轴，如图3-87所示。

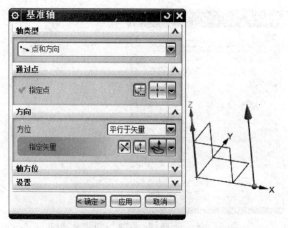

图3-87 "点和方向"创建基准轴

（7）两个点：通过选择两个点方式来定义基准轴，可以利用"点构造器"对话框来帮助选择。指定的第一点为基准轴的定点、第一点到第二点的方向为基准轴的方向，如图 3 - 88 所示。

3. 基准 CSYS

基准 CSYS 用于辅助建立基本特征时的参考位置，例如特征的定位及点的构造。选择"插入"→"基准/点"→"基准 CSYS"选项或单击"特征"工具栏中的 图标，弹出如图 3 - 89 所示的"基准 CSYS"对话框，该对话框用于创建基准 CSYS。和坐标系不同的是：基准 CSYS 一次建立 3 个基准面 XY、YZ 和 ZX 面和 3 个基准轴 X、Y 和 Z 轴，基准 CSYS 创建方法与上述创建基准面的方法类同。

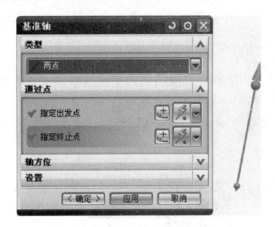

图 3 - 88　"两个点"创建基准轴　　　　图 3 - 89　"基准 CSYS"对话框

（1） 自动判断：通过选择的对象或输入沿 X、Y 和 Z 坐标轴方向的偏置值来定义一个坐标系。

（2） 原点、X 点、Y 点：该方法利用点创建功能先后指定 3 个点来定义一个坐标系。这 3 点应分别是原点、X 轴上的点和 Y 轴上的点。定义的第一点为原点，第一点指向第二点的方向为 X 轴的正向，从第二点至第三点按右手定则来确定 Z 轴正向，如图 3 - 90 所示。

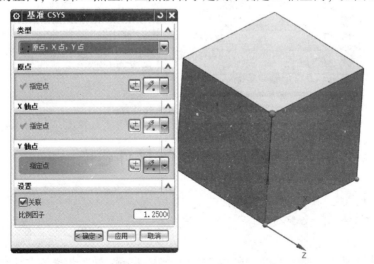

图 3 - 90　"原点，X 点，Y 点"创建基准 CSYS

（3）![当前视图的CSYS图标] 当前视图的 CSYS：该方法用当前视图定义一个新的坐标系。XOY 平面为当前视图所在的平面。

（4）![三平面图标] 三平面：该方法通过先后选择 3 个平面来定义一个坐标系。3 个平面的交点为坐标系的原点，第一个面的法向为 X 轴，第一个面与第二个面的交线方向为 Z 轴。

（5）![X轴、Y轴、原点图标] X 轴、Y 轴、原点：该方法先利用点创建功能指定一个点作为坐标系原点，再利用矢量创建功能先后选择或定义两个矢量，这样来创建基准 CSYS。坐标系 X 轴的正向应为第一矢量的方向，XOY 平面平行于第一矢量及第二矢量所在的平面，Z 轴正向由从第一矢量在 XOY 平面上的投影矢量至第二矢量在 XOY 平面上的投影矢量按右手定则确定。

（6）![绝对CSYS图标] 绝对 CSYS：该方法在绝对坐标系的（0,0,0）点处定义一个新的坐标系。

（7）![偏置CSYS图标] 偏置 CSYS：该方法通过输入沿 X、Y 和 Z 坐标轴方向相对于选择坐标系的偏距来定义一个新的坐标系。

4. 基准点

基准点就是在视图中创建一个或一系列点。这些点可以用来为创建基本体（长方体、圆柱体、圆锥体、球体）确定位置，也可以为在实体特征上打孔定位。

单击"插入"→"基准/点"→"点"选项或单击"基准点"图标，弹出如图 3 - 91 所示的"点"对话框。

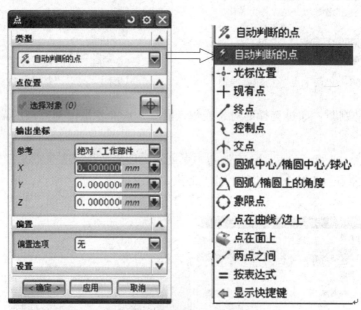

图 3 - 91　"点"对话框及方式

项目 3.4　拨叉连接件建模

●项目要点

本项目将运用草图绘制、求交、旋转平面、拆分体等命令完成拨叉零件建模。（操作课件见 Resources\教学课件\项目 3.4 拨叉零件建模；操作视频见 Resources\Teaching project\Ch03\拨叉 . avi；完成零件见 Resources\Teaching project\Ch03\bacha. prt。）

●项目目标

☑ 完成拨叉连接件零件建模；
☑ 能通过拨叉连接件的3D模型看懂三视图；
☑ 能分析出拨叉连接件产品结构组成；
☑ 能独立构建拨叉连接件的设计思路。

3.4.1 结构分析

本例将完成拨叉零件的制作，效果如图 3 – 92 所示。案例描述：该实体是一个异形零件，通过普通的建模方法无法完成实体建模。通过图 3 – 92 中的轴测图分析发现：该零件沿着孔方向的投影图形为主视图，把主视图旋转 29°后，沿着孔法线方向投影为左视图。对于这样结构的产品，常采用"拉伸"+"求和"命令，可以很快完成产品的建模。

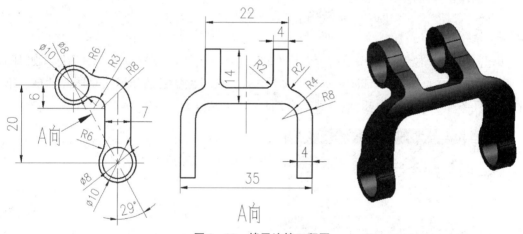

图 3 – 92　拨叉连接工程图

3.4.2 建模思路

建模思路如图 3 – 93 所示。

3.4.3 产品建模

1）启动 UG
2）新建一个文件
执行"文件"→"新建"命令，给新文件指定路径和文件名，单击 ▆确定 按钮。

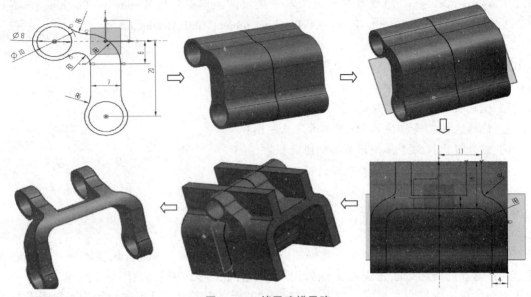

图 3 – 93　拨叉建模思路

3）选择建模命令

执行"起始"→"建模"命令，切换到建模模式。

4）草绘截面

单击"直接草绘"工具条上的"草图"图标 🔛。弹出"创建草图"对话框，如图 3 – 94 所示。选择"草图平面"选项为 *XC – ZC* 平面，单击 █确定█ 按钮退出草图对话框。单击"在草图任务环境打开"图标 🔛，进入草绘环境，绘制如图 3 – 95 所示的截面。

图 3 – 94　"草图"对话框

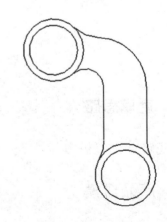

图 3 – 95　草图截面

绘图步骤如下：

（1）单击菜单栏"任务"→"草图样式"，弹出"草图样式"对话框，设置如图 3 – 96 所示的参数。由于设置中标注的尺寸为"值"，因此系统不能自动标注尺寸。

（2）在"草图曲线"工具条中选择"圆"图标，系统弹出如图 3 – 97 上方所示"圆"浮动工具条，选择"圆心"图标，大约在（– 11，0）处选择圆心，然后移动鼠标，在直径为 8 mm 左右时单击鼠标左键，再用相同的方法绘制同心圆 2（直径大约为 10）；接着在（0，– 20）处选择圆心，移动鼠标，在直径为 8 mm 左右时单击鼠标左键，绘制圆 3；用相同的方法绘制同心圆 4（直径为 10 mm），如图 3 – 97 中的 4 个圆所示。

图 3 – 96　"草图样式"对话框

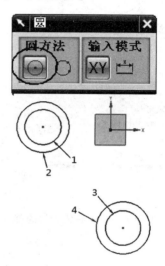

图 3 – 97　绘制 4 个圆

（3）约束同心圆。在"草图约束"工具条中选择"约束"图标，弹出"几何约束"对话框，选中对话框中的"同心"约束图标，在草图区域选择圆 1，再选择圆 2，约束两圆同心；用相同的方法对圆 3 及圆 4 进行同心约束，完成的效果如图 3 – 98 所示。

（4）继续进行约束。选中对话框中的"点在线上"约束图标，在草图中选择圆 1 的圆心，再选择 *XC* 轴，约束点在 *XC* 轴上，然后按照同样的方法对下方圆的圆心约束至 *YC* 轴，如图 3 – 99 所示，约束完成后的效果如图 3 – 100 所示。

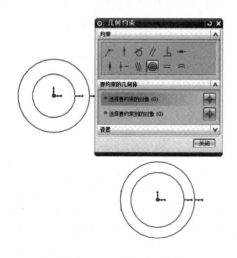

图 3 – 98　"同心"约束

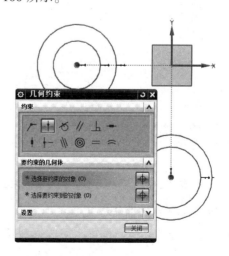

图 3 – 99　约束点在 *XC* 和 *YC* 轴

（5）继续约束。选中对话框中的"等半径"约束图标，选中图 3 – 100 中的圆 1 和圆3，约束为"等半径"，用同样的方法约束圆2和圆4"等半径"，效果如图3-102所示。

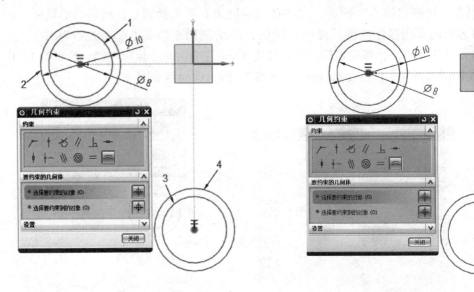

图3-100　"点在线上"约束效果图　　　　图3-101　尺寸标注1

（6）标注尺寸。在"草图约束"工具条中选择"自动判断的尺寸"图标，按照图3-101所示的尺寸进行标注。

（7）在"草图曲线"工具条中选择"直线"图标，按照图3-103所示绘制一条竖直线。

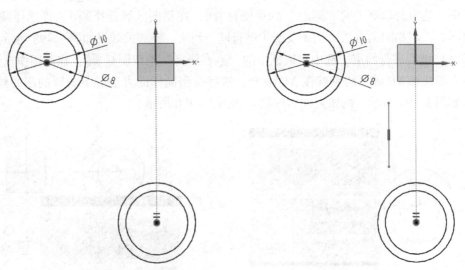

图3-102　"等半径"约束后效果图　　　　图3-103　绘制直线

（8）在"草图曲线"工具条中选择"圆角"图标，在图形中依次选择直线上端和圆2，然后将选择球放在适当位置，完成倒圆角。同理，倒直线下端与圆4的圆角，如图3-104所示。

（9）标注尺寸。在"草图约束"工具条中选择"自动判断的尺寸"图标，按照图3-105所示的尺寸进行标注。

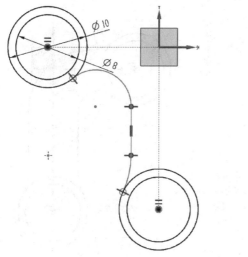

图3-104　绘制圆弧

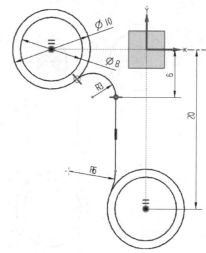

图3-105　标注尺寸

（10）镜像曲线。单击"插入"→"来自曲线集的曲线"→"镜像曲线"或者单击"草图工具栏"图标 ，弹出图3-106（a）所示对话框，"选择对象"选择图3-106（b）所示曲线，"中心线"选择 *YC* 轴，单击 确定 按钮，完成镜像曲线的建立，如图3-106（c）所示。

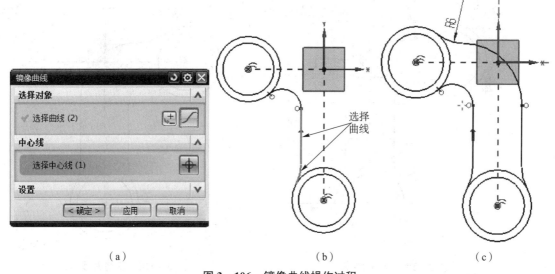

（a）　　　　　　　　　　　（b）　　　　　　　　　　　（c）

图3-106　镜像曲线操作过程

（11）在"草图曲线"工具条中选择"圆弧"图标，系统出现"圆弧"浮动工具条，选择"中心和端点定圆弧"图标，按照图3-107所示绘制圆弧，其圆心与圆角的圆心水平对齐，起点为直线端点（尺寸已隐藏），同时约束直线和所绘制圆弧相切。

（12）在"草图曲线"工具条中选择"圆角"图标，在图形中依次选择圆弧、圆，然后将球置于适当位置，在"半径"栏中输入"6"，按下 Enter 键，创建圆角，如图3-108所示。

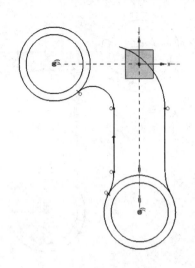

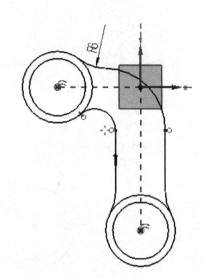

图3-107　使用"中心和端点定圆弧"绘制圆弧　　　　图3-108　倒圆角

（13）标注尺寸。在"草图约束"工具条中选择"自动判断的尺寸"图标，按照图3-109 所示的尺寸进行标注。

（14）快速修剪曲线。在"草图曲线"工具条中选择"快速修剪"图标，然后在图形中选择图3-109 所示的曲线，修剪结果如图3-110 所示。

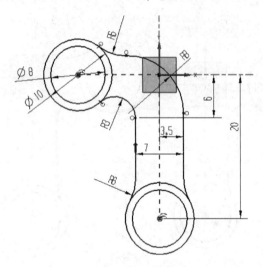
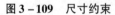

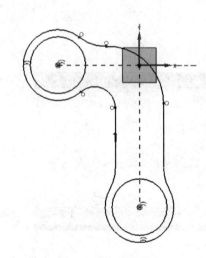

图3-109　尺寸约束　　　　　　　　　　图3-110　修剪曲线

（15）此时草图曲线已经转换成绿色，在窗口状态栏出现草图已完全约束的提示，在"草图"工具条中选择"完成草图"图标，系统回到建模界面。

5）创建拉伸特征

选择菜单中的"插入"→"设计特征"→"拉伸"命令，或者在"特征"工具条中选择"拉伸"图标，系统出现"拉伸"对话框。在曲线规则下拉框选择"相连曲线"选项，选择图3-110 所示的草图曲线为拉伸对象，然后在"拉伸"对话框中设置参数，如图3-111 所示。最后单击　确定　按钮，完成的效果如图3-112 所示。

图 3 - 111　"拉伸"对话框

图 3 - 112　拉伸体效果图

6）创建基准平面

在"实用工具"中选择"图层设置"图标 ，或者按住键盘上的 Ctrl + L 组合键，弹出"图层设置"对话框。选中图层中的"61"图层，显示"基准面"和"基准坐标"，如图 3 - 113 所示。

在"特征"工具条中选择 □ 图标，弹出如图 3 - 114 所示对话框，在"类型"下拉框中选择"成一角度"，"通过轴"选择图 3 - 115 所示的中心轴线，"平面参考"选择图 3 - 115 所示的 YOZ 基准平面，在"角度"栏中输入" - 29"，单击 [确定] 按钮，建立如图 3 - 116 所示的基准平面。

图 3 - 113　"图层设置"对话框

图 3 - 114　"成一角度"对话框

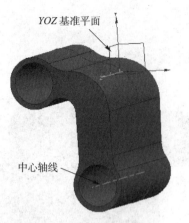

图 3 – 115　对象选择

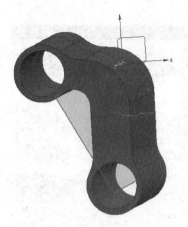

图 3 – 116　基准平面创建

7）分割体

选择"插入"→"修剪"→"拆分体"选项，系统弹出图 3 – 117 所示的对话框。选择图 3 – 116 所示实体，面或平面选择图 3 – 116 创建的基准平面，单击 确定 按钮，完成拆分体，如图 3 – 118 所示。按住 Ctrl + B 组合键，弹出图 3 – 119 所示的"类选择"对话框，选择图 3 – 118 所示下面两部分作为隐藏对象，单击 确定 按钮，效果如图 3 – 120 所示。

图 3 – 117　"拆分体"对话框

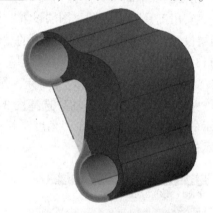

图 3 – 118　拆分体后的效果图

图 3 – 119　"类选择"对话框

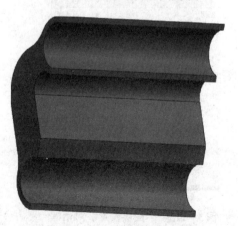

图 3 – 120　隐藏后的效果图

8）草绘截面

选择菜单中的"插入"→"草图"命令，或在"特征"工具条中选择"草图"图标，系统出现"创建草图"对话框，如图 3 - 121 所示。根据系统提示选择草图平面，在图形中选择图 3 - 122 所示的基准平面为草图平面，然后在"创建草图"对话框的"参考"下拉框中选择"水平"选项，接着在图形中选择图 3 - 123 所示的水平参考方向，单击 [确定] 按钮，系统出现草图绘制区，绘制如图 3 - 92 所示的"A 向"视图。

图 3 - 121 "创建草图"对话框

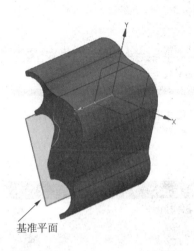

图 3 - 122 "基准平面"选择

绘图步骤如下：

（1）在"草图操作"工具条中选择"投影曲线"图标 🔛，系统出现图 3 - 124 所示的"投影曲线"对话框，选择图 3 - 125 所示的两处边界；在"投影曲线"对话框中勾选"关联"选项，单击 [确定] 按钮，完成投影曲线。单击工具栏中的 🔛 图标，弹出如图3 - 126所示的"转换至/自参照对象"对话框，选择图3 - 125 中创建的投影线，单击 [确定] 按钮，把投影实线转换成参照线，效果如图3 - 127所示。

（2）在"草图曲线"工具条中选择"直线"图标 ✏️，按照图 3 - 128 所示绘制四条竖直线，注意起点和终点分别在投影线和已绘制的线上，接着绘制四条水平直线和一条圆弧。

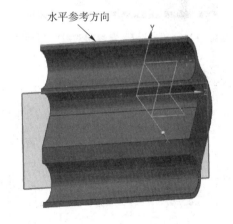

图 3 - 123 "水平参照"选择

（3）在"草图曲线"工具条中选择"圆角"图标，在图形中依次选择图 3 - 128 所示圆弧 1 和竖直线 4，然后将选择球放在合适的位置，创建图 3 - 129 的圆弧 4。按下鼠标左键，按照同样的方法，创建圆弧 3 和圆弧 2，效果如图 3 - 129 所示。

图 3 – 124　"投影曲线"对话框

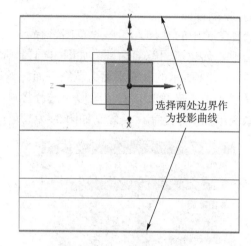

图 3 – 125　投影对象选择

图 3 – 126　"转换至/自参照对象"对话框

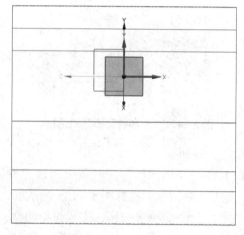

图 3 – 127　"转换至/自参照对象"后的效果图

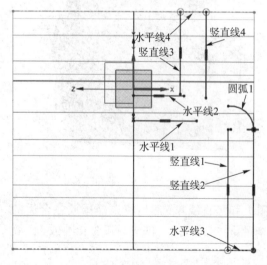

图 3 – 128　草图曲线绘制

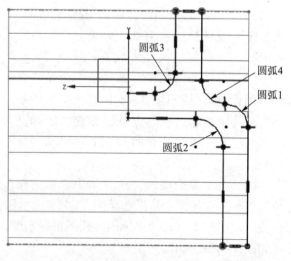

图 3 – 129　连接圆弧绘制

（4）加上约束。在"草图约束"工具条中选择"约束"图标，弹出"约束"对话框，选择"同心"选项 ，选择图 3-129 所示圆弧 1 和圆弧 2，约束其同心，效果如图 3-130 所示。继续进行约束，选择"点在线上"选项，选择图 3-130 所示的点 1 和 Y 基准轴约束直线端点在基准轴上。按照同样的方法约束点 2 在 Y 基准轴上，如图 3-131 所示。继续进行约束，选择"等长"选项 ，选择图 3-130 所示的直线 1 和直线 2，约束两条直线等长。继续进行约束，选择"等半径"选项 ，选择图 3-129 所示圆弧 3 和圆弧 4，约束其等半径。约束后的效果如图 3-131 所示。

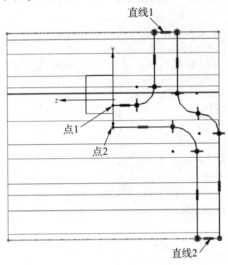

图 3-130　"约束"对象选择　　　　　　　图 3-131　约束后的效果图

（5）标注尺寸。在"草图约束"工具条中选择"自动判断的尺寸"图标，按照图 3-132 所示的尺寸进行标注。

（6）镜像曲线。单击"插入"→"来自曲线集的曲线"→"镜像曲线"或者单击"草图工具栏"图标 ，选择图 3-133 完成的曲线作为镜像曲线，选择 Y 轴为中心轴线。单击 确定 按钮，完成镜像曲线，效果如图 3-134 所示。

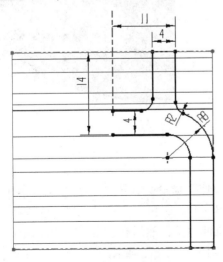

图 3-132　尺寸标注

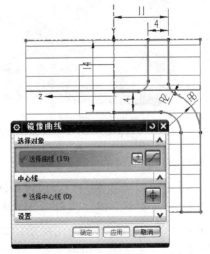

图 3-133　"镜像曲线"操作

（7）在"草图"工具条中选择"完成草图"图标，系统回到建模界面。

9）合并体

按 Ctrl + Shift + U 组合键，取消隐藏对象。单击特征工具栏的"求和"图标 ，弹出如图3-135所示的对话框，选择如图3-136所示的工具体和目标体，单击 确定 按钮，完成合并实体，效果如图3-137所示。

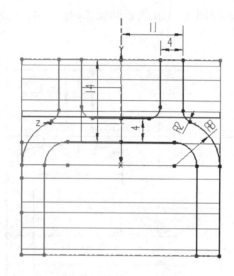

图3-134 镜像曲线效果图

图3-135 "求和"对话框

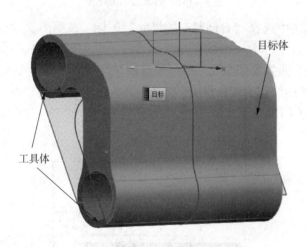

图3-136 "目标体"和"工具体"选择

图3-137 求和后的效果图

10）创建拉伸特征

选择菜单中的"插入"→"设计特征"→"拉伸"命令，或在"特征"工具条中选择"拉伸"图标，系统出现"拉伸"对话框，如图3-138所示。在曲线规则下拉框中选择"相连曲线"选项，选择图3-139所示的曲线为拉伸对象，然后在"拉伸"对话框的"开始-距离"栏、"结束-距离"栏中分别输入"-15""15"，如图3-138所示；在"布尔"下拉框中选择"求交"选项，最后单击 确定 按钮，完成求交。

图 3－138 "拉伸"对话框

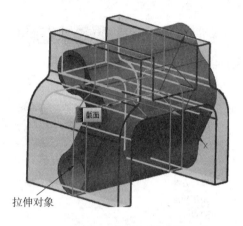

图 3－139 拉伸对象选择

11）隐藏曲线及基准。

选择菜单中的"编辑"→"显示和隐藏"→"隐藏"命令，或按 Ctrl＋B 组合键，将全部曲线及基准隐藏，完成实体创建，效果如图 3－92 中的轴测图所示。

3.4.4 知识加油

一、草图绘制命令

草图是建模的基础，根据草图所建的模型非常容易修改，可以为后续工作创造良好的条件。读者要养成绘制草图的好习惯，熟练掌握草图的常用功能。

单击草图图标 ，弹出如图 3－140 所示的"创建草图"对话框。草图工作平面是草图依赖的绘制环境，要绘制草图，首先要选择平面（或创建草图平面），同一草图元素必须在同一平面内完成。在 UG NX 中，创建草图工作平面的方法主要有两种："在平面上"和"基于路径"，如图 3－141 和图 3－142 所示。

图 3－140 "草图"对话框

要点提示

编辑已绘制草图，必须到该草图的草图界面去编辑，不能建立新的草图界面。编辑时，只要双击草图即可进入草图编辑界面。

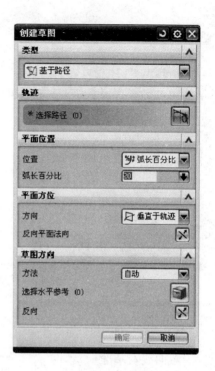

图 3 – 141　"在平面上"　　　　　图 3 – 142　"基于路径"

1. 轮廓（Z）

该功能是以线串模式创建一系列连接的直线或圆弧。在"草图曲线"工具栏中单击 ∽ 图标，弹出如图 3 – 143（a）所示的"轮廓"绘图工具条。

📖直线：单击图 3 – 143（a）所示工具条中的 ／ 图标，在视图区选择两点绘制直线。

📖弧：单击图 3 – 143（a）所示工具条中的 ➥ 图标，在视图区选择一点，输入半径，然后再在视图区选择另一点，绘制圆弧。

📖坐标模式：单击图 3 – 143（a）所示工具条中的 XY 图标，在视图区显示如图 3 – 143（b）所示的 XC 和 YC 数值文本框，在文本框中输入所需数值，便可开始绘制草图。

📖参数模式：单击图 3 – 143（a）所示工具条中的 凸 图标，在视图区显示如图 3 – 143（c）所示的"长度"和"角度"文本框，在文本框中输入所需数值即可。

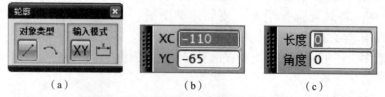

图 3 – 143　"轮廓"工具条及参数设置

(a)"轮廓"工具条；(b) 坐标模式数值输入文本框；(c) 参数模式数值输入文本框

2. 直线（L）

直线命令参考轮廓中的直线命令，本节不再介绍。

3. 圆（O）

该功能是通过三点或通过指定其中心和直线创建圆。选择"插入"→"圆"选项，或者在"草图曲线"工具条中单击 ⭕ 图标，弹出如图 3-144 所示的"圆"绘图工具条。

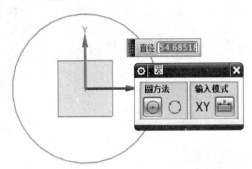

图 3-144　"中心和直线定圆"方式

📖 中心和直线定圆：在工具条中单击图标 ⊙ ，选择"中心和直线定圆"方式绘制圆，效果如图 3-144 所示。

📖 通过三点的圆：工具条中单击 ⭕ 图标，选择"通过三点的圆"方式绘制圆，效果如图 3-145 所示。

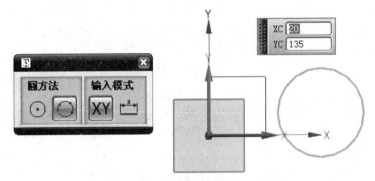

图 3-145　"通过三点的圆"方式

4. 圆弧（A）

📖 通过三点的圆弧：单击 ◠ 图标，选择"通过三点的圆弧"方式绘制圆弧。

📖 中心和端点决定的圆弧：单击 ◝ 图标，选择"中心和端点决定的圆弧"方式绘制圆弧。

要点提示

　　圆弧操作方式与圆操作方式类似，区别在于圆弧绘制过程中是按照逆时针绘制的，而圆没有要求。

5. 绘制矩形

在"草图主页"选项卡中，单击"直接草图"→"矩形"按钮，或选择"菜单"→"插入"→"曲线"→"矩形"命令，弹出"矩形"对话框，如图 3-146 所示。在"矩形方法"选项组中提供了三种矩形定义方法。

📖 ⬜ 按两点：通过矩形的两个对角点定义一个矩形。先指定一点作为矩形第一角点，然后拖动指针，再指定另一角点即可完成定义矩形。也可只定义第一角点，然后指定矩形的长度和宽度参数，并指定矩形方向，即可完成矩形的绘制。

📖 按三点：此方式先定义矩形一条边的两个端点，然后拖动指针，指定另一边的长度，即可定义一个矩形。

📖 从中心：此方式先定义矩形的中心点，然后指定矩形第一条边上的中点（即定义了第二条边的方向和长度），再指定矩形第一条边的长度，即可定义该矩形。从中心绘制矩形的操作如图 3 – 147 所示。

图 3 – 146 "矩形"对话框

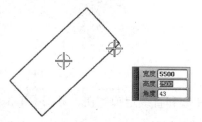

图 3 – 147 从中心定义矩形

6. 绘制椭圆和椭圆弧

在"草图主页"选项卡中，单击"草图曲线"工具区的展开箭头，在展开面板中单击"草图工具"→"椭圆"按钮，或选择"菜单"→"插入"→"曲线"→"椭圆"命令，弹出"椭圆"对话框，如图 3 – 148 所示。

📖 中心：指定椭圆的中心位置，先选择一种点类型，然后在绘图区选取一点。也可以打开"点"对话框，定义一个点。指定中心点之后，生成椭圆的预览，如图 3 – 149 所示。

📖 大半径：该卷展栏用于指定大半径的长度，长度可以由端点位置定义，也可在文本框或浮动文本框中输入。大半径的方向通过按住并拖动角度控制点来修改。拖动之后系统弹出"角度"文本框，如图 3 – 149 所示。

📖 小半径：该卷展栏用于指定小半径的长度，长度可以由端点位置定义，也可在文本框或浮动文本框中输入。小半径的方向始终与大半径垂直，因此无须设置其方向。

📖 限制：该卷展栏用于控制是否绘制椭圆弧，取消勾选"封闭的"复选框，该卷展栏增加选项，如图 3 – 150 所示。设置椭圆弧的起点角度和终点角度，即可绘制椭圆弧。"补充"按钮用于切换到与当前角度参数互为补充的角度。

图 3 – 148 "椭圆"对话框

7. 绘制多边形

在"草图主页"选项卡中，单击"草图曲线"工具区的展开箭头，在展开的面板中单击"草图工具"→"多边形"按钮，或选择"菜单"→"插入"→"曲线"→"多边形"命令，弹出"多边形"对话框，如图 3 – 151 所示。

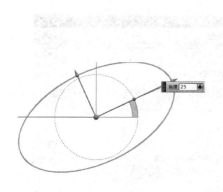

图 3－149　椭圆预览

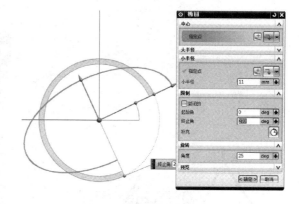

图 3－150　椭圆弧参数

📖中心点：指定多边形中心点位置。指定中心点之后，拖动指针生成多边形预览。

📖边：输入多边形边数，最小边数为3。

📖大小：该卷展栏用于定义多边形的大小和角度方向。先在"大小"卷展栏中选择一种定义方式，选择不同的定义方式，多边形预览也不同。选择内切圆定义方式，半径连接到边线中点，如图 3－152 所示。选择外接圆定义方式，半径连接到多边形顶点，如图 3－153所示。不论哪种定义方式，指定半径的端点即可确定该多边形。除了指定点，还可以通过在文本框中输入参数的方式来定义多边形。要注意旋转角度是以预览中的半径虚线为测量对象，因此不同的定义方式，旋转效果也不同。

图 3－151　"多边形"对话框

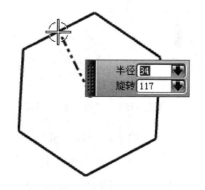

图 3－152　内切圆定义多边形

8. 绘制艺术样条

在"主页"选项卡中，单击"草图曲线"工具区的展开箭头，再在展开面板中单击"草图工具"→"艺术样条"按钮，或选择"菜单"→"插入"→"草图曲线"→"艺术样条"命令，弹出"艺术样条"对话框，如图 3－154 所示。

📖类型：选择样条曲线的控制类型。"通过点"方式：系统由解析方法计算出曲线方程，比如两点确定一条直线、三点确定一条二次曲线，如图 3－155 所示。"由极点"方式：极点样条曲线的特点是曲线的端点与极点的连线始终在端点处与样条曲线相切，如图 3－156 所示。

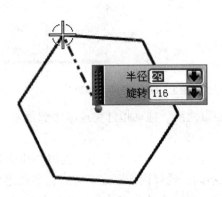

图 3-153　外接圆定义多边形

图 3-154　"艺术样条"对话框

图 3-155　"通过点"方式

图 3-156　"由极点"方式

　　📖点位置：用于指定样条曲线的一系列控制点。根据选择类型的不同，点的类型也不同。每指定一点，系统都会更改曲线的形态以拟合该控制点。

　　📖约束：展开"约束"卷展栏可以控制曲线在各端点的切线方向，如图 3-157 所示。

　　📖参数化：该卷展栏用于控制曲线的次数（即曲线方程的次数）。例如，选定了三个控制点，如果设置曲线的次数为 1，则控制点之间以直线相连。该卷展栏中复选框的选项与选择的曲线类型有关。

　　9. 绘制二次曲线

　　二次曲线主要用于两点之间的曲线过渡，相比圆角过渡更为自由。

　　在"草图主页"选项卡中，单击"草图曲线"工具区的展开箭头，再在展开面板中单击"草图工具"→"二次曲线"按钮 ，或选择"菜单"→"插入"→"草图曲线"→"二次曲线"命令，弹出"二次曲线"对话框，如图 3-158 所示。

　　📖限制：该卷展栏用于指定二次曲线的起点和终点。

图 3 -157　约束展开窗口

图 3 -158　"二次曲线"对话框

📖控制点：该卷展栏用于指定二次曲线的控制点。控制点是曲线外的一点，如图 3 - 159 所示。该点与曲线端点连线且跟二次曲线相切。按住并拖动控制点，可以调整曲线的形状。

二、草图编辑命令

草图操作是指由已有草图曲线创建新的草图对象，包括偏置曲线、阵列曲线、镜像曲线、派生直线等。草图编辑是指对草图对象的修剪、延伸、圆角、倒角等。草图的操作和编辑命令是创建复杂草图的有效工具。

1. 派生直线

单击"草图曲线"工具区的展开箭头中的"派生直线"图标 ，或选择"菜单"→"插入"→"来自曲线集的曲线"→"派生直线"命令，弹出"派生直线"对话框。

图 3 -159　二次曲线的控制点

派生直线有三个用途：

📖创建某一直线的平行线：选择已知直线，在适当位置单击鼠标左键，完成平行线创建，如图 3 -160（a）所示。

📖创建某两条平行直线的平行且平分线：选择已知两条平行直线，在两线之间创建一条平行线，如图 3 -160（b）所示。

📖创建某两条不平行直线的角平分线：选择已知两条相交直线，在两线之间创建一条角平分线，如图 3 -160（c）所示。

2. 偏置曲线

单击"草图曲线"工具区的展开箭头中的"偏置曲线"图标 ☁，或选择"菜单"→"插入"→"来自曲线集的曲线"→"偏置曲线"命令，弹出"偏置曲线"对话框，如图 3 -161所示。

📖"选择曲线"按钮：选择要偏置的源曲线。

📖"添加新集"按钮：用于添加一个新的曲线集，每一个曲线集为一个整体对象，可以在列表中删除，如图 3-162 所示。

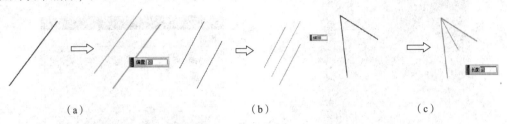

（a）　　　　　　　　　　　（b）　　　　　　　　　　　（c）

图 3-160　　"派生直线"创建方式

（a）直线的平行线；（b）两平行直线的平行平分线；（c）两相交直线的角平分线

图 3-161　　"偏置曲线"对话框

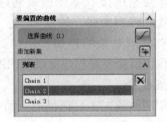

图 3-162　　"添加新集"选项

📖 "距离"文本框：设置从源曲线的等距距离。

📖 "反向"按钮：单击此按钮，将当前偏置的方向反向。

📖 "对称偏置"复选框：勾选此复选框，将由源曲线向两侧偏置相同距离，如图 3-163 所示。

📖 "副本数"微调框：在此微调框中可设置等距的重复次数，如果设置为 2，则由偏置出的曲线再次向该方向偏置同样距离，依此类推。

📖 "端盖选项"下拉列表框：此选项可在偏置曲线与源曲线端点处创建闭合端盖。

📖 "显示拐角"和"显示终点"复选框：在偏移预览中显示偏移的拐角和终点，如图 3-164 所示。

📖 "输入曲线转换为参考"复选框：勾选此复选框，偏置之后源曲线将被转换为一条构造线，如图 3-165 所示。

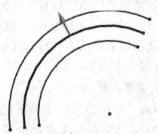

图 3-163　对称偏置的效果

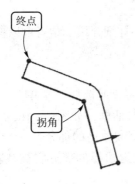

图 3－164　显示的拐角和终点

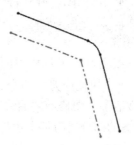

图 3－165　转换源曲线

📖 "阶次"和"公差"：这两个选项用于设置偏置曲线的阶次和公差，只对样条曲线有效。一般来说，阶次越高、公差越小，偏置曲线与源曲线的相似精度越高。

3. 镜像曲线

在"草图主页"选项卡中，单击"草图曲线"工具区的"镜像曲线"按钮 🔏，或选择"菜单"→"插入"→"来自曲线集的曲线"→"镜像曲线"命令，弹出"镜像曲线"对话框，如图 3－167 所示。在"选择对象"选项中选择图 3－166 中的曲线，然后在"中心线"选项中选择镜像中心线（基准轴或直线），在"设置"选项中可以设置将镜像中心线转换为构造线，单击 ▊确定▊ 按钮即完成镜像，如图 3－167 所示。

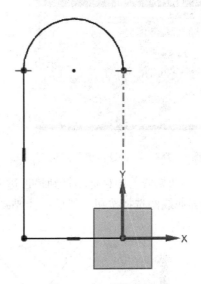

图 3－166　镜像曲线

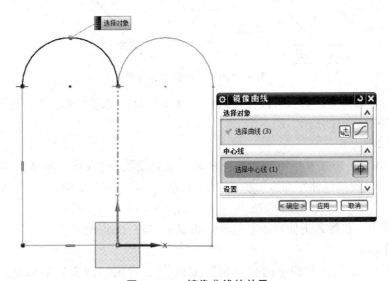

图 3－167　镜像曲线的效果

4. 阵列曲线

"草图阵列"选项跟"阵列特征"异曲同工，本节不详细介绍，学者可以参考"阵列特征"进行操作。

5. 快速修剪

单击"曲线主页"工具栏中的"快速修剪"按钮 ，或选择"菜单"→"编辑"→"草图曲线"→"快速修剪"命令，弹出"快速修剪"对话框，如图3－168所示。在该对话框中自动激活了"要修剪的曲线"选项，可以单击选择要修剪的部分。

被修剪的部分要与某个边界相交，单击位置到最近边界的部分将被减除，如图3－169所示。

图3－168 "快速修剪"对话框

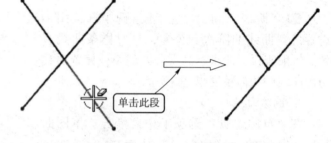

图3－169 修剪的效果

如果修剪的目标不是到最近边界，而是到指定的某个边界，则需要在该对话框中激活边界曲线的选择按钮，然后选择要修剪到的边界，如图3－170所示。

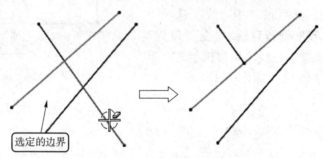

图3－170 修剪到指定边界

在执行修剪命令之后，可以按住鼠标左键并拖动，生成笔画轨迹，轨迹经过的线条将被修剪，如图3－171所示。

6. 快速延伸

单击"曲线主页"工具栏中的"快速延伸"按钮 ，或选择"菜单"→"编辑"→"草图曲线"→"快速延伸"命令，弹出"快速延伸"对话框，如图3－172所示。

不选择边界，将线条延伸到最近边界，如图3－173（b）所示。

选择边界，将线条延伸到指定边界，如图3－173（c）所示。

7. 草图圆角

单击"草图主页"工具栏中的"圆角"按钮 ，弹出"圆角"对话框，如图3－174所示。

选择"不修剪"选项，被圆角的对象不发生变化，如图3－175所示。

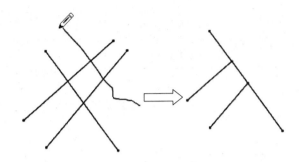

图 3 - 171   拖动修剪   图 3 - 172   "快速延伸" 对话框

（a）   （b）   （c）

图 3 - 173   "快速延伸" 效果图

（a）修剪前；（b）直接延伸；（c）延伸到边界

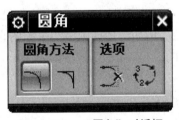

图 3 - 174   "圆角" 对话框

📖选择 "修剪" 选项，被圆角的曲线会修剪或延伸到圆弧，如图 3 - 176 所示。

图 3 - 175   不修剪的圆角   图 3 - 176   修剪的圆角

8. 草图倒斜角

单击 "草图主页" 工具栏中的 "倒斜角" 按钮 🔲，弹出 "倒斜角" 对话框，如图 3 - 177 所示。图 3 - 178 的右顶角为倒斜角后的效果图。

图 3-177　"倒斜角"对话框

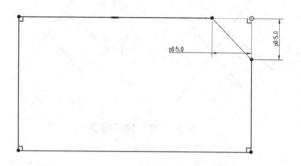

图 3-178　"倒斜角"对话框

三、草图约束和定位

草图约束是草图线条的位置、尺寸关系，包括尺寸约束和几何约束。草图的定位是指草图整体相对于草图平面的位置，如果需要移动草图或重新附着草图，都需要草图定位工具。草图尺寸约束工具在"草图主页"工具栏的"尺寸"下拉菜单中；约束工具位于"几何约束"工具栏区域。

1. 尺寸约束

执行"菜单"→"插入"→"尺寸"命令，在弹出的下拉菜单中调用尺寸约束命令或者直接单击工具栏的"尺寸图标"，如图 3-179 所示。

📖 自动判断尺寸：选择此项，出现图 3-180 所示"尺寸对象"选择栏，系统根据选择的对象类型自动判断尺寸类型。例如，选择圆将约束圆的直径，选择直线将根据指针拖动方向生成竖直、水平或平行尺寸。

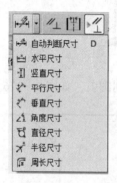

图 3-179　"尺寸"下拉菜单

图 3-180　"尺寸对象"选择栏

📖 水平尺寸：只能标注两个对象在水平方向上的尺寸。

📖 竖直尺寸：只能标注两个对象在竖直方向上的尺寸。

📖 平行尺寸：标注两点之间的距离。

📖 垂直尺寸：标注点到直线的最短距离。

📖 角度尺寸：约束两直线所成的角度，可以是平行直线。

📖 直径尺寸：约束圆或圆弧的直径。

📖 半径尺寸：约束圆或圆弧的半径。

📖 周长尺寸：约束曲线的长度。选择此项，系统弹出"周长尺寸"对话框，如图 3 – 181 所示。选择对象之后，"距离"文本框中显示该对象的当前周长，修改周长值将更新对象的长度。

2. 几何约束

在"草图主页"选项卡中单击工具栏中的"几何约束"按钮 ⼚，或选择"菜单"→"插入"→"草图约束"→"几何约束"命令，或按快捷键 C，弹出"几何约束"对话框，如图 3 – 182 所示。该对话框包含三个选项。

图 3 – 181 "周长尺寸"对话框   图 3 – 182 "几何约束"对话框

1）"约束"选项

在此选项中选择要添加的约束类型，单击相应按钮即可。

2）"要约束的几何体"选项

根据所选约束的类型不同，该选项的内容也不同。如果约束类型是两个或多个对象之间的位置关系（例如平行、同心、垂直、相切等），选项将分为"选择要约束的对象"和"选择要约束到的对象"两个选择按钮。一般来说，可选择多个"要约束的对象"，但只能选择一个"约束到的对象"，选择两组对象之后，即完成约束添加；如果约束类型是单个对象的位置约束（例如水平、竖直、固定、定长等），则选项只有"要约束的对象"选择按钮。

3）"设置"选项

该选项如图 3 – 183 所示。其中"自动选择递进"复选框用于控制"要约束的几何体"选项中的选择递进，勾选此复选框，选择"要约束的对象"之后，系统将自动切换到"选择要约束到的对象"按钮；如果

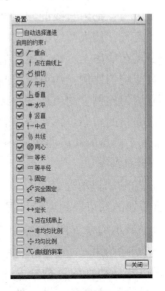

图 3 – 183 "设置"选项

取消勾选此复选框，选择"要约束的对象"之后，系统仍然激活此按钮，继续选择"要约束的对象"，直到用户简易激活下一按钮为止。

该选项还包括所有约束类型的复选框，只有被勾选的约束类型才能在"约束"中显示，以供选择。各种几何约束的作用介绍如下。

  📖重合：约束两个或多个点到重合，被约束的对象可以是草图点、草图对象的端点、样条曲线的控制点、圆或圆弧的圆心等。

  📖点在曲线上：约束点与曲线上某一点重合，重合位置由系统判定，不可控制。被约束的对象可以是草图点、草图对象的端点、样条曲线的控制点、圆或圆弧的圆心等。

  📖相切：约束直线与圆弧或圆弧与圆弧在某一点相切，在没有其他约束控制的前提下，系统总是将圆弧移动到与直线相切。

  📖平行：将两直线约束到相互平行。

  📖垂直：将两曲线约束到相互垂直。除了常用的约束两直线垂直外，也可以用于约束圆弧与直线，约束的效果是直线经过圆心。还可以约束两圆弧，约束的效果是两圆圆心到圆弧交点的连线相互垂直。

  📖水平：约束直线到 XC 方向。

  📖竖直：约束直线到 YC 方向。

  📖中点：约束某个点到某直线的垂直平分线上。

  📖共线：约束两条直线到同一直线上。

  📖同心：约束两个或多个圆、圆弧同心。

  📖等长：约束两条或多条直线长度相等。

  📖等半径：约束两条或多条圆弧、圆的半径相等。

  📖固定：约束对象固定在某一位置，不可移动。但对于直线对象，仅限制其移动和转动，直线的长度仍可以变化。

  📖完全固定：完全固定比"固定"的限制性更强，对象的位置和尺寸均不可变化。

  📖定角：约束直线的倾斜角度固定不变，直线可以平移，但不能转动。

  📖定长：约束直线的长度固定不变，直线可以平移、转动。

  📖点在线串上：约束所选的点在抽取的线串上。

  📖非均匀比例：约束样条曲线在缩放时按非均匀比例缩放。

  📖均匀比例：约束样条曲线在缩放时按均匀比例缩放。

  📖曲线的斜率：约束样条曲线某一控制点的切线与某条直线、坐标轴平行。此约束无法约束基于极点的样条曲线。

  3. 编辑约束

  1）隐藏和显示约束

  已添加的约束以约束符号显示在草图上。在"草图主页"选项卡中单击"约束"工具栏中的"显示约束"图标 ⊠，即可将草图中所有的约束隐藏或显示。

  2）删除约束

  将指针移动到约束符号上，单击右键，展开菜单，如图 3 – 184 所示。选择"删除"命令即可删除该约束。另一种方法是单击"草图主页"→"约束"→"显示/移除约束"图标 ⊠，弹出"显示/移除约束"对话框，如图 3 – 185 所示。在"显示约束"列表中选中某一约束，该约束在草图中高亮显示，单击"移除高亮显示的"按钮，即可删除该约束。

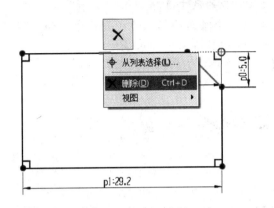

图 3-184　右键删除约束

图 3-185　"显示/移除约束"对话框

4. 自动判断约束和自动尺寸标注

系统默认"创建自动判断约束"并且"连续自动标注尺寸"。"连续自动标注尺寸"是指每绘制一个对象，系统将自动生成该对象的几何尺寸和定位尺寸。"创建自动判断约束"是指系统根据用户绘制对象的位置，自动为其添加对应约束。

"创建自动判断约束"和"连续自动标注尺寸"是由"草图样式"控制的。执行"菜单"→"任务"→"草图样式"，打开"草图样式"对话框，如图 3-186 所示。勾选"创建自动判断约束"和"连续自动标注尺寸"绘制矩形，系统会自动给矩形添加"虚尺寸"和"虚约束"，如图 3-187 所示；去掉这两个选项，矩形没有尺寸和约束，如图 3-188 所示。

图 3-186　"草图样式"对话框

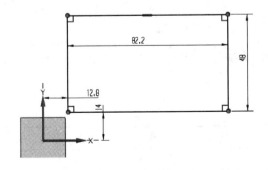

图 3-187　勾选自动约束效果图

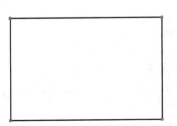

图 3-188　不勾选自动约束效果图

要点提示

①尺寸标注完成后，双击尺寸，可以修改对应的尺寸值。

②系统自动标注的"虚尺寸"和"虚约束"会被后面标注的"强尺寸"和"强约束"替换掉，所以，为了保证图纸的准确度，建议检查草图，尽量把所有的"虚尺寸"和"虚约束"变成"强尺寸"和"强约束"。

自主项目

1. 自主学习项目1

功能模块：

草图	实体	曲面	装配	制图
√				

功能命令：草绘、轮廓、直线、圆弧、圆、尺寸、约束等。

素材：如图3-189所示。

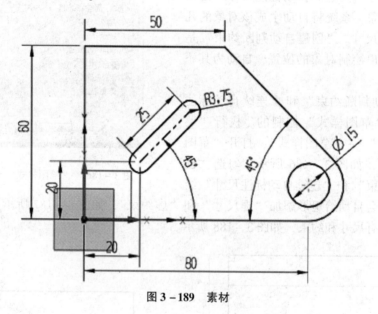

图3-189 素材

2. 自主学习项目2

功能模块：

草图	实体	曲面	装配	制图
√				

功能命令：草绘、轮廓、直线、圆弧、圆、尺寸、约束等。

素材：如图3-190所示。

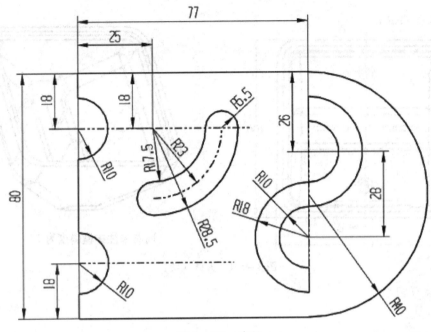

图 3-190　素材

3. 自主学习项目 3

功能模块：

草图	实体	曲面	装配	制图
√	√			

功能命令：草图、拉伸、布尔求和、抽壳、边倒圆、圆孔、垫块、拔模。

素材：如图 3-191 所示。

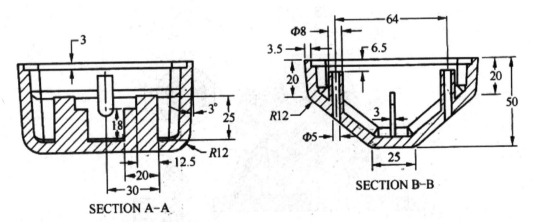

图 3-191　素材

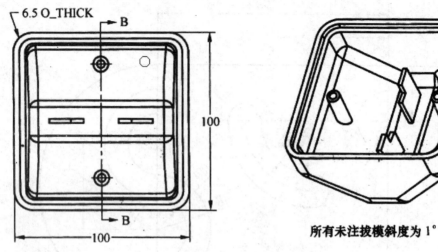

图 3 – 191　素材（续）

4. 自主学习项目 4

功能模块：

草图	实体	曲面	装配	制图
√	√			

功能命令：旋转、基本平面、草图、拉伸、抽壳、坐标系、阵列、布尔运算。

素材：如图 3 – 192 所示。

A	B	C	D	体积
112	92	56	30	136 708.44

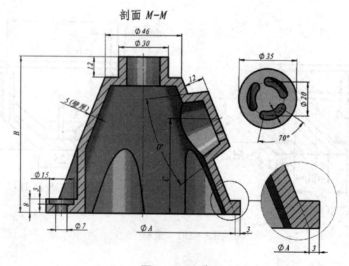

图 3 – 192　素材

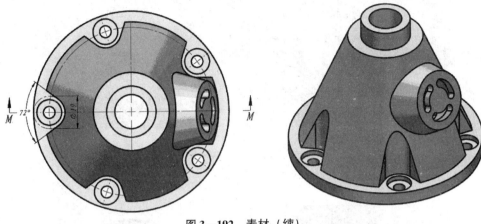

图 3 – 192   素材（续）

5. 自主学习项目 5

功能模块：

草图	实体	曲面	装配	制图
√	√			

功能命令：草绘、倒圆角、圆孔、镜像特征、布尔运算、抽壳。

素材：如图 3 – 193 所示。

A	B	C	D
45	32	2	120

6. 自主学习项目 6

功能模块：

草图	实体	曲面	装配	制图
√	√			

功能命令：长方体、对特征形成图样（线形阵列）、圆孔（沉头孔）、倒圆角、坐标系、草图、布尔运算。

素材：如图 3 – 194 所示。

7. 自主学习项目 7

功能模块：

草图	实体	曲面	装配	制图
√	√			

功能命令：圆孔（沉头孔）、倒圆角、草图、拉伸、坐标系、布尔运算。

素材：如图 3 – 195 所示。

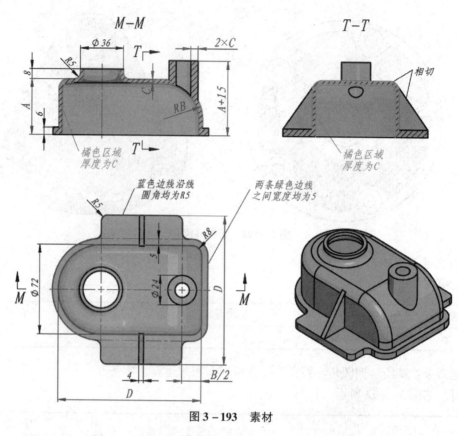

图 3-193 素材

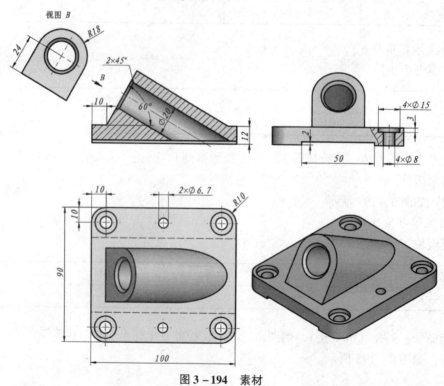

图 3-194 素材

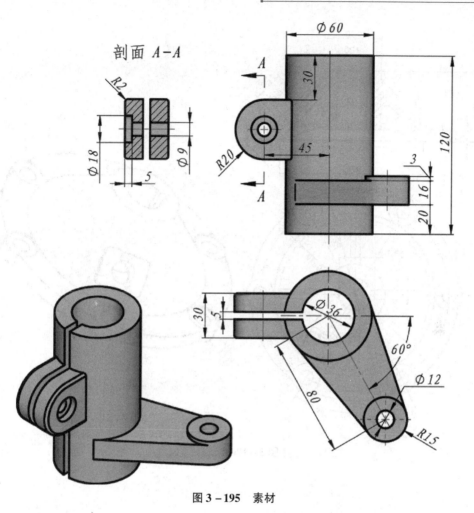

图 3－195　素材

8. 自主学习项目 8

功能模块：

草图	实体	曲面	装配	制图
√	√			

功能命令：草绘、回转、圆孔、拉伸等。

素材：如图 3－196 所示。

9. 自主学习项目 9

功能模块：

草图	实体	曲面	装配	制图
√	√			

功能命令：草图、对特征形成图样、圆孔、草图、拉伸、倒圆角、布尔运算。

素材：如图 3－197 所示。

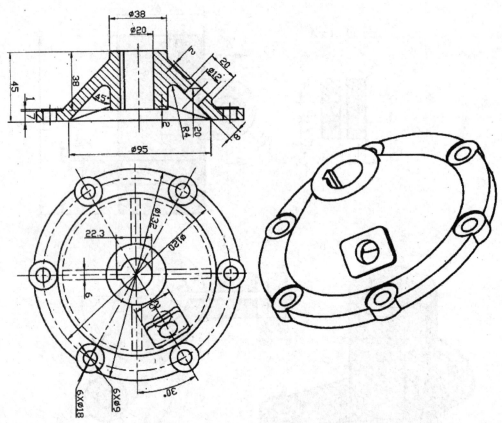

图 3－196 素材

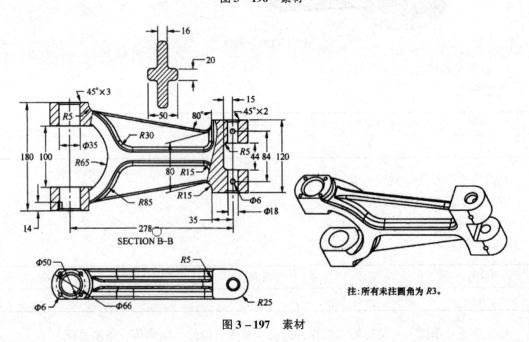

注：所有未注圆角为 R3。

图 3－197 素材

模块 4

多视图的零件建模（无轴测图）

根据多视图（无轴测图）建立 3D 模型是产品设计工程师经常遇到的造型类型，这种类型的造型有着特殊的一面。在造型过程中需要尽量遵循已有的尺寸标注方式，避免使用计算的方式来获得尺寸；同时，在造型的过程中要熟悉产品的使用场合，了解产品与其他部件的配合关系，在有尺寸冲突的时候，优先保证配合尺寸；在建模过程中，对于未注的圆角和倒角及尖锐的部位，设计人员要判断选择合适的处理方式，在不影响产品使用功能的前提下尽量避免产品产生应力集中的部位。

操作视频

项目4.1 异形螺母零件建模

●项目要点

分析异形螺母的零件图，综合运用建模知识，完成异形螺母的建模。（操作课件见 Resources\教学课件\项目 4.1 异性螺母零件建模；操作视频见 Resources\Teaching project\Ch04\异性螺母.exe；完成零件见 Resources\Teaching project\Ch04\yixingluomu.prt。）

●项目目标

- ☑ 能看懂异形螺母的三视图；
- ☑ 能分析出产品结构组成，构思建模思路；
- ☑ 能综合运用建模知识，快速完成建模。

●项目实施

4.1.1 结构分析

本例将完成异形螺母的建模，异形螺母的平面图如图 4-1 所示。

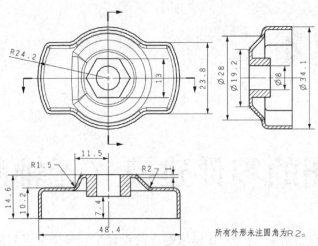

图 4-1   异形螺母

　　本例所讲述的模型可以简单认为是在一个壳体件上添加了一个外六角的拉伸体。壳体件可以通过先做实体，利用抽壳命令完成，做实体时又可分解为1个拉伸特征和一个锥体特征，拉伸草图为零件图的主视图的外形边界。抽壳之前，需完成两个拉伸体的求和及拔模、倒角等特征操作。抽壳后，制作外六角的拉伸体，最后进行布尔求和、打孔等特征操作。

4.1.2   建模思路

　　建模思路如图 4-2 所示。

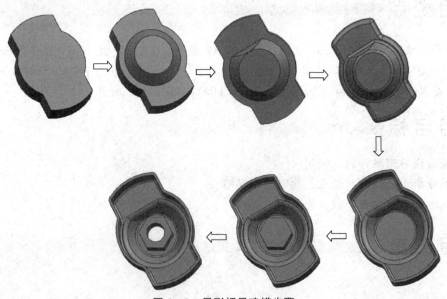

图 4-2   异形螺母建模步骤

4.1.3 产品建模

1）启动 UG

2）新建一个文件

执行"文件"→"新建"命令，给新文件指定路径和文件名，单击 确定 按钮。

3）创建大外形拉伸体

（1）先绘制草图。选择下拉菜单中的"插入"→"任务环境中的草图"命令，选择 $XC - YC$ 平面作为草图平面，单击 确定 按钮，进入"草图"模块。绘制如图 4 – 3 所示的草图，单击"完成草图"，退出"草图"模块。

（2）创建拉伸特征。选择下拉菜单中的"插入"→"设计特征"→"拉伸"命令，选择如图 4 – 4 所示的曲线作为"截面曲线"，并设置对称拉伸的"距离"为 10.2，其余保持默认设置，单击 确定 按钮。

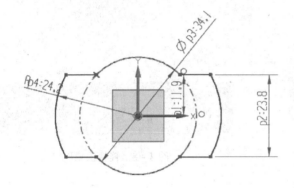

图 4 – 3 草图参数

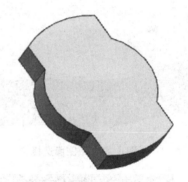

图 4 – 4 外形拉伸

4）创建锥体特征

选择下拉菜单中的"插入"→"设计特征"→"圆锥"命令，如图 4 – 5 所示，选择类型为"直径和高度"，并设置"底部直径"为 28，"顶部直径"为 19.2，"高度"为 4.4，"指定矢量"为如图 4 – 5 所示面的法向，"指定点"为圆弧中心，其余保持默认设置，单击 确定 ，效果如图 4 – 6 所示。

5）创建切口

先绘制切口草图。选择下拉菜单中的"插入"→"草图"命令，选择图 4 – 7 所示草图平面，单击 确定 按钮，进入"草图"模块。绘制如图 4 – 8 所示的草图，单击"完成草图"，退出"草图"模块。

6）拉伸草图

选择下拉菜单中的"插入"→"设计特征"→"拉伸"命令，选择图 4 – 8 绘制的曲线作为截面曲线，并设置"开始 – 距离"为 0，"结束 – 距离"为 40，其余保持默认设置，如图 4 – 9 所示。单击 确定 按钮，完成拉伸，效果如图 4 – 10 所示。

7）布尔运算

选择布尔运算图标，锥块与拉伸切口求差，锥块与外形拉伸体求差，隐藏拉伸草图。结果如图 4 – 11 所示。

图4-5 "圆锥"对话框

图4-6 圆锥平面选择和创建效果

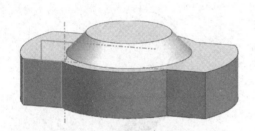

图4-7 草图面选择

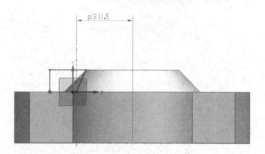

图4-8 连接板草图

图4-9 "拉伸"对话框

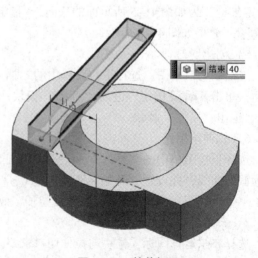

图4-10 拉伸切口

8）边倒圆

选择下拉菜单中的"插入"→"细节特征"→"边倒圆"命令，选择需要倒角 R2 的边，如图 4 - 12 所示，设置"Radius1"为 2，单击 确定 按钮。

图 4 - 11　求差效果

图 4 - 12　边倒圆

9）边倒圆

选择下拉菜单中的"插入"→"细节特征"→"边倒圆"命令，选择如图 4 - 13 所示的边，设置"Radius1"1.5，单击 确定 按钮。

10）抽壳

选择下拉菜单中的"插入"→"偏置/缩放"→"抽壳"命令，弹出"抽壳"对话框，选择异性螺母低端的实体面，厚度输入 1，单击 确定 按钮，完成操作，效果如图 4 - 14 所示。

图 4 - 13　边倒圆

图 4 - 14　抽壳

11）拉伸六边体

📖 在壳内底面绘制六边体草图，如图 4 - 15 所示。

📖 拉伸六边体并求和，操作如图 4 - 16 所示。

12）打孔

选择下拉菜单中的"插入"→"设计特征"→"圆柱体"命令，按图 4 - 17 所示操作，通过创建圆柱体进行布尔运算，完成打孔操作。

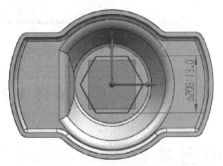

图 4 - 15　绘制六边体草图

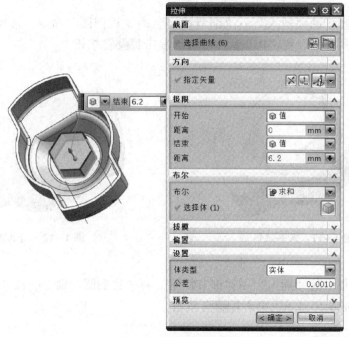

图4-16　拉伸求和

13）隐藏多余对象

隐藏所有草图，异形螺母创建完成，结果如图4-18所示。

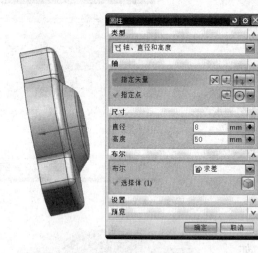

图4-17　打孔

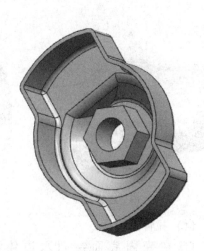

图4-18　异形螺母

项目4.2　连杆零件建模

●项目要点

分析连杆的零件图，综合运用建模知识，完成连杆的建模。（操作课件见Resources\教学课件\项目 4.2 连杆零件建模；操作视频见 Resources\Teaching project\Ch04\连杆.exe；完成零件见 Resources\Teaching project\Ch04\liangan. prt。）

●项目目标

- ☑ 能看懂连杆的三视图；
- ☑ 能分析出产品结构组成，构思建模思路；
- ☑ 能综合运用建模知识，快速完成建模。

●项目实施

4.2.1　结构分析

本例将完成连杆的建模，连杆的平面图如图 4 – 19 所示。

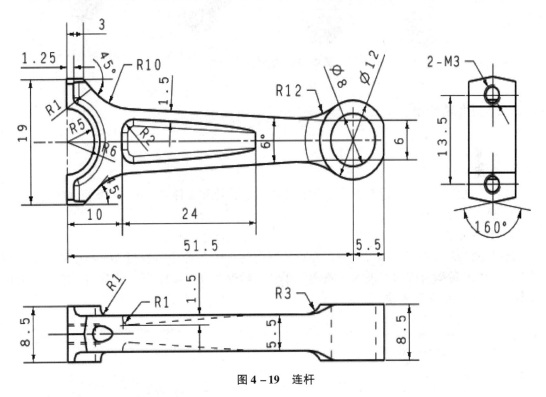

图 4 – 19　连杆

本例所讲述的连杆模型的结构特征是上下对称。可以先完成分型面上面部分，然后镜像体，求和。简单的建模过程可以描述为：先拉伸外形，再拉伸两端的连接头部，挖杆部槽，拔模，倒圆角，镜像，求和，切螺纹孔和头部小平面。

4.2.2　建模思路

建模思路如图 4 - 20 所示。

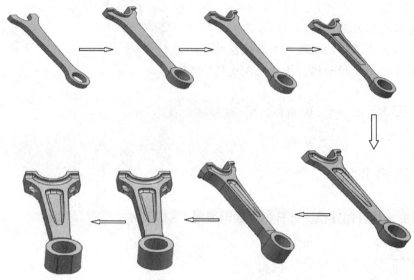

图 4 - 20　连杆创建思路

4.2.3　产品建模

1. 启动 UG

2. 新建一个文件

执行"文件"→"新建"命令，给新文件指定路径和文件名，单击 $\boxed{\text{确定}}$ 按钮。

3. 创建大外形拉伸体

1）绘制草图

选择下拉菜单中的"插入"→"任务环境中的草图"命令，选择 *XC - YC* 平面作为草图平面，单击 $\boxed{\text{确定}}$ 按钮，进入"草图"模块。绘制如图 4 - 21 所示的草图，单击"完成草图"，退出"草图"模块。

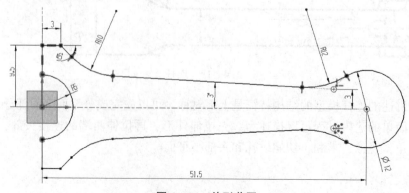

图 4 - 21　外形草图

2）创建拉伸特征

选择下拉菜单中的"插入"→"设计特征"→"拉伸"命令，选择如图 4－22 所示的曲线作为"截面曲线"，并设置对称拉伸的"距离"为 2.75，其余保持默认设置，单击 确定 按钮。

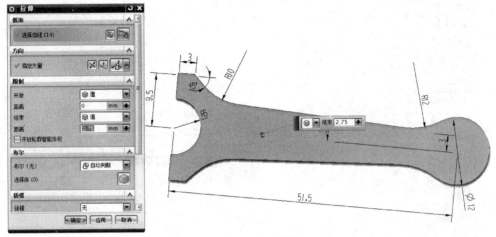

图 4－22　外形拉伸

4. 创建连接头部拉伸体

选择下拉菜单中的"插入"→"任务环境中的草图"命令，选择上个拉伸体的上表面作为草图平面，单击 确定 按钮，进入"草图"模块。绘制如图 4－23 所示的草图，单击"完成草图"，退出"草图"模块。选择下拉菜单中的"插入"→"设计特征"→"拉伸"命令，选择刚绘制的草图进行拉伸。

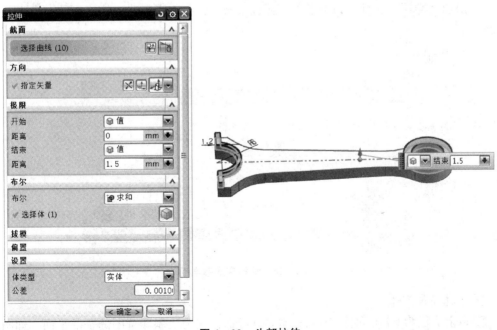

图 4－23　头部拉伸

5. 创建拔模特征

选择下拉菜单中的"插入"→"细节特征"→"拔模"命令。脱模方向向上，底面为固定面，其他设置如图4-24所示。

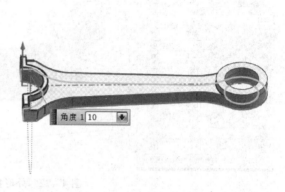

图4-24　拔模

6. 创建杆部的斜槽

1）创建切割基准面

选择下拉菜单中的"插入"→"任务环境中的草图"命令，选择 $XC-ZC$ 平面作为草图平面，单击 [确定] 按钮，进入"草图"模块。绘制如图4-25所示的草图，单击"完成草图"，退出"草图"模块。以绘制的草图曲线及 $XC-ZC$ 平面建立槽底面的基准面，如图4-26所示。

图4-25　草图

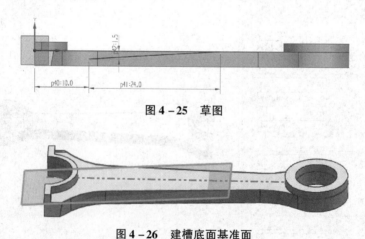

图4-26　建槽底面基准面

2）创建拉伸实体

📖 以上表面为基准，偏置20 mm建立基准面，作为绘制新草图的基准平面，如图4-27所示。

图 4 – 27　建草图基准面

📖 以图 4 – 27 所示的基准面为草图平面，绘制 4 – 28 所示的草图。

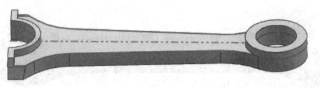

图 4 – 28　绘制草图

📖 拉伸草绘曲线，在"极限"中设置"结束"为"直至选定对象"，选择图 4 – 26 所创建的基准平面为"直至选定对象"，求差，如图 4 – 29 所示。

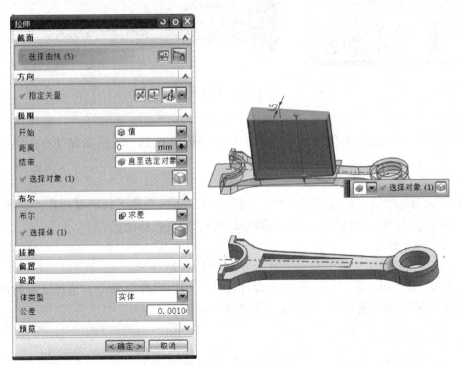

图 4 – 29　拉伸求差

7. 边倒圆

选择下拉菜单中的"插入"→"细节特征"→"边倒圆"命令，选择需要倒圆角的边，输入相应的圆角值，单击 [确定] 按钮，完成所有倒圆角任务，如图 4 - 30 所示。

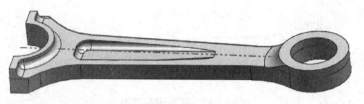

图 4 - 30　倒角

8. 镜像体

□ 首先以底面创建一个平面，偏置为 0，镜像平面如图 4 - 31 所示。

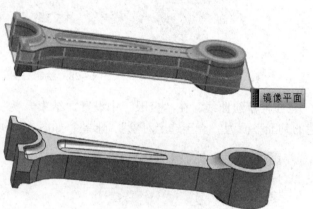

图 4 - 31　镜像体

□ 执行"开始"→"NX 钣金"，执行"插入"→"关联复制"→"镜像体"命令。选择需要镜像的体，选择刚创建的基准面，单击 [确定] 按钮，完成镜像任务，然后求和，如图 4 - 31 所示。

9. 创建螺纹孔

选择下拉菜单中的"插入"→"设计特征"→"孔"命令，选择螺纹孔，绘制孔的位置，设定参数，如图 4 - 32 所示，单击 [确定] 按钮，完成孔特征。

10. 切端部平面

□ 首先以圆柱端面为草图面，绘制草图，如图 4 - 33 所示。

□ 选择下拉菜单中的"插入"→"设计特征"→"拉伸"命令，选择绘制的草图线，拉伸求差，完成切小平面特征。最终效果如图 4 - 34 所示。

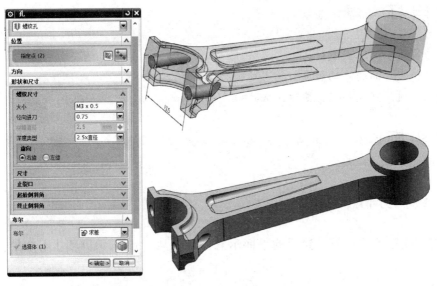

图 4 – 32　创建螺纹孔

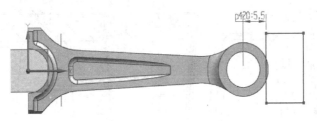

图 4 – 33　绘制草图

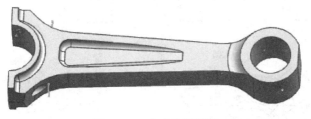

图 4 – 34　完成的连杆图

项目 4.3　凳子零件建模

●项目要点

　　分析凳子的零件图，综合运用建模知识，完成凳子的建模。（操作课件见 Resources＼教学课件＼项目 4.3 凳子零件建模；操作视频见 Resources＼Teaching project＼Ch04＼凳子.avi；完成零件见 Resources＼Teaching project＼Ch04＼dengzi.prt。）

●项目目标

☑ 能看懂凳子的三视图；
☑ 能分析出产品的结构组成，构思建模思路；
☑ 能综合运用建模知识，快速完成建模。

●项目实施

4.3.1 结构分析

本例将完成凳子的建模，凳子的平面示意图如图 4 - 35 所示，尺寸不全处，可自行设计。

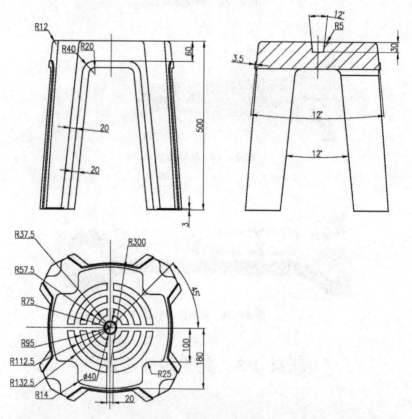

图 4 - 35   凳子平面示意图

可以通过拉伸凳子实体、切脚、做加强筋、底部开槽、做板凳顶面花纹修饰、抽壳、倒圆角等命令完成板凳建模。

4.3.2　建模思路

建模思路如图 4 - 36 所示。

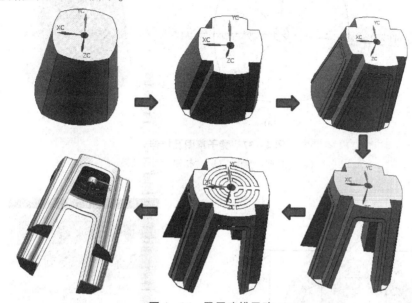

图 4 - 36　凳子建模思路

4.3.3　产品建模

1）启动 UG

2）新建一个文件

执行"文件"→"新建"命令，给新文件指定路径和文件名，单击 确定 按钮。

3）创建塑料凳子的基础实体

📖绘制草图。选择下拉菜单中的"插入"→"任务环境中的草图"命令，选择 XC - YC 平面作为草图平面，单击 确定 按钮，进入"草图"模块。绘制如图 4 - 37（a）所示的草图，单击"完成草图"。

📖单击"拉伸"工具，"拉伸"截面选择 4 - 37（a）绘制的草图，方向默认，"限制"选项的"开始"值输入"0"，"结束"值输入"500"，"拔模"选项设置"从起始限制"，角度输入"- 6"，单击 确定 按钮，完成拉伸实体，效果如图 4 - 37（b）所示。

4）利用实体求差切割出凳子脚外形

📖选择下拉菜单中的"插入"→"任务环境中的草图"命令，选择上个拉伸体的上表面作为草图平面，单击 确定 按钮，进入"草图"模块。绘制如图 4 - 38 所示的草图，单击"完成草图"，退出"草图"模块。

📖选择下拉菜单中的"插入"→"设计特征"→"拉伸"命令，选择刚绘制的草图进行拉伸，参数设置如图 4 - 39 所示，拉伸效果如图 4 - 40 所示。

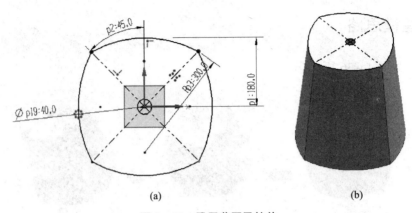

(a)　　　　　　　　　　　　　　　　(b)

图 4 – 37　凳子草图及拉伸

（a）"拉伸"草图；（b）"拉伸"实体效果

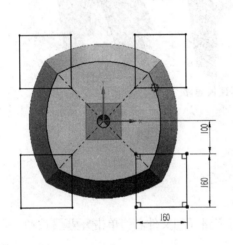

图 4 – 38　凳子脚草图

图 4 – 39　凳子拉伸参数设置

5）利用拉伸、偏置面制作加强筋

📖选择下拉菜单中的"插入"→"任务环境中的草图"命令，选择 XZ 面为草图平面，单击 确定 按钮，进入"草图"模块。绘制如图 4 – 41 所示的草图，单击"完成草图"，退出"草图"模块。

📖选择下拉菜单中的"插入"→"设计特征"→"拉伸"命令，选择刚绘制的草图进行拉伸，在限制选项中都选择"直至下一个"，对话框设置如图 4 – 42 所示，拉伸效果如图 4 – 43 所示。

📖单击特征"工具栏"→"倒圆角"图标，弹出"倒圆角"对话框，设置圆角尺寸为 40，选择倒圆角的边，单击 确定 按钮，完成外边倒圆角。以同样的方式完成内部 20 的倒圆角，效果如图 4 – 44 所示。

📖选择下拉菜单中的"同步建模"→"偏置区域"命令，选择刚才拉伸的实体的一个端面，输入偏置距离 3.5，如图 4 – 45 所示。以同样的方式对拉伸体的另一个端面进行偏置。

图 4-40　凳子拉伸效果

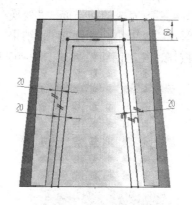

图 4-41　筋板草图

图 4-42　筋板拉伸参数设置

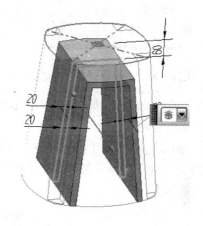

图 4-43　筋板拉伸效果

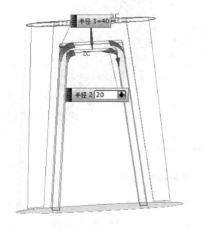

图 4-44　倒圆角

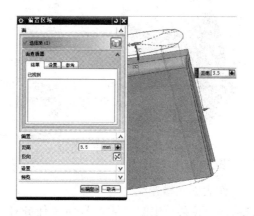

图 4-45　偏置曲面

📖 选择下拉菜单中的"编辑"→"移动对象",弹出"移动对象"对话框,"对象"选项选择图4-45完成的加强筋。"变换"选项选择"角度","矢量"选择 ZC 轴,"旋转点"选择图4-38中小孔的圆心,"结果"选项选择"复制原先的",如图4-46所示,单击 确定 按钮,复制筋板效果如图4-47所示。

图4-46 "移动对象"对话框

图4-47 复制筋板效果

　　📖 将之前的拉伸体、偏置区域及复制体与板凳实体求和,效果如图4-48所示。

6)创建板凳腔体

　　单击"插入"→"设计特征"→"拉伸"命令。选择偏置面的内边缘线,拉伸方向为分别 X 和 Y,拉伸距离保证超出板凳体就行,如图4-49所示。板凳体与拉伸体求差,结果如图4-50所示。

图4-48 求和效果

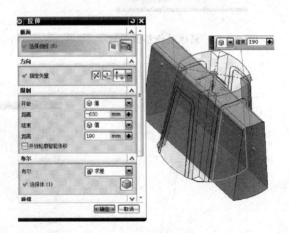

图4-49 拉伸

7)制作表面凹槽花纹

　　📖 选择下拉菜单中的"插入"→"任务环境中的草图",选择凳子表面为草绘平面,绘制如图4-51所示的草图,退出草图模式。

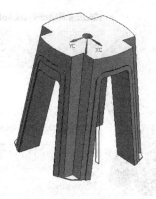

图 4 - 50　求差

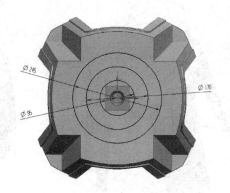

图 4 - 51　环形草图

📖拉伸草图曲线，"开始距离"为 0，"结束距离"为 3，方向为指向板凳里面，偏置选择"对称"，"结束"为 10，布尔运算"求差"，得到环形凹槽。

📖在同样的草图平面，再绘制一个十字交叉线，如图 4 - 52 所示，拉伸设置与之前相同，不设置"偏置"，布尔运算"求差"，得到垂直凹槽，最终结果如图 4 - 53 所示。

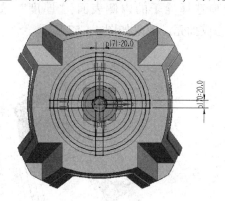

图 4 - 52　十字草图

图 4 - 53　凹槽花纹

8）外形倒圆角

📖选择下拉菜单中的"插入"→"细节特征"→"边倒圆"命令，选择四只脚的中线边（4 条），输入倒角值"25"，单击 应用 按钮。

📖选择脚的外边（8 条），输入倒角值"14"，单击 应用 按钮。

📖选择板凳上表面外边缘（由于前面已经倒圆角，上表面外边缘的线成为 1 条光滑曲线），输入倒圆角值"12"，单击 应用 按钮。

📖选择 φ40 小孔的上边缘线，输入倒角值"5"，单击 确定 按钮，完成倒圆角，效果如图 4 - 54 所示。

9）偏置面

执行"插入"→"同步建模"→"偏置区域"，弹出"偏置区域"对话框，"面"选项选择图 4 - 55 中鼠标所指"单个面"，"偏置"选项设置"距离"为 30，方向默认，如图 4 - 55 所示，单击 确定 按钮，保证孔的距离为 30。

图4-54 倒圆角效果

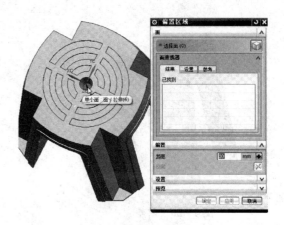

图4-55 偏置面操作

10）抽壳

单击特征"工具栏"→"抽壳"图标，弹出"抽壳"对话框，设置"类型"为"移除面，然后抽壳"，"要穿透的面"选项选择凳子的内侧表面，"厚度"选项中输入"3"，如图4-56所示，单击 确定 按钮，完成抽壳，效果如图4-57所示。

图4-56 "抽壳"对话框

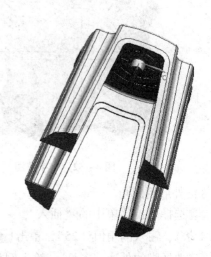

图4-57 "抽壳"效果图

项目4.4 液压阀零件建模

●项目要点

分析液压阀的零件图，综合运用建模知识，完成液压阀的建模。（操作课件见 Resources \ 教学课件 \ 项目4.4液压阀零件建模；操作视频见 Resources \ Teaching project \ Ch04 \ 液压阀. avi；完成零件见 Resources \ Teaching project \ Ch04 \ yeyafa. prt。）

● 项目目标

☑ 能看懂液压阀的三视图；

☑ 能分析出液压阀的结构组成，构思建模思路；

☑ 能综合运用建模知识，快速完成液压阀建模。

● 项目实施

4.4.1 结构分析

本例将完成液压阀零件的建模，液压阀的零件图如图 4-58 所示，通过分析零件图可以看出该零件是一个旋转类的零件，旋转类零件的主要特点就是有圆球、圆柱，该零件为液压阀，应该有安装基座，故该零件还会有长方体底座和安装孔。

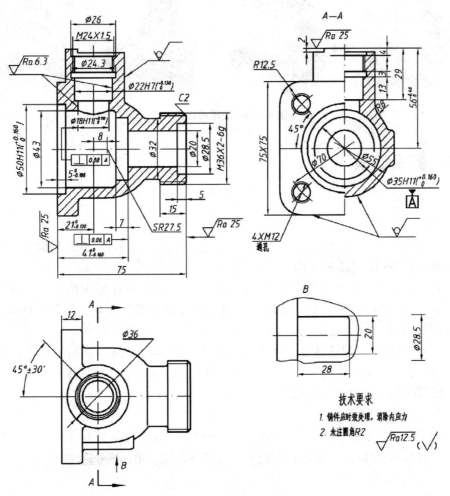

图 4-58 液压阀零件图

可以通过旋转液压阀外部主体、添加安装基座、添加支阀、创建内部结构完成零件的建模。主要用旋转、拉伸、长方体、垫块、圆柱、腔体、打孔、倒圆角和布尔运算等命令完成液压阀零件建模。

4.4.2 建模思路

建模思路如图4-59所示。

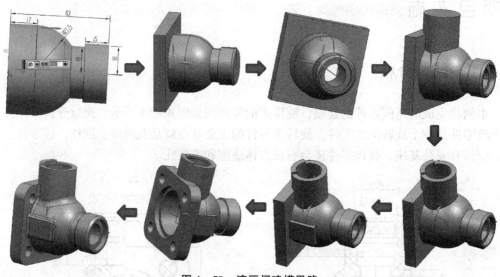

图4-59 液压阀建模思路

4.4.3 产品建模

1）启动 UG

2）新建一个文件

执行"文件"→"新建"命令，给新文件指定路径和文件名，单击 确定 按钮。

3）创建液压阀外部旋转实体

📖先绘制草图。选择下拉菜单中的"插入"→"任务环境中的草图"命令，选择 XC-YC 平面作为草图平面，单击 确定 按钮，进入"草图"模块。绘制如图4-60（a）所示的草图，单击"完成草图"。

📖单击"回转"工具图标，"回转"截面选择图4-60（a）绘制的草图，方向默认，"限制"选项的"开始"角度输入0，"结束"角度输入360，单击 确定 按钮。完成旋转实体，效果如图4-60（b）所示。

4）创建液压阀头部外螺纹

📖创建螺纹引导倒角。选择"特征"工具栏的"倒斜角"图标 📐，弹出"倒斜角"对话框，设置相关参数，如图4-61所示。选择倒角边，单击 确定 按钮，完成螺纹导向倒角。

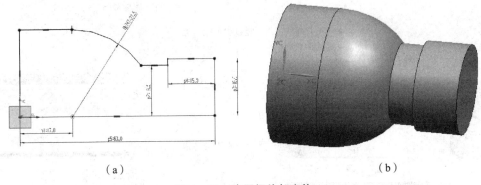

（a） （b）

图4-60 液压阀外部实体

（a）"回转"草图；（b）"回转"实体效果

  执行"插入"→"设计特征"→"螺纹"，弹出"螺纹"对话框，设置"螺纹"参数，如图4-62所示。选择图4-62中鼠标箭头所指圆柱曲面为"螺纹"加工面，选择图4-62所示的螺纹起始面，方向默认，单击 确定 按钮，完成"螺纹"创建。

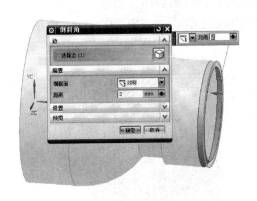

图4-61 倒角设置

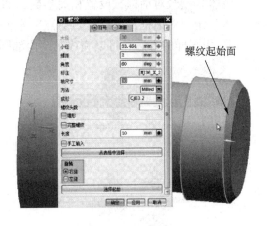

图4-62 螺纹创建

5）创建液压阀底座

  执行"插入"→"设计特征"→"垫块"，弹出"垫块"对话框。选择"矩形"选项，弹出"放置面"对话框，选择图4-63鼠标箭头所示的圆柱面，弹出图4-63所示"矩形垫块"对话框，设置参数，如图4-63所示。

  单击 确定 按钮，弹出"垫块"定位对话框。"水平"定位设置：目标体为图4-64中的参考圆，选择"圆弧圆心"，刀具体选择"垫块"水平方向的中心轴线，即图4-64中的"水平参考线"；"竖直"定位设置：目标体同样为4-64中的参考圆，选择"圆弧圆心"，刀具体选择"垫块"竖直方向的中心轴线，即图4-64中的"竖直参考线"。

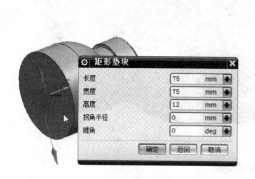

图4-63　"垫块"对话框

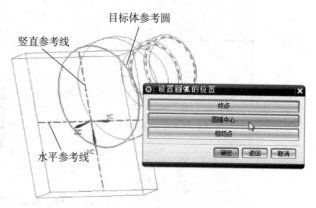

图4-64　"垫块"定位设置

6）创建液压阀内部腔体

📖执行"插入"→"设计特征"→"腔体"命令，弹出"腔体"对话框。选择"圆柱"选项，弹出"圆柱形腔体"放置面对话框，选择图4-65鼠标所指"端面"，弹出"圆柱形腔体"参数对话框，设置相关参数，如图4-65所示。单击 确定 按钮，弹出"圆柱形腔体"定位对话框，通过"点对点"定位，完成各"圆柱形腔体"创建。

📖用同样的方法，可以完成其余内部圆柱形腔体的创建，效果图如图4-66所示。

图4-65　"圆柱形腔体"参数对话框

图4-66　"圆柱形腔体"效果图

7）创建液压阀支流圆柱实体

📖先绘制草图。选择下拉菜单中的"插入"→"任务环境中的草图"命令，选择XC-YC平面作为草图平面，单击 确定 按钮，进入"草图"模块。绘制如图4-67（a）所示的草图，单击"完成草图"。

📖单击"拉伸"工具图标，"拉伸"截面选择4-67（a）绘制的草图，方向默认，"限制"选项的"开始"设置为"直至选定"，"选择对象"为图4-67（b）中鼠标所指曲面，"结束"输入"56"，单击 确定 按钮。完成拉伸实体，效果如图4-67（b）所示。

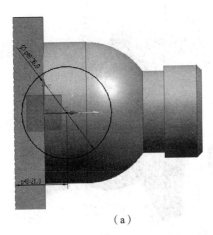

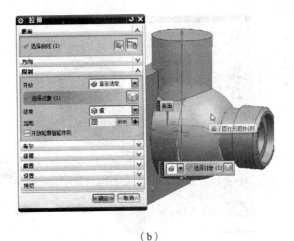

（a）　　　　　　　　　　　　　　　　　（b）

图4-67　液压阀支流圆柱实体

（a）"拉伸"草图；（b）"拉伸"实体效果

8）创建液压阀支流内部腔体

📖创建φ26圆孔：执行"插入"→"设计特征"→"孔"命令，弹出"孔"对话框，"类型"选择"常规孔"，"位置"选择图4-68（a）中鼠标箭头所示圆弧圆心，其他参数设置如图4-68（a）所示，单击 确定 按钮，完成φ26圆孔的创建，效果如图4-68（b）所示。

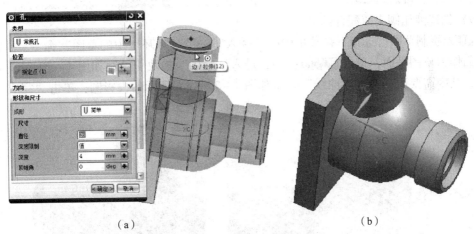

（a）　　　　　　　　　　　　　　　　　（b）

图4-68　创建φ26圆孔

（a）"常规孔"参数设置；（b）"常规孔"实体效果

📖创建M24螺纹孔：执行"孔"指令，弹出"孔"对话框，"类型"选择"螺纹孔"，"位置"选择图4-69（a）中鼠标箭头所指圆弧圆心，其他参数设置如图4-69（a）所示。单击 应用 按钮，完成M24螺纹孔的创建，效果如图4-69（b）所示。

📖创建φ24.3圆孔：重复创建φ26圆孔的方法，可以完成直径为24.3、深度为3的圆孔。

📖创建φ22圆孔：重复创建φ26圆孔的方法，可以完成直径为22、深度为13的圆孔。

📖创建φ18圆孔：重复创建φ26圆孔的方法，可以完成直径为18、深度为与主型腔相同的任何值的圆孔。

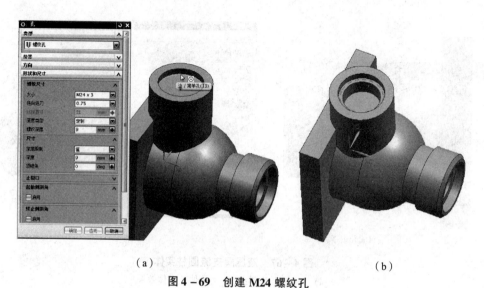

（a）　　　　　　　　　　　　　　　　　（b）

图 4 – 69　创建 M24 螺纹孔

（a）"螺纹孔"参数设置；（b）"螺纹孔"实体效果

要点提示

　　创建没有倒角的孔时，一定要把孔的对话框中的"起始倒斜角"和"终止倒斜角"两个选项前的勾选项关闭，否则做完的孔会带有倒角特征。

9）创建液压阀支流配合部分

　　先绘制草图。选择下拉菜单中的"插入"→"任务环境中的草图"命令，选择支流上表面作为草图平面，单击 **确定** 按钮，进入"草图"模块。绘制如图 4 – 70（a）所示的草图，其中需要通过"投影曲线"投影如图 4 – 70（a）所示的投影圆，单击"完成草图"。

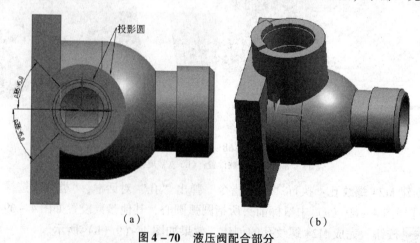

投影圆

（a）　　　　　　　　　　　　　　　　　（b）

图 4 – 70　液压阀配合部分

（a）配合部分"拉伸"草图；（b）配合部分"拉伸"实体效果

　　单击"拉伸"工具图标，"拉伸"截面选择 4 – 70（a）绘制的草图，方向为实体内部，"限制"选项的"开始"设置为 0，"结束"输入 2，"布尔"选择"求差"，单击 **确定** 按钮。完成拉伸实体，效果如图 4 – 70（b）所示。

10）创建长方体平台

📖绘制草图：选择下拉菜单中的"插入"→"任务环境中的草图"命令，选择 XC – ZC 平面作为草图平面，单击 确定 按钮，进入"草图"模块。绘制如图 4 – 71（a）所示的草图，单击"完成草图"。

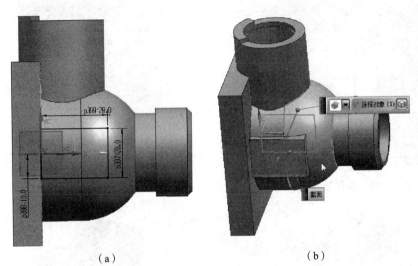

（a）　　　　　　　　　　　　　　　　（b）

图 4 – 71　长方体平台拉伸

(a) 平台"拉伸"草图；(b) 平台"拉伸"实体效果

📖单击"拉伸"工具图标，"拉伸"截面选择 4 – 71（a）绘制的草图，方向 – YC，"限制"选项的"开始"设置为"直至延伸部分"，"选择对象"为图 4 – 71（b）中鼠标所指曲面，"结束"输入 29，单击 确定 按钮。完成拉伸实体，效果如图 4 – 71（b）所示。

11）创建倒圆角

选择图 4 – 72 所示 4 条边，对实体倒圆角，圆角尺寸为 12.5。

12）创建 4 个螺纹

📖创建 M12 螺纹孔：执行"孔"指令，弹出"孔"对话框，"类型"选择"螺纹孔"，"位置"选项为单击草图绘制图标，"绘制平面"为长方体底座平面，草图如图 4 – 73 所示，其他参数设置如图 4 – 74 所示，单击 确定 按钮，完成 M12 螺纹孔创建，效果如图 4 – 75 所示。

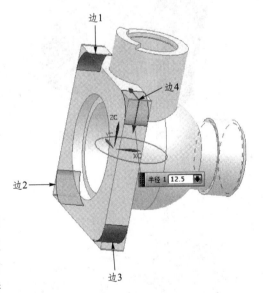

图 4 – 72　倒圆角

📖阵列螺纹孔：单击"阵列"图标 ![图标]，弹出"阵列"对话框，阵列图 4 – 75 所示螺纹孔，效果如图 4 – 76 所示。

13）创建一系列倒圆角

📖创建 R8 圆角：效果如图 4 – 77 所示。

📖创建未注圆角：创建图 4 – 78 中箭头所指交界的未注圆角，圆角尺寸为 R2。

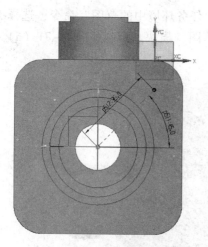

图4-73 草图绘制孔点

图4-74 "螺纹孔"对话框

图4-75 "螺纹孔"效果

图4-76 阵列"螺纹孔"效果

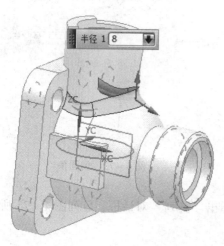

图4-77 R8圆角效果图

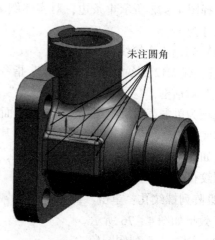

图4-78 未注圆角

●自主项目

1. 自主学习项目1

功能模块：

草图	实体	曲面	装配	制图
√	√			

功能命令：草绘、长方体、拉伸、圆孔等。

素材：如图4-79所示。

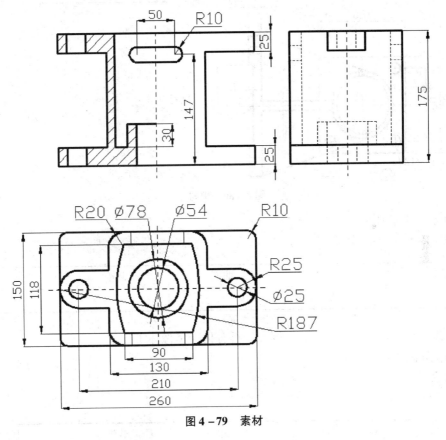

图4-79　素材

2. 自主学习项目2

功能模块：

草图	实体	曲面	装配	制图
√	√			

功能命令：草绘、拉伸、圆柱、阵列、布尔运算等。

素材：如图4-80所示。

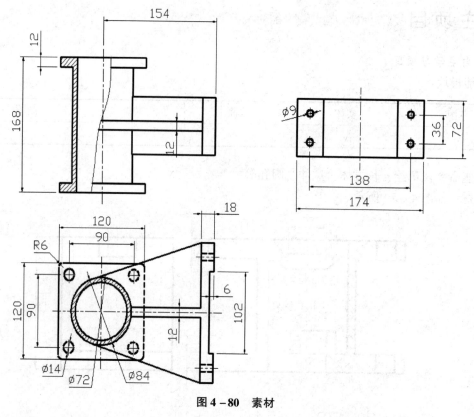

图4-80 素材

3. 自主学习项目3

功能模块：

草图	实体	曲面	装配	制图
√	√			

功能命令：草绘、拉伸、旋转、圆孔、拆分体、镜像体等。

素材：如图4-81所示。

4. 自主学习项目4

功能模块：

草图	实体	曲面	装配	制图
√	√			

功能命令：草绘、拉伸、垫块、阵列、镜像特征、抽壳、圆孔等。

素材：如图4-82所示。

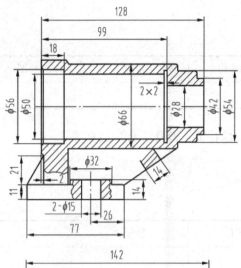

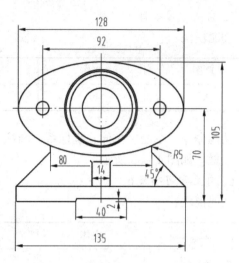

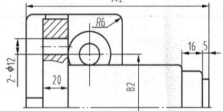

图 4 – 81　素材

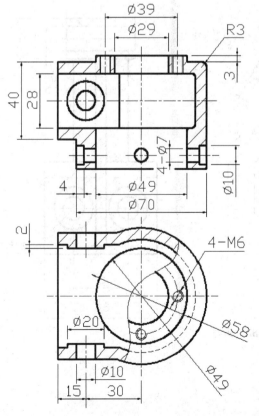

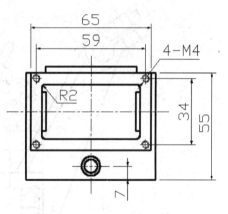

图 4 – 82　素材

5. 自主学习项目 5

功能模块：

草图	实体	曲面	装配	制图
√	√			

功能命令：草绘、拉伸、坐标系、圆柱、镜像特征、圆孔、布尔运算等。

素材：如图 4 - 83 所示。

6. 自主学习项目 6

功能模块：

草图	实体	曲面	装配	制图
√	√			

功能命令：草绘、拉伸、坐标系、圆柱、圆孔、布尔运算等。

素材：如图 4 - 84 所示。

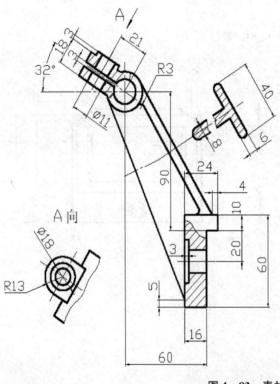
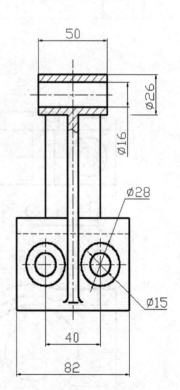

图 4 - 83 素材

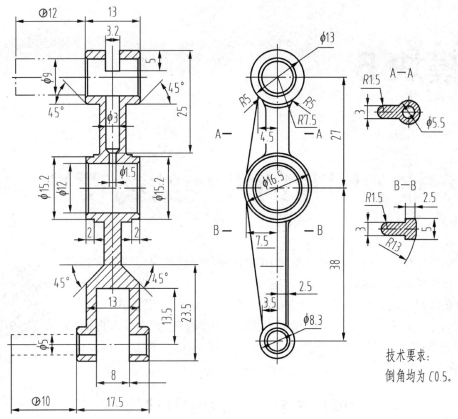

图4-84 素材

技术要求：
倒角均为C0.5。

模块 5

‹‹‹‹‹‹

基于图片的零件结构设计

在实际工作中，工程师经常会根据 ID 设计师的平面效果图或者实物照片进行实体造型设计。这种建模工作以"外形为主，尺寸为次"为指导思想，通过编辑尺寸参数调整模型以满足外形要求。这种建模方式以多点、曲线和曲面作为构造基础，在造型过程中需要不断调整造型曲线和曲面的结构，需要花费很多时间来修改产品，所以这种产品的建模是不可逆的，也是唯一的。

操作视频

项目5.1 料酒瓶零件建模

● 项目要点

本项目将运用草图、拉伸、倒圆角、圆柱体、直线、分割面、连接面、抽壳、相交曲线、软倒圆、外螺纹、文字曲线等命令完成料酒瓶的零件建模。（操作课件见 Resources\教学课件\项目 5.1 料酒瓶零件建模；操作视频见 Resources\Teaching project\Ch05\料酒瓶.avi；完成零件见 Resources\Teaching project\Ch05\liaojiuping.prt。）

● 项目目标

☑ 能通过图片并结合实际生活常识确定产品尺寸；
☑ 能分析出料酒瓶产品的结构组成，构思建模思路；
☑ 能综合运用建模知识，快速完成料酒瓶的建模。

5.1.1 结构分析

本例将完成日常生活中常见的料酒瓶的建模，料酒瓶的图片如图 5-1 所示。本项目的难点是瓶颈部分的建模。由于瓶身和盘口部分都是由简单的形体构成，因此可以利用成型特征（草图拉伸和圆柱体）首先进行构建，然后利用曲面网络特征对两个实体进行过渡连接，最后对产品进行圆角处理和螺纹处理。

图5－1 料酒瓶

5.1.2 建模思路

建模思路如图5－2所示。

图5－2 料酒瓶建模思路

5.1.3 产品建模

1）启动 UG

2）新建一个文件

执行"文件"→"新建"命令，给新文件指定路径和文件名，单击 确定 按钮。

3）选择建模命令

执行"起始"→"建模"命令，切换到建模模式。

4）创建瓶身实体

（1）先绘制草图。选择下拉菜单中的"插入"→"任务环境中的草图"命令，选择 *XC－YC* 平面作为草图平面，单击 确定 按钮，进入"草图"模块。绘制如图5－3所示的草图（草图尺寸自由控制），单击"完成草图"，退出"草图"模块。

（2）创建拉伸特征。选择下拉菜单中的"插入"→"设计特征"→"拉伸"命令，选择如图5－4所示的曲线作为"截面曲线"，并设置拉伸"距离"为实体尺寸（150），其余保持默认设置，单击 确定 按钮。然后对瓶身进行倒圆处理，倒圆尺寸暂定为10。

5）创建瓶口圆柱实体

选择下拉菜单中的"插入"→"设计特征"→"圆柱"命令，弹出"圆柱"对话框，如图5－5所示，选择类型为"轴、直径和高度"，设置圆柱的尺寸，"指定矢量"为 *ZC* 方向，"指定点"为点构造器，设置点的坐标如图5－6所示，其余保持默认设置，单击 确定 按钮，效果如图5－7所示。

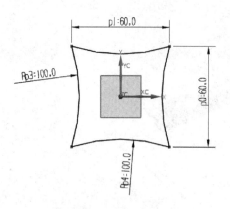

图 5-3 料酒瓶瓶体草图

图 5-4 料酒瓶瓶体拉伸

图 5-5 瓶口圆柱参数设置

图 5-6 瓶口圆柱位置设置

6）创建曲面切口

（1）在图 5-8 所示对话框中进行设置，绘制如图 5-9 所示的分割对象（直线）。直线的两点分别是与 X 轴正方向所指瓶体面（图 5-9 所示分割面）上下两边的中点。

图 5-7 瓶口效果图

图 5-8 "分割面"对话框

（2）选择"插入"→"修剪"→"分割面"，弹出图 5 - 8 所示"分割面"对话框。选择图 5 - 9 所示的分割面（注意"单个面"辅助选择）作为"要分割的面"，选择图 5 - 9 中的直线作为"分割对象"，单击 确定 按钮，完成分割面。

要点提示

步骤（1）创建的直线，选择与 X 轴正向相交的边。原因在于"通过曲线组"选择圆柱上面的圆时，整圆一般默认在第一象限点具有断点性质，故长方体上边缘的起始点必须在 X 轴正方向的交点处。

7）创建瓶颈

（1）创建过渡连接造型：选择下拉菜单中的"插入"→"曲面"→"通过曲线组"命令，弹出如图 5 - 10 所示"通过曲线组"对话框。选择图 5 - 11 中的圆柱的底边作为"剖面线串 1"，单击"MB2"，然后选择长方体上部相切边作为"剖面线串 2"，单击"MB2"，"连续性"选项设置"第一截面"约束为"G1（相切）"，选择图 5 - 11 中的圆柱相切面作为约束面，设置"最后截面"约束为默认，设置"对齐"选项方式为"弧长"，"设置"选项中取消"保留形状"选项，"体类型"选择为"实体"，其他保持默认，单击 确定 按钮，完成瓶颈的创建。

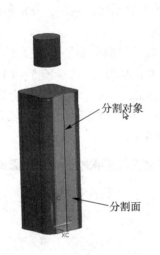

图 5 - 9　分割对象选择

图 5 - 10　"通过曲线组"对话框

（2）合并面：选择"插入"→"组合"→"连结面"，弹出如图 5 - 12 所示的"连结面"对话框，单击"在同一个曲面上"，选择如图 5 - 12 箭头所示的实体表面，完成曲面合并成一体操作。

要点提示

步骤 6）把曲面分割后，长方体的表面不是一个整体，"软倒圆"操作的曲面必须是一个整体面，因此要合并分割面。

图 5-11 对象选择

图 5-12 "连结面"对话框

8）瓶颈光滑过渡

（1）创建两个相关基准平面：基准平面 Datum1 为长方体的上表面往瓶口方向偏置 3，Datum2 为长方体上表面往瓶底方向偏置 5，如图 5-13 所示。

（2）"插入"→"来自体的曲线"→"求交"命令，弹出"求交"对话框。分别单击图 5-13 中曲面 1 与 Datum1，单击 确定 按钮完成交线 1 的创建；同理，分别单击图 5-13 中曲面 2 与 Datum2，单击 确定 按钮完成交线 2 的创建。

（3）创建软倒圆：单击"特征"工具条中的"软倒圆"图标 ，弹出图 5-14 所示的 "编辑软倒圆"对话框，选择图 5-13 中的曲面 1，单击"MB2"，选择图 5-13 中曲面 2；单击 MB2，选择交线 1 作为第一组面上的切线；单击"MB2"，选择交线 2 作为第二组面上的曲线。单击对话框中的"定义脊线串"选项，选择长方体的上表面边缘，接受软倒圆的默认参数，单击 确定 按钮，完成面倒圆的创建，如图 5-15 所示。

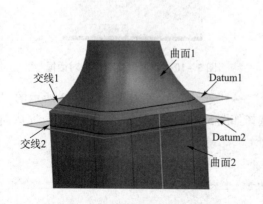

图 5-13 "软倒圆"对象选择

图5-14 "编辑软倒圆"对话框

9）底部倒圆

创建瓶底的边倒圆为 $R6$。

10）瓶口和瓶身求和

利用布尔运算的"求和"命令连接瓶口和瓶身部分。

11）料酒瓶抽壳

单击"插入"→"特征"→"抽壳"命令，创建均匀壁厚为2，抽壳特征，顶部表面为删除面，效果如图 5-2 中的步骤 4 所示。

12）在瓶身表面上创建文字

（2）选择"插入"→"曲线"→"文字"，弹出如图 5-16 所示的对话框，在对话框的"文本属性"中输入文字"料"，设置字体为中文字体的一种，选择文本类型为"面上"，选择图 5-17 所示的酒瓶侧面的曲面为文本绘制面，单击"MB2"，选择底边作为放置曲线，单击"预览"。利用文本的各种调整手柄将文字设置为：调整文字的方向为直立向上，文字的高度为15，长度为20，距离曲线的偏置为100，单击 确定 按钮完成文本曲线的创建。

图 5-15　"软倒圆"效果图

图 5-16　"料"文本对话框设置

（3）选择"插入"→"曲线"→"文字"，输入文字"酒"，其他保持跟文字"料"同样的设置，但是距离曲线的偏置为50，如图 5-17 所示。单击 确定 按钮完成文本曲线的创建，创建完成的文字曲线如图 5-18 所示。

（4）利用文字生成拉伸实体，拉伸高度为0.5，并与原实体"求和"。

（5）隐藏除实体之外的所有对象，完成料酒瓶的三维建模。

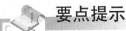 **要点提示**

文字的方向可以通过双击文字底部手柄实现，文字的偏置和大小可以通过双击文字输入中的箭头来实现。

图 5 - 17　文字效果图

图 5 - 18　"酒"文本对话框设置

13）创建瓶口螺纹

（1）创建螺纹起始平面：单击"特征"工具栏中的"基准平面"图标口，选择瓶口顶部平面，通过偏置创建与瓶口顶部平面距离为2的平面，如图 5 - 19 所示。

（2）创建螺纹：选择下拉菜单中的"插入"→"设计特征"→"螺纹"命令，弹出"螺纹"对话框，设置"螺纹类型"为"详细"，选择图 5 - 20 所示的圆柱曲面，设置螺纹"旋转"为"右旋"，设置"螺纹"对话框的参

图 5 - 19　基准平面创建

数如图 5 - 20 所示。单击"选择起始"，弹出"起始"选择框，选择步骤（1）创建的平面，单击图 5 - 21 所示的"螺纹轴反向"，单击　确定　按钮，完成初步螺纹创建。

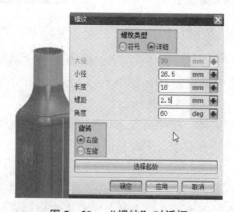

图 5 - 20　"螺纹"对话框

（3）螺纹尾部处理：选择下拉菜单中的"插入"→"同步建模"→"偏置区域"命令，弹出如图 5 - 22 所示的"偏置区域"对话框，选择图 5 - 23 所示的曲面，在"偏置区域"对话框中输入距离"8"，单击　确定　按钮，完成螺纹尾部处理，如图 5 - 24 所示。

图 5 – 21　螺纹轴方向

图 5 – 22　"偏置区域"对话框

图 5 – 23　偏置曲面

图 5 – 24　偏置效果图

5.1.4　知识加油

一、来自体的曲线

1. 相交曲线（项目 5.1 已经应用）

该功能是在两组对象的相交处创建一条曲线。单击"曲线"工具条上的"来自体的曲线下拉菜单"下的"相交曲线"图标，或执行"插入"→"来自体的曲线"→"相交"命令，打开"相交曲线"对话框，如图 5 – 25 所示。

（1）"第一组"与"第二组"选项组用于选择或指定两组面进行求交。每组面可以是一个面、多个面或基准平面。

📖选择面：单击选择面组。

📖指定平面：用于定义基准平面，以包含在一组要求交的对象中。可以通过单击"完整平面工具"按钮或

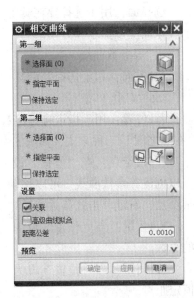

图 5 – 25　"相交曲线"对话框

"自动判断"按钮两种方法来"指定平面"。

📖保持选定：勾选"保持选定"复选框时，用于在创建此相交曲线之后，重用为后续相交曲线特征而选定的一组对象。

（2）设置：创建是否关联的截面曲线。勾选"关联"复选框时，如果要剖切的对象是面，则生成的截面曲线无法连接。

2. 等参数曲线

"等参数曲线"命令可以沿着给定的 *U*/*V* 线方向在面上生成曲线，如图 5 – 26 所示。单击"曲线"工具条上的"来自体的曲线"下拉菜单下的"等参数曲线"图标 🎴，或执行"插入"→"来自体的曲线"→"等参数曲线"命令，打开"等参数曲线"对话框，如图 5 – 27 所示。

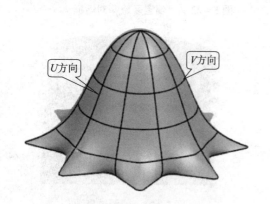

图 5 – 26　"等参数曲线"效果

图 5 – 27　"等参数曲线"对话框

1）面

选择面：用于选择要在其上创建等参数曲线的面。选定面之后，*U* 和 *V* 方向的箭头将显示在该面上以显示其方向。

2）等参数曲线

📖方向：用于选择要沿其创建等参数曲线的 *U* 方向和/或 *V* 方向。有三个选项："*U*""*V*"及"*U* 和 *V*"。

📖位置：用于指定将等参数曲线放置在所选面上的位置方法。包括"均匀""通过点""在点之间"三种方式，如图 5 – 27 所示。

📖指定点：当"位置"设为"通过点"和"在点之间"时可用。用于在所选面上指定点以创建等参数曲线。可以移动或删除指定的点。要移动某个点，单击并拖动该点；要删除某个点，右键单击该点并选择"删除"。

📖数量：当"位置"设为"均匀"和"在点之间"时可用。指定要创建的等参数曲线的总数。

📖间距：当"位置"设为"均匀"和"在点之间"时可用。指定各等参数曲线之间的恒定距离。

3）"设置"创建是否关联的截面曲线

3. 抽取曲线

抽取曲线是使用一个或多个体或面的边创建直线、圆弧和样条等曲线。图 5 – 28 所示为执行"抽取曲线"命令后，在曲面上抽取的轮廓线。单击"曲线"工具条上的"来自体的曲线"下拉菜单下的"抽取曲线"图标 ，或执行"插入"→"来自曲线集的曲线"→"抽取"命令，打开"抽取曲线"对话框，如图 5 – 29 所示，选取抽取类型。

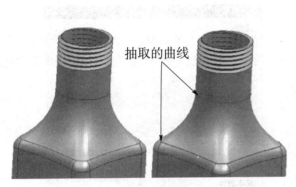

图 5 – 28 "抽取曲线"的效果   图 5 – 29 "抽取曲线"对话框

可用的抽取选项类型及说明见表 5 – 1。

表 5 – 1 "抽取曲线"的类型及说明

类型	说明
边曲线	从指定的边抽取曲线
轮廓曲线	从轮廓边缘创建曲线
完全在工作视图中	由工作视图中体的所有可见边（包括轮廓边缘）创建曲线
等斜度曲线	创建在面集上的拔模角为常数的曲线
阴影轮廓	在工作视图中创建仅显示体轮廓的曲线
精确轮廓	使用可产生精确效果的 3D 曲线算法在工作视图中创建显示体轮廓的曲线

二、文本（项目 5.1 已经应用）

使用"文本"命令可根据本地 Windows 字体库中的 TrueType 字体生成 NX 曲线。单击"曲线"工具条上的"文本"按钮，或者执行"插入"→"曲线"→"文本"命令，打开"文本"对话框，如图 5 – 30 所示。

（1）"类型"用于指定文本类型。有三个选项。

平面副：用于在平面上创建文本。

在曲线上：用于沿相连曲线串创建文本。每个文本字符后面都跟有曲线串的曲率。可以指定所需的字符方向。如果曲线是直线，则必须指定字符方向。

面上：用于在一个或多个相连面上创建文本。

（2）文本放置曲线：仅针对"在曲线上"类型的文本显示，如图 5 – 31 所示。

选择曲线：用于选择文本要跟随的曲线。

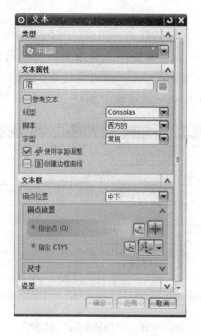

图5-30 "文本"对话框   图5-31 "文本放置曲线"对话框

📖文本属性：用于键入没有换行符的单行文本。

（3）文本放置面：仅针对"在面上"类型的文本显示，如图5-32所示。

📖选择面：用于选择相连面以放置文本。

（4）竖直方向：仅针对"在曲线上"类型的文本显示。"定位方法"用于指定文本的竖直定位方法，包括"自然"和"矢量"两种类型。

📖"自然"指文本方位是自然方位；"矢量"指文本方位沿指定矢量。

📖指定矢量：仅可用于矢量类型的定位方法。为矢量类型的竖直定位方法指定矢量，包括"自动判断的矢量"和"矢量构造器"两种方法。

📖反向：仅可用于矢量类型的定位方法，使选定的矢量方向反向。

图5-32 "文本放置面"对话框

（5）面上的位置：仅针对"在面上"类型的文本显示。

📖放置方法：用于指定文本的放置方法，包括"面上的曲线"和"剖切平面"两种方法。"面上的曲线"指文本以曲线形式放置在选定面上；"剖切平面"指通过定义剖切平面并生成相交曲线，在面上沿相交曲线对齐文本。

📖选择曲线：仅可用于面上曲线类型的放置方法。用于为面上曲线类型的放置方法选择曲线。

📖指定平面：用于为剖切平面类型的放置方法指定平面，包括"自动判断"和"平面构造器"两种方法。

（6）文本属性：

📖文本：用于键入没有换行符的单行文本。如图 5 - 33 所示。

📖选择表达式：在选中"参考文本"复选框时可用。单击"选择表达式"时，显示"关系"对话框，可在其中选择现有表达式以同文本字符串相关联，或是为文本字符串定义表达式。

📖参考文本：选中该复选框时，生成的任何文本都创建为文本字符串表达。选择表达式选项也变得可用。

📖线型：用于选择本地 Windows 字体库中可用的 TrueType 字体。字体示例不显示，但如果选择另一种字体，则预览将反映字体更改。

📖脚本：用于选择文本字符串的字母表（如 Western、Hebrew、Cyrillic）。

图 5 - 33 "文本"文字属性和尺寸设置

📖字型：用于选择字型，包括"正常""加粗""倾斜""加粗倾斜"四种类型。

📖使用字距调整：选中此复选框可增加或减少字符间距。字距调整减少相邻字符对之间的间距，并且仅当所用字体具有内置的字距调整数据时才可用。并非所有字体都具有字距调整数据。

（7）文本框架：

📖锚点位置：当是"平面副"文本类型时，指定文本的"锚点位置"包括"左上""中上""右上""左中""中心""右中""左下""中下""右下"9 种选项。当为"曲线上"和"面上"时，指定文本的"锚点位置"包括"中心""右"和"左"3 种选项。图 5 - 34 所示为选择"曲线上"，"锚点位置"为"中心"的效果。

📖参数百分比：指定剪切参数值。

📖指定点：仅可用于平面文本类型。在选定的平面上指定一个点以定位文本几何体，包括"点构造器"和"原点"两种方法。

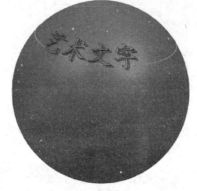

图 5 - 34 "曲线上"放置效果

（8）尺寸：

📖长度：将文本轮廓框的长度值设置为用户指定值。

📖高度：将文本轮廓框的高度值设置为用户指定值。

📖W 比例：将用户指定的宽度与给定字体高度的自然字体宽度之比设置为用户指定的值。

📖设置：创建关联的文本特征。

三、特征

1）软倒圆（项目5.1已经应用）

软倒圆是指沿着控制线相切，与指定的面产生一个更为光滑的圆角，它可根据两相切曲线及形状控制参数来决定倒圆的方式。单击"特征"工具条上的"软倒圆"图标 ，或者执行"插入"→"细节特征"→"软倒圆"命令，打开"软倒圆"对话框，如图5-35所示。

按照"软倒圆"对话框提示，选择图5-36中对应的"第一组曲面"，选择方向为向内；按选择步骤提示，选择"第二组曲面"，选择方向为向内；继续按提示栏选择"第一相切曲线"和"第二相切曲线"，选择"定义脊线串"，按 确定 按钮，完成"软倒圆"操作。

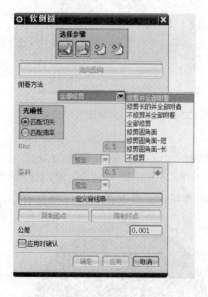

图5-35 "软倒圆"对话框

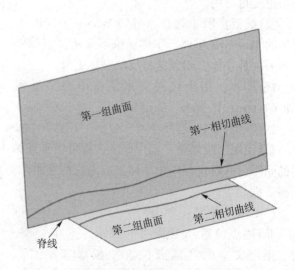

图5-36 "软倒圆"对象

附着方法：通过改变附着方法来倒圆角。在附着方法中有8个选项，如图5-37所示，用户可以根据需要选择其中的任何一项。

图5-37 "软倒圆"附着方法

2）分割面（项目5.1已经应用）

对某些面或片体进行分割，形成多个面或片体，分割后看起来是多个面，但是实际上属于一个整体，只是在命令中可以当作多个面进行选择或者处理。执行"插入"→"修剪"→"分割面"命令，打开"分割面"对话框，如图5-38所示。

（1）要分割的面：选择要分开的面或者片体即可。

（2）分割对象：在要分割的面上存在的分割界限（曲线），这个界限一定把面完全分开。

（3）投影方向：指分割界限与面之间的分割方向，有时对于一些曲面或者倾斜面，分割的时候需要对这些界限进行指定方向的分割。

📖 "垂直于面"方式：对于平面来说，和"沿矢量"差不多；对于曲面来说，垂直于曲面的切线，也就是向心方向，这样比较均匀。一般根据实际情况选择如何进行分割，默认的"垂直于面"的方式就可以完成面分割。

图5-38 "分割面"对话框

📖 "沿矢量"方式：选择该方式，"分割面"对话框会出现"矢量"选择选项，用户可以选择自己的需要选择矢量方向。

📖 "垂直于曲线平面"方式：选择该方式，方向为分割曲线所在的平面。

3）连结面（项目5.1已经应用）

将一个体的面连接成一个面。执行"插入"→"组合"→"连结面"命令，打开"连结面"对话框，如图5-39所示。

（1）"在同一个曲面上"：连接操作后，要连接的面连接后成为体的表面。

（2）"转换为B曲面"：连接操作后，要连接的面连接后成为独立的曲面，原来需要连接的面还在。

4）螺纹（项目5.1已经应用）

选择"插入"→"设计特征"→"螺纹"选项，或者单击"特征"工具栏中的 📱 图标，弹出"螺纹"对话框。该命令用于在圆柱面、圆锥面上或孔内创建螺纹。

图5-39 "连结面"对话框

（1）符号：用于创建符号螺纹。系统生成一个象征性的螺纹，用虚线表示。同时节省内存，加快运算速度。推荐用户采用符号螺纹的方法。

（2）详细：用于创建详细螺纹。系统生成一个仿真的螺纹。该操作很消耗硬件内存和速度，所以一般情况下不建议使用。

项目5.2　艺术水壶零件建模

●项目要点

本项目将运用基本曲线、曲线修剪、曲线分割、样条曲线、曲线网络、N边曲面、扫掠、轨迹线创建草图、面倒圆、抽壳、倒圆角等命令完成艺术水壶的零件建模。（操作课件见Resources\教学课件\项目5.2艺术水壶零件建模；操作视频见 Resources\Teaching project\
Ch05\艺术水壶.avi；完成零件见 Resources\Teaching project\Ch05\yishushuihu. prt。)

● 项目目标

☑ 能通过图片并结合实际生活常识确定艺术水壶产品尺寸；
☑ 能分析出艺术水壶的产品结构组成，构思建模思路；
☑ 能综合运用建模知识，快速完成产品建模。

● 项目实施

5.2.1 结构分析

本例将完成艺术水壶的建模，艺术水壶的图片如
图 5–40 所示。产品的主要结构是曲面，通过分析可
知，壶体的曲面轮廓从壶底到壶顶是由多个圆形的曲
线逐步转化成一个多样的曲线，如图 5–41 中的步骤
1 所示；4 段曲线通过 2 条样条连接，如图 5–41 中
的步骤 3 所示所示。艺术水壶的壶把是一个椭圆扫描
结构，主要是扫描的曲线建立。

5.2.2 建模思路

图 5 –40 艺术水壶

建模思路如图 5–41 所示。

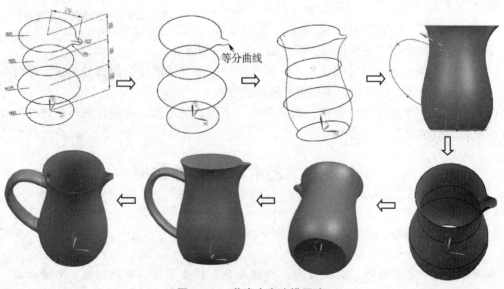

图 5 –41 艺术水壶建模思路

5.2.3 产品建模

1）启动 UG

2）新建一个文件

执行"文件"→"新建"命令，给新文件指定路径和文件名，单击 确定 按钮。

3）选择建模命令

执行"起始"→"建模"命令，切换到建模模式。

4）创建曲面轮廓主体曲线

（1）创建 4 个基本圆：执行"插入"→"曲线"→"基本曲线"图标 ⚙️，弹出"基本曲线"对话框，如图 5 – 42 所示。单击"圆"图标，"点方式"选择"点构造器"模式。输入圆心坐标：$X = 0$，$Y = 0$，$Z = 0$，单击 确定 按钮，输入圆半径坐标：$X = 80$，$Y = 0$，$Z = 0$，单击 确定 按钮完成底部圆创建。半径为 100 的圆心坐标：$X = 0$，$Y = 0$，$Z = 100$，圆半径坐标：$X = 105$，$Y = 0$，$Z = 105$。以此完成其他大圆的创建。

（2）底部曲线的连接圆弧绘制：执行"插入"→"曲线"命令，单击"直线和圆弧工具条"图标 ⚙️。单击"直线和圆弧工具条"中的"相切 – 相切 – 圆弧"图标 ↗，分别选择要连接的圆弧（图 5 – 43 中的曲线 1 和曲线 2）。完成已知两圆的连接圆弧，如图 5 – 43 所示。

图 5 – 42   "基本曲线"对话框

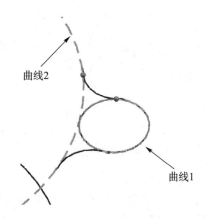

图 5 – 43   圆弧连接

要点提示

在创建圆角的过程中，必须注意选择曲线的方向为逆时针方向，否则创建的圆角将变成不可控。

5）修剪曲线

执行"编辑"→"曲线"命令，单击"修剪"图标，弹出"修剪"对话框，如图 5 – 44 所示。"要修剪的曲线"选择图 5 – 45 中的曲线 1 和曲线 2，"边界对象 1"选择图 5 – 45 中的曲线 3，"边界对象 2"选择图 5 – 45 中的曲线 4，单击 确定 按钮完成曲线修剪，效果如图 5 – 46 所示。

图 5 – 44 "修剪"对话框

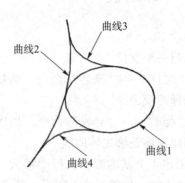

图 5 – 45 曲线选择

6）创建主体曲线连接曲线

执行"插入"→"曲线"→"艺术样条"或单击"曲线"工具条中的"艺术样条"图标 ，弹出如图 5 – 47 所示的"艺术样条"对话框。类型选择"通过点"，参数化的度设置为"5"，捕捉象限点绘制两条样条线，结果如图 5 – 48 所示。

图 5 – 46 修剪效果

图 5 – 47 "艺术样条"对话框

7）创建壶把轨迹曲线

用"草图"功能，在 XC – ZC 平面上绘制壶把轨迹。单击"草图"工具条中的"样条曲线"图标 ，同样弹出图 5 – 47 所示对话框。类型选择"通过点"，参数化的度设置为"5"，绘制如图 5 – 49 所示草图轮廓。图形形状可以自由控制，也可以通过标注尺寸控制，如图 5 – 50 所示。

8）创建壶把截面曲线

用"草图"功能，在图 5 – 51 所示的"创建草图"对话框中选择"类型"为"基于路径"，单击步骤 7）创建的轨迹曲线的点 1 的附近，设置"平面位置"的"位置"为"弧长百分比"，设置"弧长百分比"为 0，设置"平面方位"的"方向"为"垂直于轨迹"。单击 确定 按钮，进入草图界面，绘制如图 5 – 52 所示椭圆，椭圆尺寸可以通过图 5 – 53 所示窗口自由控制。

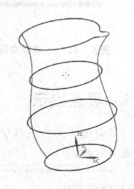

图 5 – 48 主体连接曲线

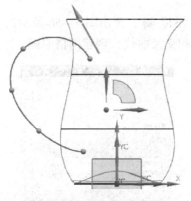

图 5 – 49 "通过点"创建艺术样条曲线

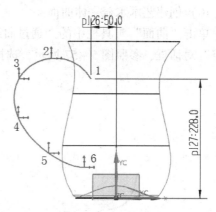

图 5 – 50 尺寸控制

图 5 – 51 "创建草图"对话框

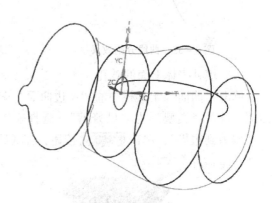

图 5 – 52 椭圆绘制

9）分割曲线段

执行"编辑"→"曲线"→"分割"，弹出图 5 – 54 所示的"分割曲线"对话框，设置"类型"为"等分段"，"段数"中的"分段长度"为"等参数"，"段数"为 2，选择图 5 – 43 中的曲线 1，把曲线等分成两段，如图 5 – 55 所示。

图 5 – 53 椭圆参数设置

图 5 – 54 "分割曲线"对话框

10）创建艺术水壶主体曲面

单击"曲面"工具栏中的"通过曲线网格"图标 ![]，弹出图5-56所示的"通过曲线网格"对话框，参照图5-57所示，选择主曲线和交叉曲线，创建网格曲面。

图5-55　曲线分割效果

图5-56　"通过曲线网格"对话框

11）填补壶体上面的破孔

单击"曲面"工具栏中的"N边曲面"图标 ![]，弹出图5-58所示的"N边曲面"对话框，设置"类型"为"已修剪"，选择壶体上面的曲面边沿，对话框中的"设置"选项为"修剪到边界"，单击 [确定] 按钮，完成破孔修补。创建N边的曲面，如图5-59所示。

图5-57　曲线选择

图5-58　"N边曲面"对话框

12）填补壶体下面的破孔

单击"曲面"工具栏中的"N边曲面"图标 ![]，弹出图5-60所示的"N边曲面"对话框，设置"类型"为"三角形"，选择壶体下面的曲面边沿，"形状控制"参数设置如图5-60所示，单击 [确定] 按钮，完成破孔修补。创建N边的曲面，如图5-61所示。

13）壶体底面倒圆角

单击"特征"工具栏中的"面倒圆"图标 ![]，弹出图5-62所示的"面倒圆"对话框，选择图5-63中对应的面链，设置"横截面"方式为"扫掠截面"，选择图5-63中的脊线，圆角半径尽量大点，自由控制，单击 [确定] 按钮，完成圆角创建。

图 5-59 填补效果

图 5-60 "三角形 N 边曲面"参数设置

图 5-61 "三角形 N 边曲面"效果

图 5-62 "面倒圆"对话框

14）缝合实体

单击"特征"工具栏中的"缝合"图标 📖，弹出如图 5-64 所示的"缝合"对话框，选择 5-65 所示对应的工具体和目标体，单击 确定 按钮，完成缝合实体创建。

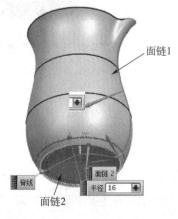

图 5-63 "面倒圆"效果

图 5-64 "缝合"对话框

要点提示

缝合曲面时，封闭的曲面缝合后成为实体，非封闭的曲面缝合后只是合并了曲面。

15）创建壶把

执行"插入"→"扫掠"→"沿引导线扫掠"，弹出图5-66所示"沿引导线扫掠"对话框，选择步骤8）创建的曲线作为"截面"，选择步骤7）创建的曲线作为"引导线"，单击 确定 按钮，完成壶把创建，效果如图5-67所示。

图5-65　"缝合"对象选择

图5-66　"扫掠"对话框

16）合并壶把和水壶主体

17）壶把和水壶主体交界处倒圆角，圆角尺寸自由控制，圆角尽量大且美观。

18）抽壳

使用"抽壳"功能中的"移除面，然后抽壳"方式，选择上表面作为移除面抽壳厚度为2，效果如图5-40所示。

19）水壶口部倒圆角

对水壶口部倒圆角，尺寸自由控制。

图5-67　"扫掠"效果

5.2.4　知识加油

一、曲线

1. 基本曲线（项目5.2已经应用）

该功能提供非关联曲线创建和编辑工具。选择"插入"→"曲线"→"基本曲线"选项或单击"曲线"工具条中的 图标，弹出如图5-68所示的"基本曲线"对话框和如5-69所示的"跟踪条"对话框。

图5-68　"基本曲线-直线"对话框

图5-69　"跟踪条"对话框

1）直线

📖无界：指建立的直线沿直线的方向延伸，不会有边界。

📖增量：系统通过增量的方式建立直线。给定起点后，可以在UG绘图区域任何位置单击鼠标左键，用以指定直线的结束点，也可以在跟踪条对话框中输入结束点相对于起点的增量。

📖点方法：通过下拉列表设置点的选择方式。共有"自动判断点""光标定位"等8种方式，图5-70所示为"点方法"下拉列表。

📖线串模式：把第一条直线的终点作为第二条直线的起点。

📖锁定模式：在画一条与图形工作区中的已有直线相关的直线时，由于涉及对其他几何对象的操作，锁定模式记住开始选择对象的关系，随后用户可以选择其他直线。

📖平行于：用来绘制平行于 XC 轴、YC 轴和 ZC 轴的平行线。

2）圆弧

在图5-68所示的对话框中单击 ◠ 图标，弹出如图5-70所示的"基本曲线"对话框。有些选项可以参照"直线"的介绍。

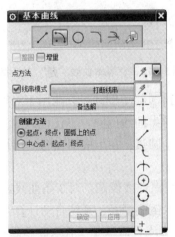

图5-70　"基本曲线-圆弧"对话框

📖整圆：绘制一个整圆。

📖备选解：在画圆弧过程中确定圆弧的创建方法，主要有"起点，终点，圆弧上的

点"和"中心点，起点，终点"两种。

3）圆

在图5－68所示的对话框中单击 ⊙ 图标，弹出如图5－71所示的"跟踪条"对话框和图5－72所示的"基本曲线"对话框。

图5－71　"圆"跟踪条

通过先指定圆心位置，然后指定半径或直径来绘制圆。当在图形工作区绘制了一个圆后，选择"多个位置"复选框，在图形工作区输入圆心后，生成与已绘制圆同样大小的圆。

4）圆角

在图5－73所示的对话框中单击图标 ▢ ，弹出如图5－73所示的"曲线倒圆"对话框。

图5－72　"基本曲线－圆"对话框

图5－73　"曲线倒圆"对话框

　　📖 ▢ 简单倒圆：只能用于对直线进行倒圆。

　　📖 ▢ 曲线倒圆：不仅可以对直线倒角，还可以对曲线倒圆。按照选择曲线的顺序逆时针产生圆弧，在生成圆弧时，用户也可以选择"修剪选项"来决定在倒圆角时是否裁剪曲线。

　　📖 ▢ 曲线倒圆：对3条曲线或直线进行倒圆。同2条曲线倒圆一样，不同的是不需要用户输入倒圆半径，系统自动计算半径值。

2. 直线和圆弧（项目5.2已经应用）

该命令用于创建直线或圆弧的特征。选择"插入"→"曲线"→"直线和圆弧"选项，打开如图5－74所示的"直线和圆弧"下拉菜单，在下拉菜单中有许多创建直线或圆弧的方法。这里以两个例子加以说明，读者可以举一反三进行练习。

1）创建与两圆相切的直线

（1）进入建模界面。

（2）选择"插入"→"曲线"→"直线和圆弧"选项，打开如图5－74所示的"直线和圆弧"下拉菜单。

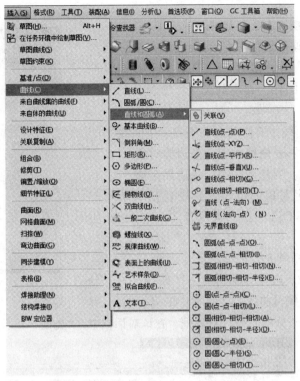

图 5 – 74 "直线和圆弧"下拉菜单图

（3）在下拉菜单中单击 图标，弹出如图 5 – 75 所示的"直线（相切 – 相切）"对话框。

（4）分别单击已建好的两圆。

（5）单击 确定 按钮，完成操作。

2）创建与 3 条曲线相切的圆

（1）进入建模界面。

（2）选择"插入"→"曲线"→"直线和圆弧"选项，打开如图 5 – 74 所示的"直线和圆弧"下拉菜单。

（3）在下拉菜单中单击 图标，弹出如图 5 – 76 所示的"圆（相切 – 相切 – 相切）"对话框。

图 5 – 75 "直线（相切 – 相切）"对话框 **图 5 – 76** "圆（相切 – 相切 – 相切)"对话框

（4）分别单击已建好的 3 条曲线。

（5）单击 确定 按钮，完成操作。

二、曲线编辑

1. 修剪曲线（项目5.2已经应用）

该功能用于修剪和延伸曲线到指定的位置，选择"编辑"→"曲线"→"修剪"选项或单击"编辑曲线"工具栏中的  图标，弹出如图5－77所示的"修剪曲线"对话框。

（1）要修剪的曲线：要修剪的一条或多条曲线。

（2）边界对象1：要修剪的第一条边界对象。

（3）边界对象2：要修剪的第二条边界对象。

（4）方向：确定对象的方位，其中包括"最短的3D距离""相对于WCS""沿一矢量方向""沿屏幕垂直方向"4种类型。

图5－77　"修剪曲线"对话框

2. 分割曲线（项目5.2已经应用）

将曲线分成多段。选择"编辑"→"曲线"→"分割"选项，或单击"编辑曲线"工具栏中的 图标，弹出如图5－78所示的"分割曲线"对话框。在该对话框中，"类型"下拉列表中有5个选项。

图5－78　"分割曲线"对话框

（1）等分段：将曲线分成相等的段。

（2）按边界对象：根据对象的边界把曲线分成多段。

（3）弧长段数：根据圆弧的长度把曲线分段。

（4）在结点处：根据指定的阶段对曲线进行分割。

（5）在拐角上：在样条曲线的拐角处对曲线进行分割分段。

3. 编辑圆角

单击"编辑曲线"工具栏中的 图标，弹出如图5－79所示的"编辑圆角"对话框，利用该对话框可以编辑圆角。

（1）自动修剪：系统根据圆角来裁剪其两条连接曲线。

（2）手工修剪：通过用户控制来完成裁剪工作。

（3）不修剪：对两条连接曲线不剪裁圆角。

4. 修剪圆角

该功能用于修剪两个曲线到它们的公共交点，形成它们的拐点。单击"编辑曲线"工具栏中的 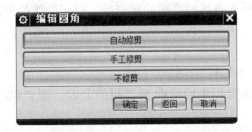 图标，弹出如图 5-80 所示的"修剪拐角"对话框，可对曲线进行修改。

图 5-79 "编辑圆角"对话框

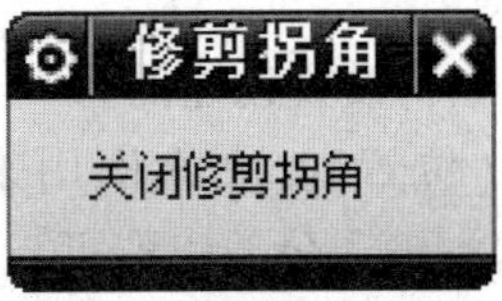

图 5-80 "修剪拐角"对话框

三、曲面

1. 直纹曲面

创建直纹曲面的方法是依据用户选择的两条截面线串来生成片体或者实体。在"曲面"工具条中单击"直纹"按钮 ，或执行"插入"→"网络曲面"→"直纹"选项，打开如图 5-81 所示的"直纹"对话框。

（1）截面线串 1：可以选择曲线，也可以选择点，图 5-82 所示的"截面线串 1"为五角星中心高出图 5-83 五角星轮廓线平面 10 mm 处的"点"。

（2）截面线串 2：为图 5-83 中五角星的轮廓线。

图 5-81 "直纹曲面"对话框

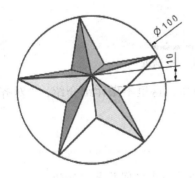

图 5-82 五角星效果

图 5-83 五角星轮廓线

（3）对齐：

📖 参数：沿截面以相等的参数间隔来隔开等参数曲线连接点。

📖 根据点：对齐不同形状的截面之间的点。

📖 弧长：沿定义截面以相等的弧长间隔来隔开等参数曲线连接点。

　　距离：按指定方向沿每个截面以相等的距离隔开点。这样会得到全部位于垂直于指定方向矢量的平面内的等参数曲线。

　　角度：围绕指定的轴线沿每条曲线以相等角度隔开点，这样得到所有在包含有轴线的平面内的等参数曲线。

　　脊线：将点放置在所选截面与垂直于所选脊线的平面的相交处。得到的体的范围取决于这条脊线的限制。

（4）设置：

　　体类型：设置创建的为"实体"或是"片体"。

　　G0（位置）：文本框用来设置指定曲线和生成的曲面之间的公差。在"G0（位置）"文本框中输入公差值即可。

2. 通过曲线组（项目5.1已经应用）

该方法是指通过一系列轮廓曲线（大致在同一方向）建立曲面或实体。轮廓曲线又叫截面线串。截面线串可以是曲线、实体边界或实体表面等几何体。执行"插入"→"网格曲面"→"通过曲线组"命令或者单击"曲面"工具栏中的"通过曲线组"图标 ，打开"通过曲线组"对话框，如图5-84所示。

图5-84　"通过曲线组"对话框

"通过曲线组"命令在"项目5.1"中已经被应用，这里不做详细介绍，"对齐"方式参考"直纹"曲面。

 要点提示

①直纹面只适用于两条截面线串，并且两条截面线串之间总是相连的；

②通过曲线组：相同方向的一组曲线，最多允许使用150条截面线串；

③通过曲线网络：两个方向的2组曲线，主方向的曲线最多3条，次方向的曲线最多150条。

3. 通过曲线网格（项目5.2、5.3和5.4已经应用）

该方法是指用主曲线和交叉曲线创建曲面的一种方法。执行"插入"→"网格曲面"→"通过曲线网格"命令或在"曲面"工具条中单击"通过曲线网格"按钮 ，打开如图5-85所示的"通过曲线网格"对话框。

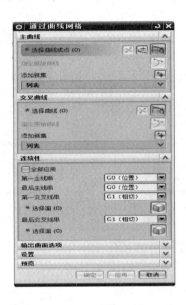

图-85　"通过曲线网络"对话框

"通过曲线网格"命令在项目5.2、5.3和5.4中已经应用，这里不做详细介绍。

要点提示

①"主曲线"环状封闭，可重复选择第一条交叉线作为最后一条交叉线，可形成封闭实体。

②选择"主曲线"时，点可以作为第一条截面线和最后一条截面线的可选对象。

③"主曲线"最多3条。

4. N边曲面（项目5.2和5.4已经应用）

N边曲面用于创建一组由端点相连曲线封闭的曲面，并指定其与外部面的连续性。执行"插入"→"网格曲面"→"N边曲面"命令或者单击"曲面"工具栏中的"N边曲面"图标 ，打开"N边曲面"对话框，如图5-86所示。

"N边曲面"命令在项目5.2和5.4中已经应用，这里不做详细介绍。

5. 面倒圆（项目5.2已经应用）

选择"插入"→"细节特征"→"面倒圆"选项，或者单击"特征"工具栏中的 图标，弹出如图5-87所示的"面倒圆"对话框。

1）面链

选择面链1：用于选择面倒角的第一个面集。选择第一个面集后，视图工作区会显示一个矢量箭头。此矢量箭头应该指向倒角的中心，如果默认的方向不符合要求，可单击 图标，使方向反向。

图 5 - 86   "N 边曲面"对话框   图 5 - 87   "面倒圆"对话框

☉ 选择面链 2：用于选择面倒角的第二个面集。在视图区选择第二个面集，同样可以设置方向。

2）截面方向

☉ 滚球类型：该方式只需要在绘图工作区中分别选择两个相交的面链，然后再指定一个倒圆半径即可创建出面倒圆，如图 5 - 88 所示。

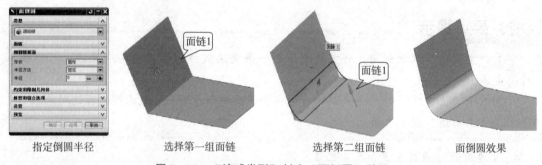

指定倒圆半径   选择第一组面链   选择第二组面链   面倒圆效果

图 5 - 88   "滚球类型"创建"面倒圆"效果

☉ "扫掠截面"：采用扫掠截面的方式来创建面倒圆，除了需要分别选择两个面链和指定倒圆半径之外，还需要指定脊线，则程序以脊线为标准自动生成面倒圆效果，如图 5 - 89 所示。

扫掠截面与滚动球不同的是，在倒圆横截面中多了个"选取脊曲线"选项，其余图标的含义和滚动球的相同。

3）形状

①圆形：选择该选项，则用定义好的圆盘与倒圆面相切进行倒圆。

②二次曲线：选择该选项，则用边界方法和边界半径创建倒圆角。

③不对称二次曲线：选择该选项，则用两个偏移方向构成的二次曲面进行倒圆角。

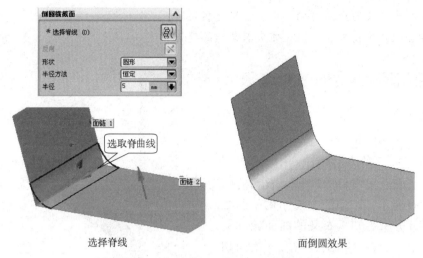

选择脊线 　　　　　　　　　　　　　　面倒圆效果

图 5 - 89　"扫掠截面"创建"面倒圆"效果

    📖 "偏置 1"方法：用于设置在第一面集上的偏置值。可以设置为"恒定的"和"规律控制的"两种方式。

    📖 "偏置 2"方法：用于设置在第二面集上的偏置值。可以设置为"恒定的"和"规律控制的"两种方式。

    📖 "Rho"方法：用于设置二次曲面拱高与弦高之比，Rho 值必须小于或等于 1。Rho 值越接近 0，则倒角面越平坦，否则越尖锐。可以设置为"恒定的""规律控制的"和"自动椭圆"3 种方式。

四、扫掠特征（项目 5.2 已经应用）

    沿引导线扫掠属于扫掠的一种，它是通过沿引导线的截面来创建实体的，其命令的使用步骤是：先选择零件的截面曲线，然后再切换到引导线选项进行选择。

    选择"插入"→"扫掠"→"沿引导线扫掠"选项，弹出"沿引导线扫掠"对话框。该命令在项目 5.2 中已经应用，这里不做详细介绍。

项目 5.3　衣叉零件建模

●项目要点

    本项目将运用基本曲线、曲线网络、缝合、等参数曲线、镜像体、扫掠、曲线编辑、桥接曲线、投影曲线和加厚等命令完成衣叉的零件建模。（操作课件见 Resources\教学课件\项目 5.3 衣叉零件建模；操作视频见 Resources\Teaching project\Ch05\衣叉 . avi；完成零件见 Resources\Teaching project\Ch05\yicha. prt。）

●项目目标

    ☑ 能通过图片并结合实际生活常识确定衣叉产品的尺寸；

☑ 能分析出衣叉的产品结构组成，构思建模思路；

☑ 能综合运用建模知识，快速完成衣叉产品建模。

● 项目实施

5.3.1 结构分析

本例将完成衣叉零件的建模。衣叉的图
片如图 5 – 90 所示。产品的主要结构是曲线
和曲面，通过分析可知，衣叉的曲面轮廓的
最大投影面由一组曲线组成，对衣叉横向切
片得到的曲线结构如图 5 – 91 中的步骤 1 所
示；衣叉与衣叉杆连接部分是一个大圆，衣
叉与衣叉头连接部分是一个小圆，因为衣叉
是对称结构，所以用半圆弧代替，如图 5 – 91
中的步骤 2 所示；衣叉头和衣叉尾的半圆柱
曲面通过网络曲面 1 和网络曲面 2 连接，如

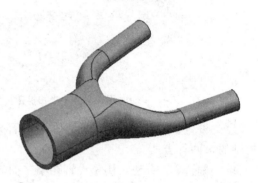

图 5 – 90 衣叉造型

图 5 – 91 中的步骤 3 和步骤 4 所示；因为衣叉是对称结构，通过镜像体完成曲面镜像，如图
5 – 91 中的步骤 5 所示；通过网络曲面 3 完成衣叉中间曲面，如图 5 – 91 中的步骤 6 所示；
镜像衣叉半边结构，并缝合曲面，效果如图 5 – 91 中的步骤 7 所示；最后给衣叉零件加厚，
变成实体，效果如图 5 – 91 中的步骤 8 所示。

5.3.2 建模思路

建模思路如图 5 – 91 所示。

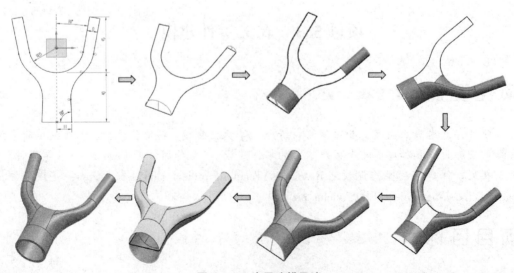

图 5 – 91 衣叉建模思路

5.3.3　产品建模

1）启动 UG

2）新建一个文件

执行"文件"→"新建"命令，给新文件指定路径和文件名，单击 **确定** 按钮。

3）选择建模命令

执行"开始"→"建模"命令，切换到建模模式。

4）创建衣叉最大投影面的轮廓曲线

使用"草图"功能，在 XC – YC 平面上绘制如图 5 – 92 所示的草图轮廓。

5）绘制两半圆弧中间点直线

执行"插入"→"曲线"→"直线"，弹出"直线"对话框，如图 5 – 93 所示。"起点"选择图 5 – 92 中的曲线 1 的中点，"终点或方向"设置为"zc 沿 ZC"，"限制"中的"距离"设置为 11，单击 **< 确定 >** 按钮，完成直线 1 的创建。

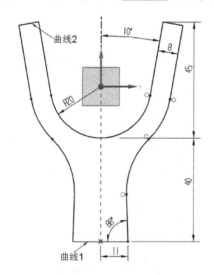

图 5 – 92　最大投影面的轮廓曲线

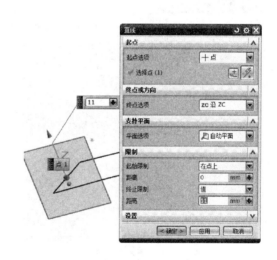

图 5 – 93　直线 1 的创建操作

同理，通过图 5 – 93 中的曲线 1 的中点完成直线 2 的创建，操作过程如图 5 – 94 所示。两根直线完成后的效果如图 5 – 95 所示。

6）创建大小圆弧

执行"插入"→"曲线"→"圆弧/圆"命令，弹出"圆弧/圆"对话框，如图 5 – 96 所示。类型选择"三点画圆弧"，"起点"选择图 5 – 96 所示的"点 1"，"端点"选择图 5 – 59 所示的"点 2"，"中点"选择图 5 – 59 所示的"点 3"，单击 **< 确定 >** 按钮，完成大圆弧创建。

同理，完成小圆弧的创建，效果如图 5 – 97 所示。

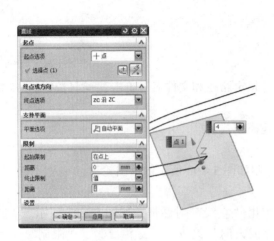

图 5 – 94　直线 2 的创建操作

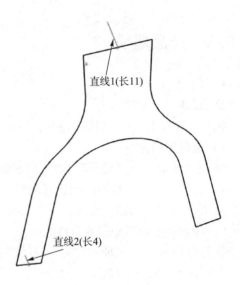

图 5 – 95　直线创建完成

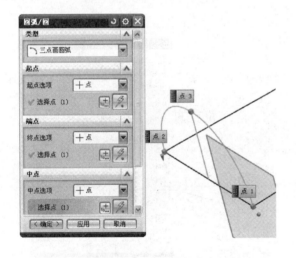

图 5 – 96　大圆弧创建

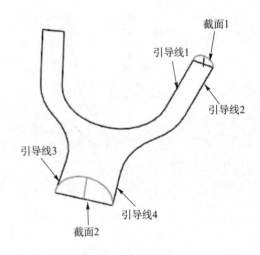

图 5 – 97　圆弧完成效果

7）创建扫掠曲面

执行"插入"→"扫掠"→"扫掠"命令，弹出"扫掠"对话框，如图 5 – 98 所示。

（1）扫掠曲面 1 的创建："截面"选择图 5 – 97 中的"截面 1"，引导线先选择图 5 – 97 中的"引导线 1"，然后单击图 5 – 98 中的"添加新集"或者单击鼠标右键，然后再选择图 5 – 97 中"引导线 2"，单击 <确定> 按钮，完成扫掠曲面 1 的创建。

（2）扫掠曲面 2 的创建："截面"选择图 5 – 97 中的"截面 2"，引导线先选择图 5 – 97 中的"引导线 3"，然后单击鼠标右键，选择图 5 – 97 中"引导线 4"，单击 <确定> 按钮，完成扫掠曲面 2 的创建。

8）拉伸曲面

执行"插入"→"设计特征"→"拉伸"命令，弹出"拉伸"对话框，选择图 5 – 99 所示的拉伸曲线为拉伸对象，输入拉伸高度为 10，单击 确定 按钮，完成拉伸曲面，效果如图 5 – 100 所示。

图 5 – 98　"扫掠"对话框

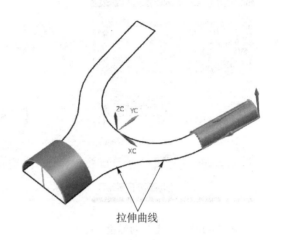

拉伸曲线

图 5 – 99　拉伸曲面对象选择

要点提示

　　在步骤7）和8）的操作过程中，选择曲线后，要设置曲线捕捉方式为"单条曲线"，否则选择相切曲线，影响操作意图。

9）等参数曲线

　　执行"插入"→"来自体的曲线"→"等参数曲线"命令，弹出如图 5 – 101 所示的"等参数曲线"对话框。"面"选择图 5 – 100 所示的"曲面 1"，"方向"设置为"U"向，"位置"设置为"通过点"。单击"点构造器"图标 📥，弹出如图 5 – 102 所示的"点"对话框，选择"点在曲线/边上"，"曲线"选择图 5 – 100 所示的"曲线 1"，"位置"设置为"弧长百分比"，"弧长百分比"设置为"50"，如图 5 – 103 所示。单击 ▭确定 按钮，退出"点"对话框，单击 ▭确定 按钮，退出"等参数曲线"对话框，完成图 5 – 104 所示的等参数曲线"曲线 3"。

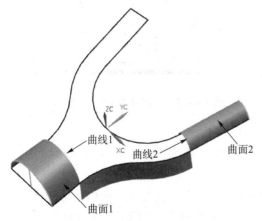

图 5 – 100　拉伸曲面效果

图 5 – 101　"等参数曲线"对话框

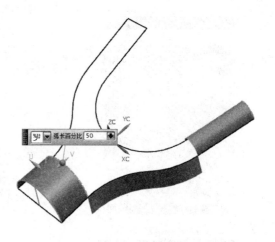

图 5 - 102   "点"对话框　　　　　　图 5 - 103   弧长选择

同理，通过图 5 - 100 中的"曲面 2"和"曲线 2"完成图 5 - 104 所示的等参数曲线"曲线 4"。

10）桥接曲线

执行"插入"→"来自曲线集的曲线"→"桥接"命令，弹出如图 5 - 105 所示的"桥接曲线"对话框。"起始对象"选择图 5 - 104 中的"曲线 3"的右端，"终止对象"选择选择图 5 - 104 中的"曲线 4"的左端，"形状控制"设置"类型"为"相切幅值"，其他默认，单击 ＜确定＞ 按钮，完成桥接曲线创建，如图 5 - 106 所示。

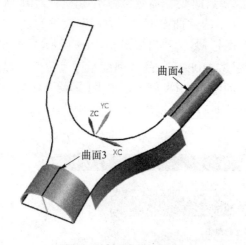

图 5 - 104   等参数曲线　　　　　图 5 - 105   "桥接曲线"对话框

11）创建网络曲面

单击"曲面"工具栏中的"通过曲线网格"图标 ，弹出图 5 - 107 所示的"通过曲线网格"对话框，参照图 5 - 108 所示选择对应主线串和交叉线串。在图 5 - 109 中"通过曲线网格"对话框的"连续性"选项中设置曲面约束关系："交叉曲线 1"的曲面边与图 5 - 108 的"相切面 1"相切，"交叉曲线 2"的曲面边与图 5 - 108 的"相切面 2"相切，"主曲线 1"的曲面边与图 5 - 108 的"相切面 3"相切，单击 确定 按钮，创建网格曲面，效果如图 5 - 110 所示。

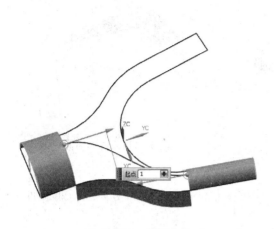

图 5 - 106 桥接曲线

图 5 - 107 "通过曲线网格"对话框

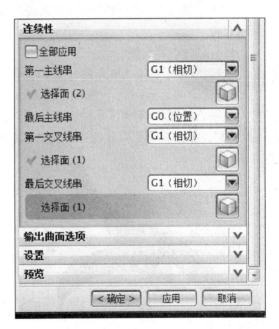

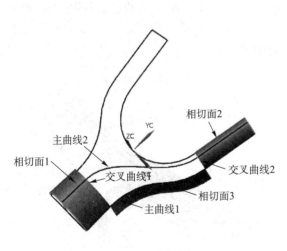

图 5 - 108 对象选择

图 5 - 109 曲面约束设置

12）拉伸曲面

执行"插入"→"设计特征"→"拉伸"，弹出"拉伸"对话框，选择图 5 - 110 所示的圆弧为拉伸对象，输入拉伸高度为"10"，单击 [确定] 按钮，完成拉伸曲面，效果如图5 - 111 所示。

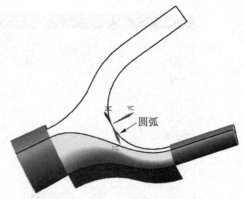

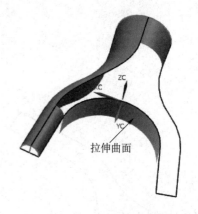

图 5 – 110　创建网格曲线　　　　　　　图 5 – 111　拉伸曲面

13）创建等参数曲线

通过"等参数曲线"命令抽取图 5 – 111 中的"拉伸曲面"的平分曲线，效果如图 5 – 112 所示。

14）创建连接直线

执行"插入"→"曲线"→"直线"命令，弹出"直线"对话框，创建如图 5 – 113 所示直线。

15）创建投影曲线

执行"插入"→"来自曲线集的曲线"→"投影"命令，弹出如图 5 – 114 所示的"投影曲线"对话框。"要投影的曲线或点"选择图 5 – 113 所示的"两点直线"，"要投影的对象"选择图 5 – 113 所示的"投影面"，"投影方向"选择"沿矢量"，"指定矢量"为"*ZC* 轴"，单击 〈确定〉 按钮，完成投影曲线的创建，如图 5 – 115 所示。

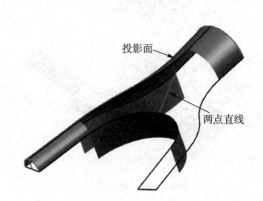

图 5 – 112　等参数曲线　　　　　　　图 5 – 113　连接直线

16）桥接曲线

通过"桥接曲线"命令连接图 5 – 115 所示的"投影曲线"和"等参数曲线"，效果如图 5 – 116 的"交叉曲线 1"所示。

图5-114 "投影曲线"对话框

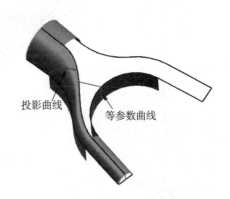

图5-115 投影曲线

17）创建网络曲面

单击"曲面"工具栏中的"通过曲线网格"图标 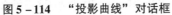，弹出"通过曲线网格"对话框，选择图5-116中对应的主线串和交叉线串。"通过曲线网格"对话框的"连续性"选项中设置曲面约束关系："交叉曲线1"的曲面边设置为"G0（位置）"，"交叉曲线2"的曲面边设置为与图5-116的"相切面3"相切，"主曲线1"的曲面边与图5-116的"相切面1"相切，"主曲线2"的曲面边与图5-116的"相切面2"相切，单击 确定 按钮，创建网格曲面，效果如图5-117所示。

18）创建修剪用等参数曲线

执行"插入"→"来自体的曲线"→"等参数曲线"命令，弹出"等参数曲线"对话框。"面"选择图5-117所示的面，"方向"设置为"U"向，"位置"设置为"通过点"。单击"点构造器"图标 ，弹出"点"对话框，选择"点在曲线/边上"，"曲线"选择图5-117所示曲面的边界"半圆弧"，"位置"设置为"弧长百分比"，"弧长百分比"设置为"30"，单击 确定 按钮，退出"点"对话框，单击 确定 按钮，退出"等参数曲线"对话框，完成图5-117所示的等参数曲线。

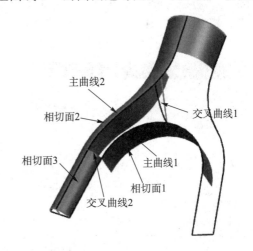

图5-116 "网络曲面"对象选择

19）创建连接直线

执行"编辑"→"曲线"→"长度"命令，弹出如图5-118所示的"曲线长度"对话框，选择图5-117所示的等参数曲线，选择"右边"箭头，输入长度为"32.5"，单击 确定 按钮，完成曲线延长，效果如图5-119所示。

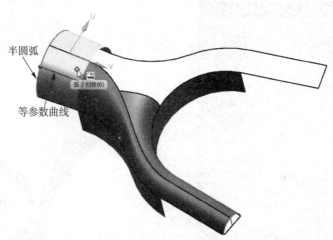

图 5 - 117　等参数曲线

20）缝合曲面

执行"插入"→"组合"→"缝合"命令，弹出如图 5 - 120 所示的"缝合"对话框，"目标"选择图 5 - 119 所示的"曲面 1"，"工具"选择图 5 - 119 所示的"曲面 2"，单击 确定 按钮，完成曲面缝合成一体。

21）修剪缝合曲面

执行"插入"→"修剪"→"修剪片体"命令，弹出如图 5 - 121 所示的"修剪片体"对话框，"目标"选择步骤 20）所缝合的曲面，"边界对象"选择图 5 - 119 所示的"延长曲线"，"投影方向"设置为"沿矢量"，"指定矢量"为 ZC 轴，"区域"选择"保持"，单击 确定 按钮，片体修剪，效果如图 5 - 122 所示。

图 5 - 118　"曲线长度"对话框

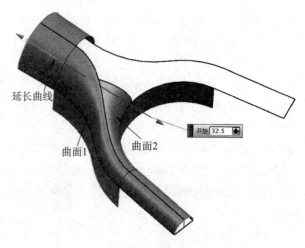

图 5 - 119　曲线延长

图 5 - 120　"缝合"对话框

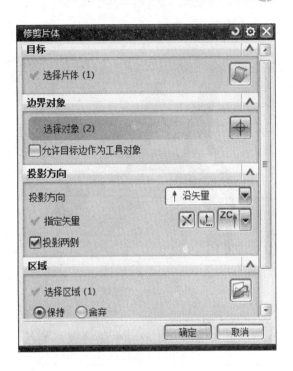

图 5 - 121　"修剪片体"对话框

22）镜像曲面

执行"开始"→"NX 钣金"命令，进入"NX 钣金"功能模块，再执行"插入"→"关联复制"→"镜像体"命令，弹出如图 5 - 123 所示的"镜像体"对话框。"体"选择图 5 - 122 所示的"曲面 1"和"曲面 2"，"镜像平面"选择图 5 - 122 所示的"Z - Y 平面"，单击 确定 按钮，完成镜像曲面，效果如图 5 - 124 所示。完成镜像曲面后，再按 Ctrl + M 组合键回到"建模"模块。

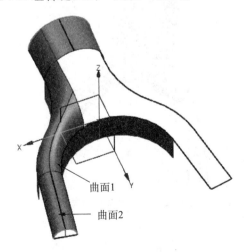

图 5 - 122　曲面修剪效果

图 5 - 123　"镜像体"对话框

23）桥接曲线

通过"桥接曲线"命令连接图 5 - 124 所示的"曲线 1"和"曲线 2"，效果如图 5 - 125

的"主曲线2"所示。

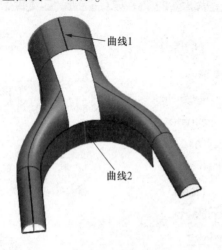

图 5 – 124　镜像效果

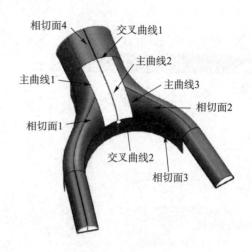

图 5 – 125　对象选择

24）网络曲面

单击"曲面"工具栏中的"通过曲线网格"图标，弹出"通过曲线网格"对话框，选择图 5 – 125 所示对应主线串和交叉线串，在"通过曲线网格"对话框的"连续性"选项中设置曲面约束关系："交叉曲线 1"的曲面边设置为与"相切面 4"相切，"交叉曲线 2"的曲面边设置为与"相切面 3"相切，"主曲线 1"的曲面边与"相切面 1"相切，"主曲线 3"的曲面边与"相切面 2"相切，单击 确定 按钮，创建网格曲面，效果如图 5 – 126 所示。

25）隐藏多余曲线和拉伸面

按 Ctrl + B 组合键隐藏拉伸曲面和所有的曲线，效果如图 5 – 127 所示。

图 5 – 126　创建网络曲面

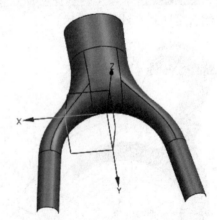

图 5 – 127　隐藏多余对象

26）缝合曲面

缝合图 5 – 127 中所有的曲面。

27）镜像曲面

执行"开始"→"NX 钣金"命令，进入"NX 钣金"功能模块，再执行"插入"→"关联复制"→"镜像体"命令。通过"镜像平面"$X – Y$ 平面镜像步骤 26）中的缝合曲面，效果如图5-128所示。完成镜像曲面后，再按Ctrl+M组合键回到"建模"模块。

28）缝合曲面

缝合图5-128中所有的曲面。

29）加厚曲面

执行"插入"→"偏置/缩放"→"加厚"命令，弹出如图5-129所示的"加厚"对话框，"面"选择步骤28）缝合的曲面，"偏置"设置为1.5，其余默认，单击 确定 按钮，完成加厚曲面，效果如图5-130所示。

图5-128　镜像曲面

图5-129　"加厚"对话框

图5-130　加厚效果

❋ 知识加油

一、曲线

1. 直线（项目5.3已经应用）

该命令用来创建直线。选择"插入"→"曲线"→"直线"选项，或单击"曲线"工具条中的 ／ 图标，弹出如图5-131所示的"直线"对话框。图5-132所示为创建与 *ZC* 轴平行的直线操作界面。

（1）起点：设置直线的起点。直线的起点共有"自动判断""点""相切"3个选项。

（2）终点或方向：设置直线的终点的方位。

（3）支持平面：设置直线平面的位置，包括"自动平面""锁定平面"和"选择平面"3种。

（4）限制：主要设置直线的起始限制、距离、终止限制等位置。

2. 圆弧和圆（项目5.3已经应用）

该命令用来创建圆弧和圆的特征。选择"插入"→"曲线"→"圆弧/圆"选项，

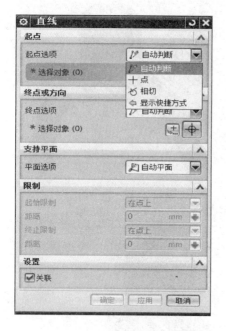

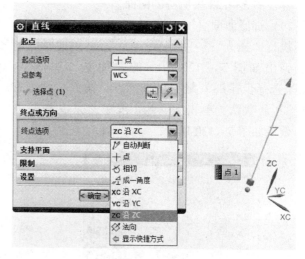

图 5 - 131　"直线"对话框　　　　图 5 - 132　与 ZC 轴平行的直线创建

或单击"曲线"工具条中的图标 ，弹出"圆弧/圆"对话框。圆弧的类型有如下两种。

（1）三点画圆弧：选择起点、终点、中点绘制圆弧，如图 3 - 133 所示。

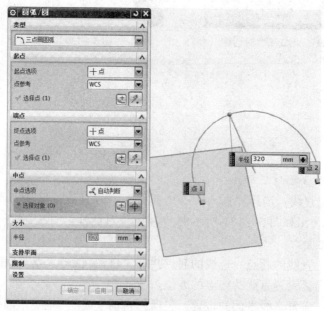

图 5 - 133　"三点画圆弧"创建

（2）从中心开始的圆弧/圆：先选择圆心，再确定通过点的方式或者圆弧大小的方法绘制圆弧，如图 5 - 134 所示。

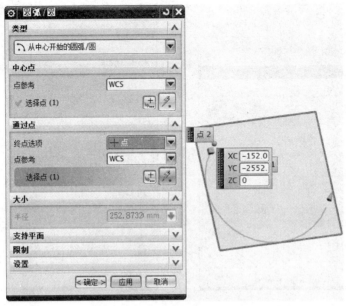

图 5 - 134　"从中心开始的圆弧/圆"创建

二、曲线编辑

1. 拉长曲线（项目 5.3 已经应用）

单击"编辑曲线"工具栏中的 图标或选择"编辑"→"曲线"→"拉长"选项，弹出如图 5 - 135 所示的"拉长曲线"对话框，利用该对话框可实现拉长曲线功能。

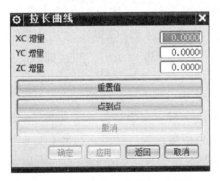

图 5 - 135　"拉长曲线"对话框

2. 曲线长度

在曲线的端点处延伸或收缩一定的长度，使达到总的曲线长。选择"编辑"→"曲线"→"曲线长度"选项或单击"编辑曲线"工具栏中的 图标，弹出如图 5 - 136 所示的"曲线长度"对话框，根据对话框的提示能获得总的曲线长。

3. 光顺样条

该功能是利用最小化曲率大小或曲率变化来移除样条的小缺陷。选择"编辑"→"曲线"→"光顺样条"选项或单击"编辑曲线"工具栏中的 图标，弹出如图 5 - 137 所示的"光顺样条"对话框，根据对话框能得到光顺的样条曲线，达到美化的效果。

图 5-136 "曲线长度"对话框

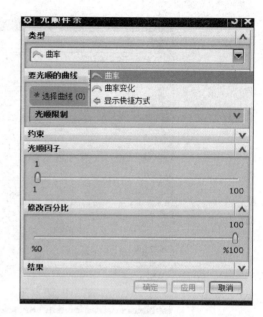

图 5-137 "光顺样条"对话框

（1）曲率：利用最小曲率值来光顺样条曲线。

（2）曲率变化：利用最小化整条曲线的曲率变化来光顺样条曲线。

三、来自曲线集的曲线

1. 桥接曲线（项目 5.3 已经应用）

桥接曲线用于连接两条分离的曲线、实体或曲面的边缘，并对其进行约束。单击"曲线"工具条上的"桥接曲线"命令图标 或单击"插入"→"来自曲线集的曲线"→"桥接曲线"选项，即可弹出如图 5-138 所示的"桥接曲线"对话框，图 5-139 所示为桥接曲线的效果图。

（1）起始对象：选择一个对象，以定义曲线的起点。

（2）终止对象：选择对象或矢量，指定是否要定义曲线的终点。

（3）连接性：为开始和结束单独设置连续性、位置和方向。

　开始/结束：用于指定要编辑的点为起点或终点。可以为桥接曲线的起点与终点单独设置连续性、位置及方向选项。

　连续性：包括 G0（位置）、G1（相切）、G2（曲率）和 G3（流）4 个选项。

　位置：包括"圆弧""弧长百分比""参数百分比"和"通过点"4 个选项。

　方向：允许用户基于所选几何体定义曲线方向，包括"相切"（定义拾取点处指向桥接曲线终点的切矢方向）、"垂直"（强制选择点处指向桥接曲线终点的法向）。

（4）约束面：为桥接曲线指定约束面。

（5）半径约束：为复杂转换指定值。

（6）形状控制：用于设定桥接曲线的形状。可通过设置相切幅值、深度和歪斜、二次及参考成型曲线的方式来控制桥接曲线的形状。

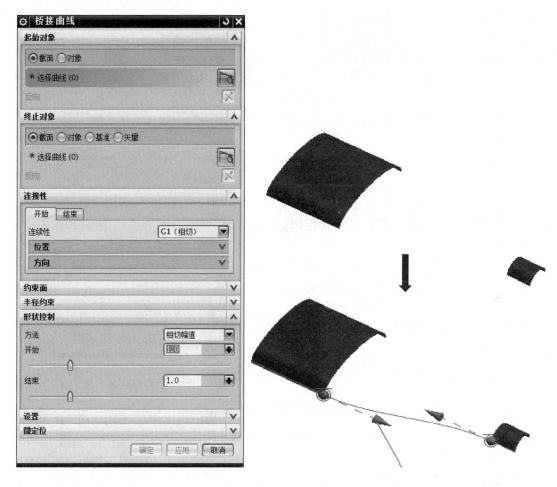

图 5 - 138　"桥接曲线"对话框　　　　　图 5 - 139　"桥接曲线"效果图

📖相切幅值：通过改变桥接曲线与起始/终止曲线连接点处的切线矢量值来控制桥接曲线的形状。切矢量值可通过拖曳滑杆或在文本框中直接输入的方法设置。

📖深度和歪斜：深度控制曲线的曲率对桥的影响大小，其值表示曲率影响的百分比，而歪斜控制最大曲率的位置（如果选择"反向"选项，则控制曲率的反向），其值表示沿桥从起点到终点的距离百分比。

📖二次：桥接曲线是一条二次曲线，其形状通过控制二次曲线的 Rho 值来控制。该方式只在相切连续方式下才有效。

📖参考成型曲线：需要指定一条曲线，以使桥接曲线的形状与其相似。

2. 投影曲线（项目 5.3 已经应用）

使用投影曲线命令可以将曲线、边和点投影到片体、面和基准平面上。可以调整投影朝向指定的矢量、点或面的法向，或者与它们成一角度。单击"曲线"工具条上的"投影曲线"命令图标 🖳 或单击"插入"→"来自曲线集的曲线"→"投影曲线"选项，即可弹出如图 5 - 140 所示的"投影曲线"对话框。

（1）要投影的曲线或点：用于选择要投影对象的曲线、边、点或草图，也可以使用"点构造器"来创建点。

（2）要投影的对象：选择要投影的面、小平面化的体或基准平面，也可以使用完整平面工具来创建平面作为要投影的平面。

（3）投影方向：用于指定投影方向。使用沿面的法向或沿矢量方法将对象投影到平面上是精确的。所有其他投影都使用建模公差值的近似投影。

📖 沿面的法向：将所选点或曲线沿着曲面或平面的法线方向投影到此曲面或平面上。

📖 朝向点：将所选点或曲线与指定点相连，与投影曲面的交线即为点或曲线在投影面上的投影。

📖 朝向直线：将所选曲线向指定线投影，在投影面上的交线即为投影曲线，如图5－141所示。

📖 沿矢量：将所选的点或曲线沿指定的矢量方向投影到投影面上。

📖 与矢量所成的角度：与沿矢量相似，除了指定一个矢量外，还需要设置一个角度。

图5－140　"投影曲线"对话框

（4）缝隙：桥接投影曲线中任何两个段之间的小缝隙，并将这些段连接为单条曲线。仅当同时满足以下条件时才桥接缝隙：缝隙距离小于最大桥接缝隙大小中定义的距离；缝隙距离大于指定的公差。

（5）设置：设置是否关联。

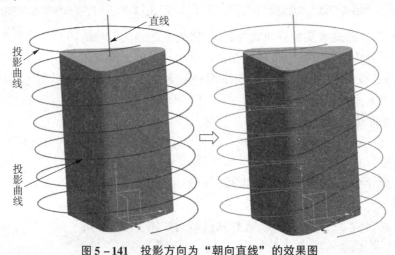

图5－141　投影方向为"朝向直线"的效果图

（6）预览：设置是否预览。

3. 连结曲线

通过"连结曲线"命令可以将多段曲线合并，以生成一条与原先曲线近似的样条曲线。各曲线之间不能有间隔，否则会出错。单击"曲线"工具条上的"连结曲线"命令图标或单击"插入"→"来自曲线集的曲线"→"连结曲线"选项,即可弹出如图 5 – 142 所示的"连结曲线"对话框。图 5 – 143 为"连结曲线"的效果图。

图 5 – 142　"连结曲线"对话框

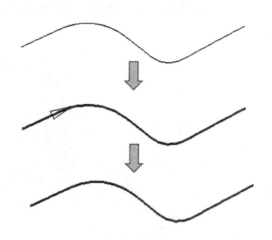

图 5 – 143　"连结曲线"的效果图

四、细节特征

1. 加厚(项目 5.3 已经应用)

"加厚"命令是通过选择面对其增加一定厚度及通过变化所需增加厚度的值来实现的。所选择的面(需要增加厚度的面)可以是片体,也可以是实体的面。单击"插入"→"偏置/缩放"→"加厚"选项,即可弹出如图 5 – 144 所示的"加厚"对话框。

"加厚"命令在项目 5.3 中已经应用,这里不做详细介绍。

2. 缩放体

"缩放体"命令是将实体或者片体按一定的比例进行缩放,一般应用在模具设计中,用之计算收缩比。单击"插入"→"偏置/缩放"→"缩放体"选项,即可弹出如图 5 – 145 所示"缩放体"对话框。

图 5 – 144　"加厚"对话框

图 5 – 145　"缩放体"对话框

缩放类型如下。

📖 **常规缩放**：可以分别规定 X、Y、Z 轴三个方向的缩放比值，如图 5 – 146 所示的圆球，在"缩放体"对话框中输入参数后，结果如图 5 – 147 所示。

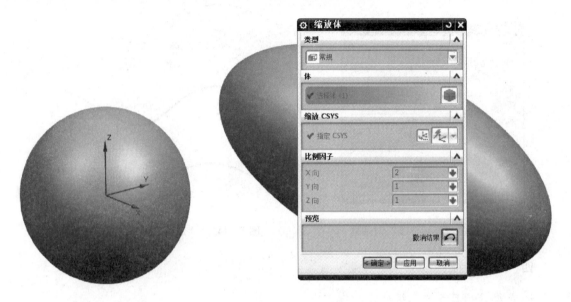

图 5 – 146　缩放前圆球　　　　　　　　　　图 5 – 147　"常规"缩放后的效果

📖 **轴对称缩放**：是沿一个轴对零件进行缩放，此时只能选一个轴，这个轴可以是 X 向、Y 向或 Z 向，在"缩放体"对话框中输入参数后，结果如图 5 – 148 所示。

📖 **均匀缩放**：是对零件的 X、Y、Z 轴执行同一比例的缩放，按相同的比例增大或缩小；模具设计中，为零件添加缩放率，使用的就是此功能。

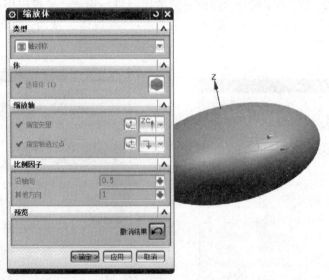

图 5 – 148　"轴对称"缩放后的效果

项目5.4　塑料汤勺零件建模

●项目要点

　　本项目将分析塑料汤勺的图片，综合运用曲线（组合投影曲线）、曲面（修剪曲面）、缝合等命令，根据现实产品尺寸，完成塑料汤勺零件的建模。（操作课件见 Resources\教学课件\项目 5.4 塑料汤勺零件建模；操作视频见 Resources\Teaching project\Ch05\塑料汤勺.avi；完成零件见 Resources\Teaching project\Ch05\suliaotangshao.prt。）

●项目目标

　　☑ 能通过图片并结合实际生活常识确定塑料汤勺产品的尺寸；
　　☑ 能分析出塑料汤勺的产品结构组成，构思建模思路；
　　☑ 能综合运用建模知识，快速完成塑料汤勺产品建模。

●项目实施

5.4.1　结构分析

　　本例将完成塑料汤勺零件的建模，塑料汤勺的图片如图 5-149 所示。产品的主要结构是曲线和曲面，通过对实体分析，初步确定塑料汤勺的主要曲线和截面尺寸，如图 5-150 所示。塑料汤勺的曲面轮廓由一组曲线组成。主体轮廓曲线如图 5-151 步骤 1 所示，构成塑料汤勺主体框架；截面轮廓曲线如图 5-151 步骤 2 新增的曲线所示，构成塑料汤勺的截面结构；塑料汤勺的把柄曲面可以通过"网络曲面"初步构建，如图 5-151 的步骤 3 所示；把柄多余部分通过"剪切曲面"命令切除，如图 5-151 步骤 4 所示；塑料汤勺勺体侧面曲面可以通过"网络曲面"构建，如图 5-151 步骤 5 所示；塑料

图 5-149　塑料汤勺造型

汤勺勺体底面曲面可以通过"N 边曲面"构建，如图 5-151 步骤 6 所示。塑料汤勺主体曲面封闭后可以缝合成实体，如图 5-151 步骤 7 所示；通过"抽壳"命令给塑料汤勺适当的厚度，完成塑料汤勺结构设计，如图 5-151 步骤 8 所示。

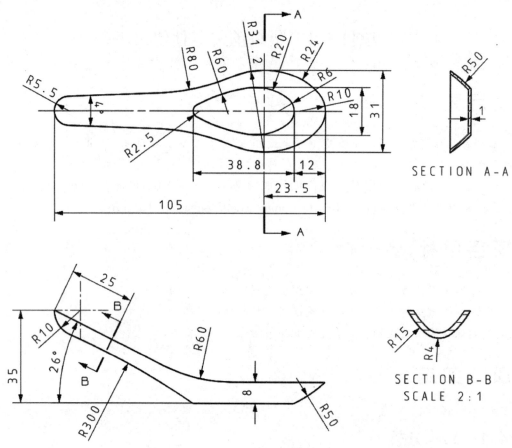

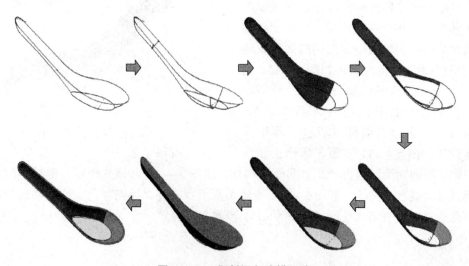

图 5-150   塑料汤勺主要曲线和截面尺寸

5.4.2   建模思路

建模思路如图 5-151 所示。

图 5-151   塑料汤勺建模思路

5.4.3 产品建模

1）启动 UG

2）新建一个文件

执行"文件"→"新建"命令，给新文件指定路径和文件名，单击 确定 按钮。

3）创建塑料汤勺主体轮廓曲线 1

单击"部件导航器"，选中"基准坐标系"，单击鼠标右键，弹出下拉菜单，鼠标单击"显示"按钮，如图 5-152 所示，显示系统"基准坐标系"。

使用"草图"功能，在 $ZC-YC$ 平面上绘制草图曲线，草图结构、尺寸和约束如图 5-153 所示。

4）创建塑料汤勺主体轮廓曲线 2

使用"草图"功能，在 $XC-YC$ 平面上绘制草图曲线，草图结构、尺寸和约束如图 5-154 所示。

5）创建组合曲线

单击"曲线"工具条上的"组合投影"命令图标 或单击"插入"→"来自曲线集的曲线"→"组合投影"

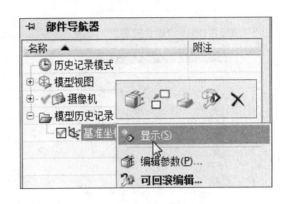

图 5-152　显示"基准坐标系"

选项，即可弹出如图 5-155 所示的"组合投影"对话框。对话框中的"曲线 1"选择图 5-156 所对应的"曲线 1"，"投影方向"为"垂直于曲线平面"；对话框中的"曲线 2"选择图 5-156 所对应的"曲线 2"，"投影方向"为"垂直于曲线平面"；单击 确定 按钮，完成组合投影曲线，如图 5-156 中的"组合投影曲线"所示。

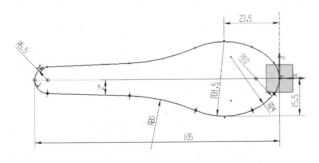

图 5-153　主体轮廓曲线 1 草图

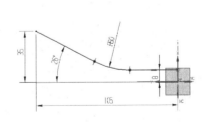

图 5-154　主体轮廓曲线 2 草图

6）创建塑料汤勺底部曲线

单击草图图标 ，弹出如图 5-157 所示对话框，绘图平面选择 $ZC-YC$ 平面，单击 确定 按钮，进入草图模式。单击 ，在草图任务环境中打开草图界面，绘制草图曲线，草图结构、尺寸和约束如图 5-158 所示。

7）创建侧面草图

在 $XC-YC$ 平面上创建如图 5-159 所示的草图，对草图完全约束。

图5－155　"组合投影"对话框

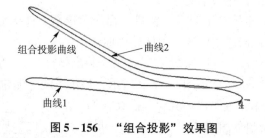

图5－156　"组合投影"效果图

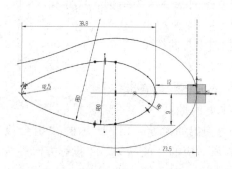

图－157　"创建草图"对话框

图5－158　塑料汤勺底部曲线

8）创建 AA 剖面草图

（1）创建 AA 基准平面：单击"基准平面"图标 ⬚，弹出"基准平面"对话框，选择"按某一距离"，选择 XC－ZC 平面，输入距离"－23.5"，创建 AA 基准平面，如图5－160所示。

（2）创建"基准点"：单击"基准点"图标 ✚，弹出"基准点"对话框，"类型"选择

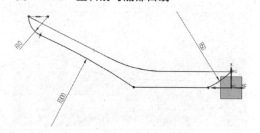

图5－159　侧面草图

"交点"模式，"曲线、曲面或平面"选择图5－161所示的"AA 剖面"的基本平面，"要相交的曲线"选择图5－161所示的"曲线1"，单击 确定 按钮，完成图5－161所示的"点1"创建。用同样的方法，通过"AA 剖面"和"曲线2"完成"点2"的创建。

（3）在 AA 平面上创建如图5－162所示的草图，使用约束命令，使圆弧的底部的点与图5－161中的"点1"和"点2"重合。

9）创建 BB 剖面草图

（1）创建 BB 剖面基准平面：显示步骤4）所创建塑料汤勺主体轮廓曲线2，单击"基准平面"图标 ⬚，弹出"基准平面"对话框，选择"点和方向"，选择"主体轮廓曲线2"左边端点，偏置输入距离"25"，创建 BB 基准平面，如图5－163所示。

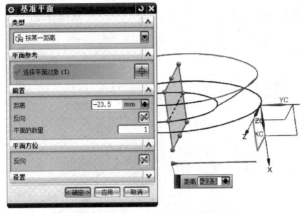

图 5-160 AA 基准平面创建

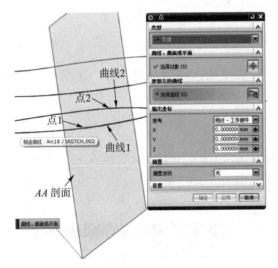

图 5-161 交点创建

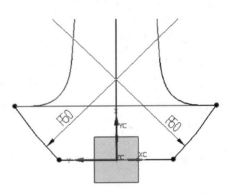

图 5-162 AA 剖面曲线

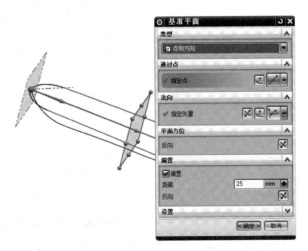

图 5-163 BB 基准平面创建

（2）创建3个基准点：通过"基准点"命令，创建"*BB* 基准平面"与"曲线3"的相交点3、"*BB* 基准平面"与"曲线4"的相交点4、"*BB* 基准平面"与"曲线5"的相交点5，如图5–164所示。

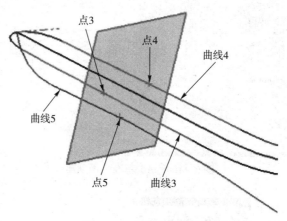

图5–164　基准点创建

（3）在 *BB* 平面上创建如图5–165所示的草图，使用约束命令，使圆弧的各点与图5–165中的"点3""点4"和"点5"重合。

10）移动到图层

执行"格式"→"移动到图层"，弹出图层对话框，把"*AA* 基准平面"和"*BB* 基准平面"移动到26图层；把步骤3）创建的"塑料汤勺主体轮廓曲线1"放在23图层；把步骤4）创建的"塑料汤勺主体轮廓曲线2"放在25图层，把"点1""点2""点3""点4"和"点5"放在27图层，如图5–166所示。

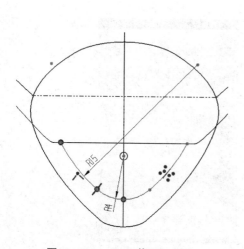

图5–165　"*BB* 截面"创建

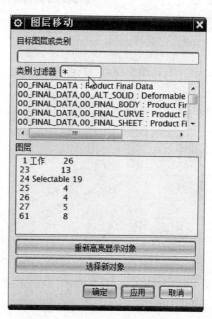

图5–166　移动到图层

11）汤匙控制曲线的构建

（1）构建桥接曲线：选择"插入"→"来自曲线集的曲线"→"桥接"，"起始对象"选择"AA 截面"一端圆弧，"连续性"处设置"开始"的"连续性"为"G1 相切"，"位置"为"弧长百分比"，"%"为"0"；"结束对象"选择"AA 截面"另一端圆弧，设置同"起始对象"，单击 确定 按钮，完成如图 5－167 所示的桥接曲线。

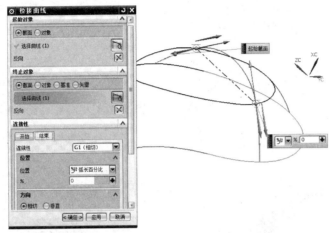

图 5－167　**BB** 截面创建

（2）创建基准点：创建基准平面 ZC－YC 平面与图 5－167 中创建的桥接曲线的交点 6，如图 5－168 所示。

（3）创建样条曲线：选择"插入"→"曲线"→"艺术样条"，选择"通过点"方式，阶次为"2"，选择如图 5－168 所示的曲线端点，选择 G1 连续，然后再选择点 6，单击 确定 按钮，完成样条曲线的创建，效果如图 5－168 所示。

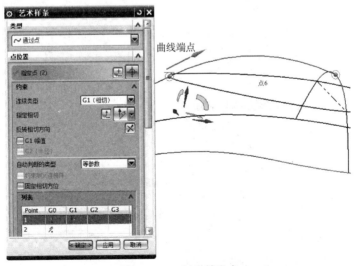

图 5－168　创建基准点

12）创建勺子把曲面

📖单击"曲面"工具条中的"通过曲线网格"曲面图标 ，弹出"通过曲线网格"对话框。

📖 "主曲线"选择图 5 – 169 所示的"端点"作为"主线串 1",单击"MB2";选择"主线串 2",单击"MB2",选择"主线串 3"。

📖 "交叉线串"选择图 5 – 169 所示的"交叉线串 1",单击"MB2";选择"交叉线串 2";单击 MB2;选择"交叉线串 3",单击 MB2。

📖 单击 <u>确定</u> 按钮,完成勺子把曲面的初步创建。效果如图 5 – 170 所示。

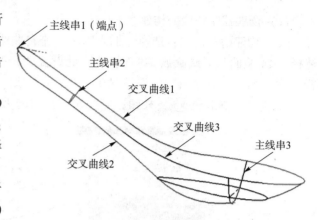

图 5 – 169　勺子把曲面创建曲线选择

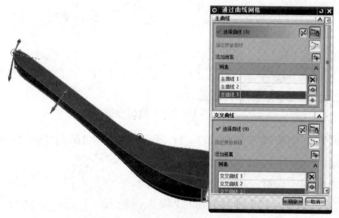

图 5 – 170　勺子把曲面效果

13) 修剪片体

(1) 创建修剪片体基准平面:通过部件导航器显示基准坐标系。单击"基准平面"图标 ▢,弹出"基准平面"对话框,选择"按某一距离",选择 ZC – YC 平面,输入距离"8",创建修剪基准平面,如图 5 – 171 所示。

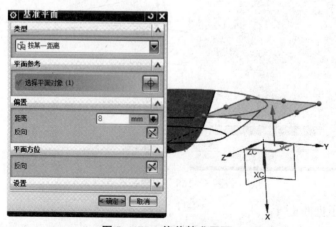

图 5 – 171　修剪基准平面

（2）选择修剪片体：通过部件导航器隐藏基准坐标系。选择"插入"→"修剪"→"修剪片体"，弹出"修剪片体"对话框，选择图 5－172 所示的片体作为"目标片体"，选择图 5－172 所示的的平面作为"边界对象"，"区域"选择"舍弃"，单击 [确定] 按钮，完成修剪片体。

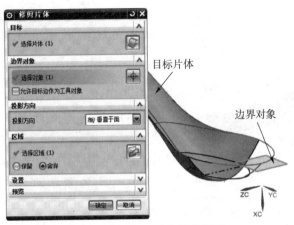

图 5－172　修剪片体操作界面

14）创建勺体网格曲面 1

单击"通过曲线网格"图标，弹出"通过曲线网格"对话框，按照如图 5－173 所示分别指定网格曲面的定义线串。在"连续性"选项中，选择"第一主线串"和"最后主线串"的约束选项为"G0（位置）"；在对话框中选择"第一交叉线串"为"G1（相切）"，相切面为图 5－174 所示的相切面，"最后交叉曲面"为"G0（位置）"，单击 [确定] 按钮，完成网格曲面的构建。

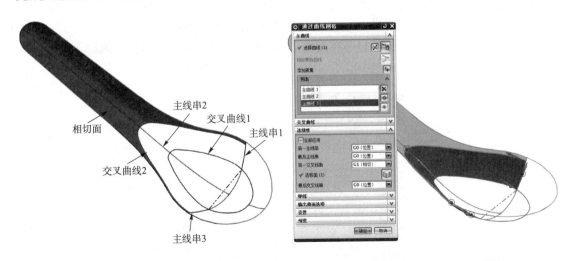

图 5－173　勺体网格曲面 1 对象选择　　　　图 5－174　勺体网格曲面 1 效果

15）创建勺子前部的网格曲面 2

单击"通过曲线网格"图标，弹出"通过曲线网格"对话框，按照如图 5－175 所示分别指定网格曲面的定义线串。在"连续性"选项中，选择"第一主线串"和"最后主线串"的约束选项为"G1（相切）"，相切面为图5－175所示的相切面；在对话框中选择"第一交叉线串"和"最后交叉曲面"为"G0（位置）"，单击 确定 按钮，完成网格曲面的构建，效果如图5－176所示。

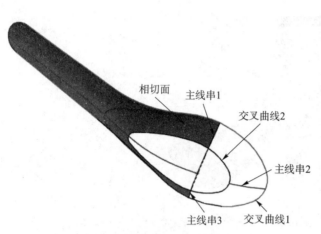

图5－175　勺体网格曲面2对象选择

图5－176　勺体网格曲面2效果

 要点提示

　　创建网络曲面时，在选择主线串和交叉线串时，应该合理选择曲线的类型，同时应该激活"选择意图"工具中的"在相交处停止"选项图标 ╫。

16）创建底部有界曲面

在勺子底部创建一个有界曲面，单击"N边曲面"图标 ，弹出"N边曲面"对话框，"外环"选择图5－177所示的外环曲线，"设置"修剪到边界，单击 确定 按钮，完成底部曲面构建。

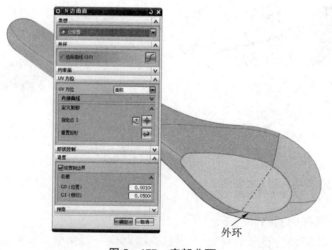

图5－177　底部曲面

17）创建顶部有界曲面

在勺子顶部创建一个有界曲面，单击"N边曲面"图标 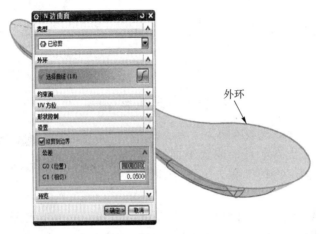，弹出"N边曲面"对话框，"外环"选择图5-178所示的外环曲线，"设置"修剪到边界，单击 **确定** 按钮，完成顶部曲面构建。

图5-178　顶部曲面

18）缝合片体为实体

执行"插入"→"组合"→"缝合"，弹出"缝合"对话框，使用"缝合"命令将所有片体缝合，缝合结果为一实体模型。

19）创建边倒圆

在塑料勺子底部创建 $R1.5$ 的边倒圆。

20）创建抽壳特征

对塑料勺子进行抽壳操作，壁厚为1，选择塑料勺子顶部曲面，完成抽壳操作，效果如图5-149所示。

❀ 知识加油

一、组合投影曲线（项目5.4已经应用）

"组合投影"命令可在两条投影曲线的相交处创建一条新的曲线，这两条曲线的投影必须相交，如图5-179所示。单击"曲线"工具条上的"来自曲线集的曲线下拉菜单"下的"组合投影"图标 𝕏 ，或执行"插入"→"来自曲线集的曲线"→"组合投影"命令，打开"组合投影"对话框，如图5-180所示。

1."曲线1"和"曲线2"

📖 选择曲线：用于分别选择第一个和第二个要投影的曲线链。

📖 反向：反转显示方向。

📖 指定原始曲线：当选择"曲线1"或"曲线2"的曲线环时可用。用于从该曲线环中指定原始曲线。

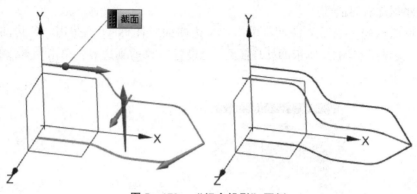

图 5 –179   "组合投影"图例

2. "投影方向1"和"投影方向2"

 方向：用于通过"垂直于曲线平面"和"沿矢量"两种方式分别为第一个和第二个选定曲线链指定方向。

 指定矢量：将"方向"设置为"沿矢量"时出现。可以采用"矢量构造器"或者"自动判断的矢量"两种方式指定矢量。

 反向：反转显示方向。

3. 设置

 关联：创建与输入曲线和定义数据关联的组合投影曲线。当原始曲线被修改时，组合投影曲线在需要时也会进行更新。

 输入曲线：指定创建曲线时对原始输入曲线的处理。可用选项有"保留""隐藏""删除"和"替换"。

 曲线拟合：在创建或编辑组合投影曲线特征的同时指定拟合方法。可用的方法有"三次""五次"和"高级"。

图 5 –180   "组合曲线"对话框

二、修剪片体（项目5.4已经应用）

执行"插入"→"修剪"→"修剪片体"命令，弹出如图 5 –181 所示的"修剪片体"对话框。"修剪片体"对话框中的部分选项说明如下。

（1）目标：选择要修剪的目标曲面体。

（2）边界对象：包括以下选项。

 选择对象：选择修剪的工具对象，该对象可以是面、边、曲线或基准平面。

 允许目标边作为工具对象：帮助将目标片体的边作为修剪对象过滤掉。

（3）投影方向：可以定义要做标记的曲面/边的投影方向。

 垂直于面：通过曲面法向投影选定的曲线或边。

 垂直于曲线平面：将选定的曲线或边投影到曲面上，该曲面将修剪为垂直于这些曲线或边的平面。

📖沿矢量：用于将沿矢量方向定义为投影方向。

（4）区域：可以定义在修剪曲面时选定的区域是保留还是舍弃。

📖选择区域：用于选择在修剪曲面时将保留或舍弃的区域。

📖保留：在修剪曲面时保留选定的区域。

📖放弃：在修剪曲面时放弃选定的区域。

（5）设置：

📖保存目标：修剪完片体，被修剪的片体还保留原来的片体形状，同时增加一片修剪后的曲面。

📖输出精确的几何体：设置修剪的公差值

图 5 - 181　"修剪片体"对话框

三、缝合（项目 5.2、5.3 和 5.4 已经应用）

缝合功能通过将公共边缝合在一起来组合片体或通过缝合公共面来组合实体。执行"插入"→"组合"→"缝合"命令，弹出如图 5 - 182 所示的"缝合"对话框。

（1）类型：选项说明如下。

📖片体：选择曲面作为缝合对象。

📖实体：选择实体作为缝合对象。

（2）目标：选项说明如下。

📖选择片体：当类型为"片体"时，目标为"选择片体"，用来选择目标片体，但只能选择一个片体作为目标片体，如图 5 - 182 所示。

📖选择面：当类型为"实体"时，目标为"选择面"，用来选择目标实体面，如图 5 - 183 所示。

图 5 - 182　"缝合（片体）"对话框

图 5 - 183　"缝合（实体）"对话框

（3）工具：选项说明如下。

📖选择片体：当类型为"片体"时，工具为"选择片体"，用来选择工具片体，可以选择多个片体作为工具片体，如图5-182所示。

📖选择面：当类型为"实体"时，工具为"选择面"，用来选择工具实体面，如图5-183所示。

（4）设置：选项说明如下。

📖输出多个片体：选中该复选框，缝合的片体为封闭时，缝合后生成的是片体；不选中该复选框，缝合后生成的是实体。

📖公差：用来设置缝合公差。

●自主项目

1. 自主学习项目——吹风机喷嘴设计
功能模块：

草图	实体	曲面	装配	制图
√	√	√		

功能命令：
草图、回转、椭圆、通过曲线组、布尔求和、拉伸、抽壳、边倒圆等。
素材：如图5-184所示。

图5-184 素材

2. 自主学习项目——苹果
功能模块：

草图	实体	曲面	装配	制图
√		√		

功能命令：

基本曲线、艺术样条、扫掠、通过曲线网格等。

素材：如图 5－185 所示。

图 5－185　素材

3. 自主学习项目——风扇

功能模块：

草图	实体	曲面	装配	制图
	√	√		

功能命令：

圆柱、简单孔、投影曲线、直纹面、加厚、边倒圆、引用几何体、布尔求和等。

素材：如图 5－186 所示。

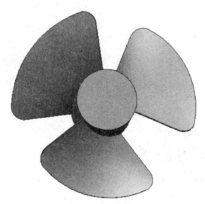

图 5－186　素材

4. 自主学习项目——打火机外壳

功能模块：

草图	实体	曲面	装配	制图
	√	√		

功能命令：
草图、拉伸、曲线、通过曲线、扫掠、布尔求和、边倒圆等。
素材：如图 5 – 187 所示。

图 5 – 187　素材

5. 自主学习项目——耳机
功能模块：

草图	实体	曲面	装配	制图
√		√		

功能命令：
基本曲线、组合投影、相交曲线、桥接曲线、通过曲线网格等。
素材：如图 5 – 188 所示。

图 5 – 188　素材

模块6

基于零件的装配建模

一个产品都是由多个零件组成的，这些零件由不同的工程师或者供应商提供，零件在正式生产前，都要对零件进行模拟装配，来检查零件设计是否有干涉，如果产品有运动关系，还要对产品进行运动仿真，来检测产品的连接关系是否合理。通过这些工作可以及时发现问题，及时调整零件尺寸，避免了在生产中返工，降低了公司的研发成本。

操作视频

装配模块是 UG NX 8.0 集成环境中的一个应用模块，它可以将产品中的各个零件模块快速组合起来，从而形成产品的总体机构。装配过程其实就是在装配中建立部件之间的链接关系，即通过关联条件在部件间建立约束关系，以确定部件在产品中的位置。

根据装配体与零件之间的引用关系，可以有 3 种创建装配体的方法，即"自底向上装配""自顶向下装配"和"混合装配"。

自底向上装配：先设计单个零部件，在此基础上进行装配生成总体设计。所创建的装配体将按照组件、子装配和总装配的顺序进行排列，并利用关联约束条件进行逐级装配，从而形成装配模型。

自顶向下装配：首先设计完成装配体，并在装配级中创建零部件模型，然后将其中子装配模型或单个可以直接用于加工的零件模型另外存储。

混合装配：将"自底向上装配"和"自顶向下装配"结合在一起的装配方法。

本模块主要讲解自底向上装配模块。

一、装配的特点

①装配时通过链接几何体而不是复制几何体，多个不同的装配可以共同使用多个相同的部件，因此所需内存少，装配文件小。

②既可以使用自底向上，又可以使用自顶向下的方法创建装配。

③可以同时打开和编辑多个部件，并且可以在装配导航器中打开和编辑组件几何体。

④装配以图形表示，而无须编辑底层几何体。

⑤装配将自动更新，以反映引用部件的最新版本。

⑥通过指定组件间的约束关系来在装配中定位它们。

⑦装配导航器提供装配结构的图形显示，可以选择和操控组件以用于其他功能。

⑧将装配用于其他应用模块，尤其是制图和加工。

二、装配术语

①组件成员：也称为"组件几何体"，是在装配中显示的组件部件中的几何对象。如果使用引用集，则组件成员可以是组件部件中所有几何体的一个子集。

②显示部件：当前显示在图形窗口中的部件。

③工作部件：可以创建和编辑几何体的部件。工作部件可以是已显示的部件，也可以是包含在已显示的装配部件中的所有组件文件。显示一个零件时，工作部件总与显示的部件相同。

④关联设计：按照组件几何体在装配中的显示对它直接进行编辑的功能。可选择其他组件中的几何体来帮助建模。

⑤组件成员：也称为"组件几何体"，是在装配中显示的组件部件中的几何对象。如果使用引用集，则组件成员可以是组件部件中所有几何体的一个子集。

⑥显示部件：当前显示在图形窗口中的部件。

⑦工作部件：可以创建和编辑几何体的部件。工作部件可以是已显示的部件，也可以是包含在已显示的装配部件中的所有组件文件。显示一个零件时，工作部件总与显示的部件相同。

⑧关联设计：按照组件几何体在装配中的显示对它直接进行编辑的功能。可选择其他组件中的几何体来帮助建模。

项目 6.1　脚轮装配

●项目要点

本项目将运用装配模块中的接触对齐、固定和中心等命令和爆炸模块完成脚轮组件的装配。（操作课件见 Resources\教学课件\项目 6.1 脚轮装配；操作视频见 Resources\Teaching project\Ch06\6.1\脚轮装配.avi；完成零件见 Resources\Teaching project\Ch06\6.1\Jiaolun。）

●项目目标

☑ 能分析出脚轮组件的结构组成，构思装配思路；
☑ 能综合装配知识，快速完成脚轮的装配和脚轮的装配爆炸图。

●项目实施

6.1.1　结构分析

本例将完成脚轮装配（图 6 – 1）和爆炸图。本项目共有 5 个零件：chajia. prt、dianquan. prt、lunzi. prt、xiao. prt、zhou. prt。本项目的难点是装配命令的灵活应用,特别是"中心"约束的应用场合。

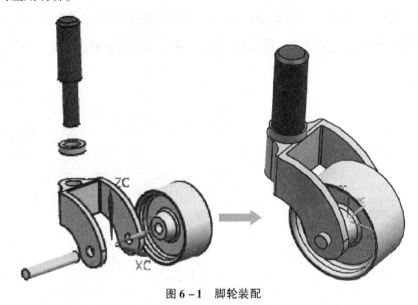

图 6 - 1　脚轮装配

6.1.2　装配思路

本项目采用自底向上装配方法,具体的装配思路如图 6 - 2 所示。

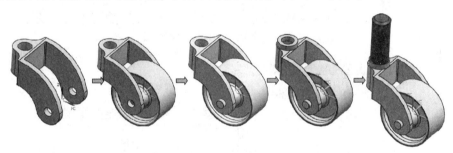

图 6 - 2　脚轮装配思路

6.1.3　脚轮装配

1. 新建装配文件

将本例所用到的部件文件都复制到装配文件所在的目录 D:\jiaolun 下,创建一个单位为毫米,模板为"装配",名称为 jiaolun_asm1. prt 的文件,并保存在 D:\jiaolun 下,单击 确定 按钮,进入装配界面,如图 6 - 3 所示。

2. 添加组件 chajia 并定位

1) 添加组件 chajia

单击装配界面下方的"装配"工具条上的"添加组件"命令图标 ▓,单击"添加组件"对话框中的"打开"按钮，弹出部件文件选择对话框，选取 chajia. prt 文件。参数设置：将"定位"设为"绝对原点"、"Reference Set"为"模型"、"图层选项"为"原始的"，其余选项保持默认值，如图 6 – 4 所示。单击 <确定> 按钮，完成组件 chajia 的添加。

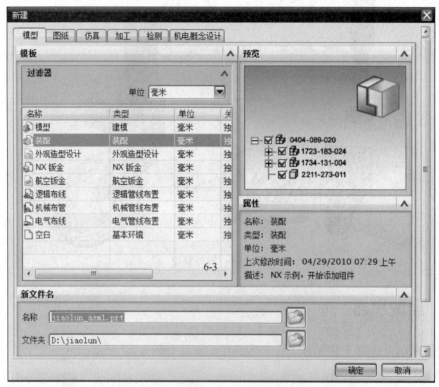

图 6 – 3 新建"装配"操作界面

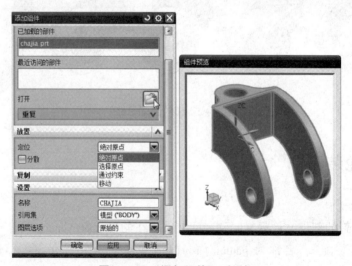

图 6 – 4 "添加组件"对话框

2）为组件 chajia 添加装配约束

单击"装配"工具条上的"装配约束"命令图标 ，在"类型"下拉列表中选择"固定"，选择刚添加的组件 chajia，如图 6 – 5 所示。单击 <确定> 按钮，完成对组件 chajia

的约束。

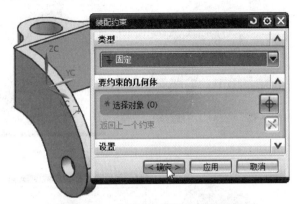

图6-5 "固定"装配约束对话框

3. 添加组件 lunzi 并定位

1）添加组件 lunzi

调用"添加组件"工具，并选取 lunzi. prt 文件，如图6-6所示。参数设置：设置"定位"为"通过约束"、"Reference Set"为"模型"、"图层选项"为"原始的"，其余选项保持默认值。

单击 确定 按钮，弹出"装配约束"对话框。

2）定位组件 lunzi

①添加对齐约束：在"类型"下拉选项中选择"接触对齐"，选择"方位"为"自动判断中心/轴"，如图6-7所示。依次选择图6-8中所示的中心线1和中心线2，单击 应用 按钮，完成第一组装配约束。

图6-6 添加轮子操作

图6-7 "接触对齐"装配约束对话框

②添加中心约束：在"类型"下拉选项中选择"中心"，设置"子类型"为"2对2"，如图6-9所示。依次选择图6-8所示的面1、面3、面2和面4（面1和面2相对、面3和面4相对），单击 应用 按钮，完成第二组装配约束。

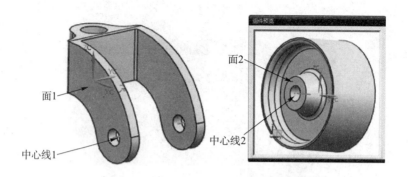

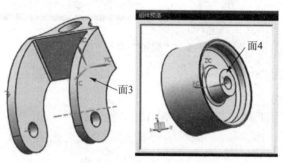

图 6 - 8　装配轮子对象选择

③单击 < 确定 > 按钮，完成轮子的定位，结果如图 6 - 10 所示。

图 6 - 9　"中心"装配约束对话框

图 6 - 10　装配轮子效果

4. 添加组件 xiao 并定位

1）添加组件 xiao

调用"添加组件"工具，并选取 xiao. prt 文件，其参数设置同组件 lunzi，单击
< 确定 > 按钮，弹出"装配约束"对话框。

2）定位组件 xiao

①在"类型"下拉选项中选择"接触对齐"，选择"方位"为"自动判断中心/轴"，
依次选择图 6 - 11 所示的中心线 3 和中心线 4，完成第一组装配约束。

②在"类型"下拉选项中选择"中心",设置"子类型"为"2 对 2",依次选择图 6 – 11 所示的面 1、面 2、面 6 和面 5（面 1 和面 6 相对、面 2 和面 5 相对），完成第二组装配约束。

③单击 <确定> 按钮，完成销的定位，结果如图 6 – 12 所示。

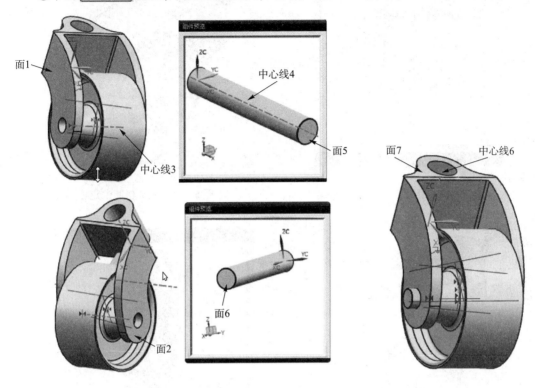

图 6 – 11　装配销对象选择　　　　　图 6 – 12　完成销的定位

5. 添加组件 dianquan 并定位

1）添加组件 dianquan

调用"添加组件"工具，并选取 dianquan. prt 文件，其参数设置同组件 lunzi，单击 <确定> 按钮，弹出"装配约束"对话框。

2）定位组件 dianquan

①在"类型"下拉选项中选择"接触对齐"，选择"方位"为"接触"，依次选择图 6 – 12 所示的面 7 和图 6 – 13 所示的面 8，完成第一组装配约束。

②类型保持不变，选择"方位"为"自动判断中心/轴"设置，依次选择图 6 – 12 所示的中心线 5 和图 6 – 13 所示的中心线 6，完成第二组装配约束。

③单击"确定"按钮，完成垫圈的定位，结果如图 6 – 14 所示。

6. 添加组件 zhou 并定位

1）添加组件 zhou

调用"添加组件"工具，并选取 zhou. prt 文件，其参数设置同组件 lunzi，单击 <确定> 按钮，弹出"装配约束"对话框。

2）定位组件 zhou

①在"类型"下拉选项中选择"接触对齐"，选择"方位"为"接触"，依次选择图 6 – 15 所示的面 9 和图 6 – 16 所示的面 10，完成第一组装配约束。

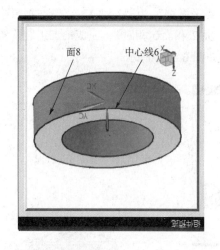

图6-13　装配垫圈选择对象

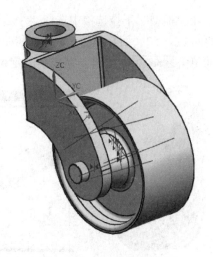

图6-14　完成垫圈的定位

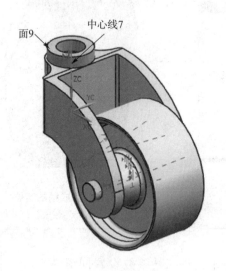

图6-15　装配轴选择对象1

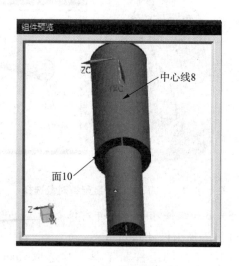

图6-16　装配轴选择对象2

②类型保持不变，选择"方位"为"自动判断中心/轴"设置，依次选择图6-15所示的中心线7和图6-16所示的中心线8，完成第二组装配约束。

③单击 <确定> 按钮，完成轴的定位，结果如图6-17所示。

6.1.4　脚轮装配爆炸图

单击装配界面下方的"装配"工具条上的"爆炸图"命令图标 ，弹出"爆炸图"工具栏，如图6-18所示。单击"爆炸图"工具栏中的"新建爆炸图"命令图标 ，弹出"新建爆炸图"对话框，输入爆炸图的名称为 jiaolun_asm1，如图6-19所示，单击 确定 按钮，激活"爆炸图"工具栏。

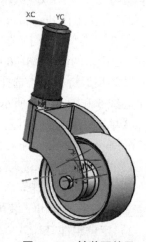

图6-17　轴装配效果

图 6 – 18　　"爆炸图"工具条

1. 创建组件 zhou 的爆炸位置

单击"爆炸图"工具栏中的"编辑爆炸图"命令图标 ，弹出如图 6 – 20 所示的"编辑爆炸图"对话框。选择图 6 – 21 中的 zhou 作为"选择对象"，再单击"移动对象"，在 zhou 上会出现图 6 – 21 所示动态坐标，单击 Z 轴箭头，输入距离为120，单击 确定 按钮，完成 zhou 的爆炸位置创建，如图 6 – 22 所示。

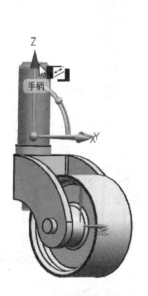

图 6 – 19　　"新建爆炸图"对话框

图 6 – 20　　"编辑爆炸图"对话框

图 6 – 21　轴选择

图 6 – 22　轴爆炸效果

要点提示

①创建爆炸图，一般按照组件装配的逆顺序来逐个爆炸组件。

②在"编辑爆炸图"对话框中，应该先单击"选择对象"，选择好对象后，再单击"移动对象"才会出现动态坐标系，不能跳过"选择对象"这一步，否则不能操作。

2. 创建组件 dianquan 的爆炸位置

创建组件 dianquan 的爆炸位置与创建组件 zhou 的爆炸位置的方法步骤一样，只是输入距离为"40"，完成效果如图 6 – 23 所示。

3. 创建组件 xiao 的爆炸位置

单击"爆炸图"工具栏中的"编辑爆炸图"命令图标，弹出"编辑爆炸图"对话框，选择图 6 – 24 中的 xiao 作为"选择对象"，再单击"移动对象"，在 xiao 上会出现图 6 – 24 所示动态坐标，单击 Y 轴箭头，输入距离为" – 100"，单击 确定 按钮，完成 xiao 的爆炸位置创建。

4. 创建组件 lunzi 的爆炸位置

创建组件 lunzi 的爆炸位置与创建组件 xiao 的爆炸位置的方法步骤一样，只是输入距离为"100"，完成效果图如图 6 – 25 所示。

图 6 – 23　垫圈爆炸效果

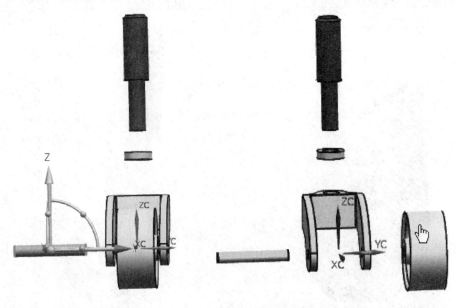

图 6 – 24　销爆炸效果　　　　　图 6 – 25　轮子爆炸效果

❀ 知识加油

一、组件装配

1. 添加组件（项目 6.1 已经应用）

添加已存在的组件到装配体中是自底向上装配方法中的一个重要步骤，是通过逐个添加已存在的组件到工作组件中作为装配组件，从而构成整个装配体的。此时，若组件文件发生了变化，所有引用该组件的装配体在打开时将自动更新相应组件文件。

选择菜单区"装配"→"组件"→"添加组件"选项，或单击"装配"工具条中的  图标，弹出如图 6 – 26 所示的"添加组件"对话框。

1）"已加载的部件"列表框

在该列表框中显示已弹出的部件文件，若要添加的部件文件已存在于该列表框中，可以直接选择该部件文件。

2）"打开"按钮

单击 ⬛ 按钮，弹出如图 6 – 27 所示的"部件名"对话框，在该对话框中选择要添加的部件文件（ * . prt）。

图 6 – 26 "添加组件"对话框

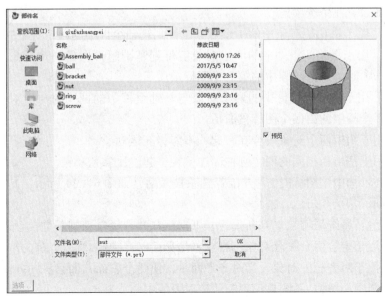

图 6 – 27 "部件名"对话框

3）定位

用于指定组件在装配中的定位方式。其下拉列表中提供了"绝对原点""选择原点"

"通过约束"和"移动"等4种定位方式。其详细概念将在后面介绍。

  📖绝对原点：用于按"绝对原点"方式添加组件到装配的操作。

  📖选择原点：用于按"绝对定位"方式添加组件到装配的操作。在如图6-26所示对话框中选择该选项，单击 **确定** 按钮，弹出"点"对话框，该对话框用于指定组件在装配中的目标位置。

  📖通过约束：用于按照配对条件确定组件在装配中的位置，后面详细介绍。

  📖移动：如果使用配对的方法不能满足用户的实际需要，还可以通过简易编辑的方式进行定位，后面详细介绍。

4）引用集

用于改变引用集。默认引用集是MODEL，表示只包含整个实体的引用集。用户可以通过其下拉列表选择所需的引用集。

5）层选项

用于设置将组件添加到装配组件中的哪一层，其下拉列表中包括"工作""原先的"和"如定义的"3个选项。

2. 约束（项目6.1已经应用）

在菜单区选择"装配"→"组件"→"装配约束"选项，或单击"装配"工具条中的 🔳 图标，弹出如图6-28所示的"装配约束"对话框。该对话框用于通过配对约束确定组件在装配中的相对位置。

（1）约束类型：

①角度：用于在两个对象之间定义角度尺寸。角度约束可以在两个具有方向矢量的对象间产生，角度是两个方向矢量间的夹角。这种约束允许配对不同类型的对象。

②中心：用于约束两个对象的中心对齐。选中该图标时，"中心对象"选项被激活，其下拉列表中包括以下几个选项。

  📖1对2：用于将相配对象中的一个对象定位到基础组件中的两个对象的对称中心上。

  📖2对1：用于将相配组件中的两个对象定位到基础组件中的一个对象上，并与其对称。当选择该选项时，选择步骤中的第三个图标被激活。

  📖2对2：用于将相配组件中的两个对象与基础组件中的两个对象成对称布置。选择该选项时，选择步骤中的第四个图标被激活。

③胶合：用于约束两个对象胶合在一起，不能相互运动。

④拟合：用于把半径相同的两个圆柱面连接在一起。比如孔和销。

⑤接触对齐：选中该图标时，"方位"选项被激活，如图6-29所示，其下拉列表中包括以下几个选项。

  📖首选接触：系统采用自动判断模式，根据用户的选择自动判断是接触还是对齐。

  📖接触：用于定位两个贴合对象。当对象是平面时，它们共面且法向方向相反。

  📖对齐：用于对齐相配对象。当对齐平面时，使两个表面共面且法向方向相同。

  📖自动判断中心/轴：系统自动判断所选对象的中心或轴。

⑥固定：用于约束对象固定在某一位置。

⑦平行：用于约束两个对象的方向矢量彼此平行。

⑧垂直：用于约束两个对象的方向矢量彼此垂直。

图 6 − 28　"装配约束"对话框

图 6 − 29　"接触对齐"对话框

⑨同心：用于约束两个对象同心。

⑩距离：用于指定两个相配对象间的最小三维距离，距离可以是正值也可以是负值，正负号确定相配对象是在目标对象的哪一边。当选择该选项时，"距离表达式"文本框被激活，该文本框用于输入要偏置的距离值。

（2）要约束的几何体：用于选择需要约束的几何体。

（3）设置：

📖动态定位：用于设置是否显示动态定位。

📖关联：用于设置所选对象是否建立关联。

📖移动曲线和管线布置对象：用于设置是否可以通过移动曲线和管线布置对象。

📖动态更新管线布置实体：用于设置是否动态更新管线布置实体。

3. 移动组件

选择"装配"→"组件"→"移动组件"选项，或单击"装配"工具条中的图标，弹出"类选择"对话框，在视图区选择要移动的组件，单击　确定　按钮，弹出如图 6 − 30 所示的"移动组件"对话框。

（1）动态：系统根据用户鼠标所选位置动态定位组件。

（2）通过约束：通过装配约束定位组件。

（3）点到点：用于采用点到点的方式移动组件。选择该选项，弹出"点"对话框，提示先后选择两个点，系统根据这两点构成的矢量和两点间的距离，来沿着这个矢量方向移动组件。

（4）增量 XYZ：用于平移所选组件。选择该选项，弹出如图 6 − 31 的"变换"对话框。该对话框用于沿 X、Y 坐标轴方向移动一个距离。如果输入的值为正，则沿坐标轴正向移动；反之，沿负向移动。

（5）距离：通过沿矢量方向的距离来定位组件。

（6）角度：用于绕轴线旋转所选组件。选择该选项，通过"点"对话框定义一个点，通过"矢量"对话框定义一个矢量,用来旋转组件。

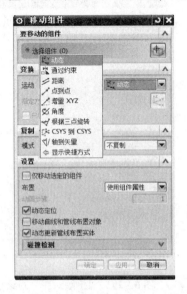

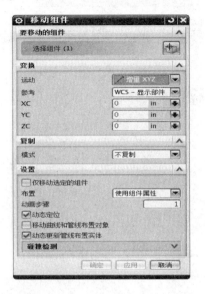

图6-30 "移动组件"对话框   图6-31 "增量XYZ"对话框

（7）CSYS到CSYS：用于采用移动坐标方式重新定位所选组件。选择该选项，对话框变成"移动"坐标样式，该对话框用于指定"起始坐标系"和"目标坐标系"。选择一种坐标定义方式定义"起始坐标系"和"目标坐标系"后，单击 确定 按钮，则组件从"起始坐标系"的相对位置移动到"目标坐标系"中的对应位置。

（8）根据三点旋转：这个就是在一个平面内选一个旋转轴，先选定一个枢轴点，这个点就是旋转轴与平面的交点，然后在平面内指定起点和终点完成旋转组件的创建。

二、装配爆炸图

1. 新建爆炸图（项目6.1已经应用）

选择"装配"→"爆炸图"→"新建爆炸图"选项，或单击"爆炸图"工具条中的 图标，弹出如图6-32所示的"创建爆炸图"对话框。在该对话框中输入爆炸图名称，或接受默认名称，单击 确定 按钮，创建爆炸图。

2. 自动爆炸组件

选择"装配"→"爆炸图"→"自动爆炸组件"选项，或单击"爆炸图"工具条中的 图标，弹出"类选项"对话框，框选需要爆炸的组件，单击 确定 按钮，弹出如图6-33所示"自动爆炸组件"对话框。在该对话框中输入爆炸距离，单击 确定 按钮，创建爆炸图。

图6-32 "新建爆炸图"对话框   图6-33 "自动爆炸组件"对话框

要点提示

自动爆炸只能爆炸具有配对条件的组件，对于没有配对条件的组件，需要使用简易编辑的方式进行爆炸。

3. 编辑爆炸图（项目 6.1 已经应用）

选择"装配"→"爆炸图"→"编辑爆炸图"选项，或单击"爆炸图"工具条中的 图标，弹出如图 6-34 所示"编辑爆炸图"对话框，根据对应选项对组件进行爆炸。

4. 删除爆炸图

选择"装配"→"爆炸图"→"删除爆炸图"选项，或单击"爆炸图"工具条中的 图标，弹出如图 6-35 所示的"爆炸图"对话框。在该对话框中选择要删除的爆炸图名称，单击 确定 按钮，删除所选爆炸图。

图 6-34 "编辑爆炸图"对话框　　　　**图 6-35** "删除爆炸图"对话框

5. 取消爆炸组件

选择"装配"→"爆炸图"→"取消爆炸组件"选项，或单击"爆炸图"工具条中的 图标，弹出"类选择"对话框。在视图区选择不进行爆炸的组件，单击 确定 按钮，使已爆炸的组件恢复到原来的位置。

6. 隐藏爆炸

选择"装配"→"爆炸图"→"隐藏爆炸"选项，则将当前爆炸图隐藏起来，使视图区中的组件恢复到爆炸前的状态。

7. 显示爆炸

选择"装配"→"爆炸图"→"显示爆炸"选项，则将已建立的爆炸图显示在视图区。

8. 隐藏显示视图中的组件

单击"爆炸图"工具条中的 图标，弹出"类选择"对话框，在视图区选择要隐藏的组件，单击 确定 按钮，则在视图区将所选定的组件隐藏起来。

9. 显示视图中的组件

单击"爆炸图"工具条中的 图标，弹出"隐藏视图中的组件"对话框。在该对话框中选择要显示的隐藏组件，单击 确定 按钮，则在视图区显示所选的隐藏组件。

任务 6.2　台虎钳的装配

●项目要点

本项目将运用装配中的装配约束（接触对齐、固定、中心、同心）、组件镜像、Wave 几何连接器等命令完成台虎钳的虚拟装配。（操作课件见 Resources\教学课件\项目 6.2 台虎钳装配；操作视频见 Resources\Teaching project\Ch06\6.2\台虎钳.avi；完成零件见 Resources\Teaching project\Ch06\6.2\taihuqian。）

●任务目标

☑ 能分析出台虎钳组件的结构组成，构思装配思路；
☑ 能综合运用装配知识快速完成台虎钳的装配。

●任务实施

6.2.1　结构分析

本例将完成台虎钳装配。本项目共有 14 种零件，共 23 个，具体如图 6 – 36 所示。本项目的难点是装配命令的灵活应用。

6.2.2　装配思路

分析现有组件，确立装配的步骤是：首先将底座和钳口板用螺钉装配在一起，作为子装配体 dizuo_asm1；同样，将活动钳口和钳口板用螺钉装配在一起，作为子装配体 huodongqiankou_asm1；之后，在子装配 dizuo_asm1 的基础上，再装配子装配体 huodongqiankou_asm1、螺母、螺杆、阀块螺母和螺钉等其他部件，装配思路如图 6 – 37 所示。

6.2.3　台虎钳装配

1. 子装配体 dizuo_asm1 的装配
1）新建 dizuo_asm1 装配文件
将本例所用到的部件文件都复制到装配文件所在的目录 D:\taihuqian 下，创建一个单位为毫米，模板为"装配"，名称为 dizuo_asm1. prt 的文件，并保存在 D:\taihuqian 下，单击 确定 按钮，进入装配界面。

图 6 – 36　台虎钳装配

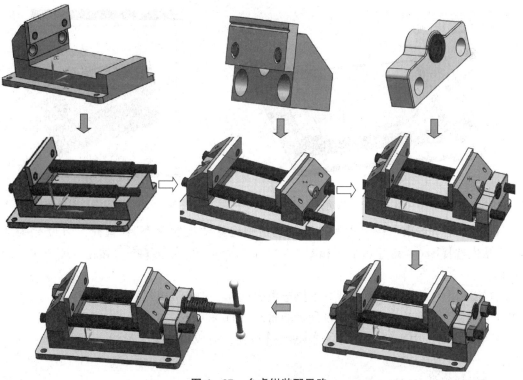

图 6 – 37　台虎钳装配思路

2）添加组件底座并定位

①添加组件 dizuo。

单击装配界面下方的"装配"工具条上的"添加组件"命令图标，单击"添加组件"对话框上的"打开"按钮，弹出部件文件选择对话框，选取 dizuo. prt 文件。参数设置：将"定位"设为"绝对原点"、"Reference Set"为"模型"、"图层选项"为"原始的"，其余选项保持默认值，单击 ＜确定＞ 按钮，完成组件 dizuo 的添加。

②为组件 dizuo 添加装配约束。

单击"装配"工具条上的"装配约束"命令图标，在"类型"下拉列表中选择"固定"，选择刚添加的组件 dizuo，单击 ＜确定＞ 按钮，完成对组件 dizuo 的约束，效果如图 6 – 38 所示。

3）添加组件固定钳口板并定位

①添加组件 gudingqiankouban。

调用"添加组件"工具，并选取 gudingqiankouban. prt 文件。参数设置：设置"定位"为"通过约束"、"Reference Set"为"模型"、"图层选项"为"原始的"，其余选项保持默认值。单击 确定 按钮，并弹出"装配约束"对话框。

②定位组件 gudingqiankouban。

添加接触约束：在"类型"下拉选项中选择"接触对齐"，选择"方位"为"接触"，依次选择图 6 – 38 中的面 1 和图 6 – 39 中的面 2，单击 应用 按钮，完成第一组装配约束。

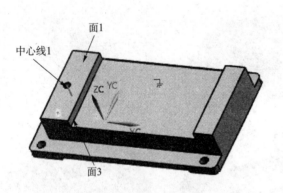

图 6 – 38　底座对象选择

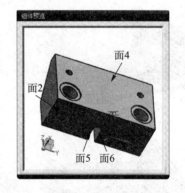

图 6 – 39　固定钳口对象选择

添加对齐约束：在"类型"下拉选项中选择"接触对齐"，选择"方位"为"对齐"，依次选择图 6 – 38 中的面 3 和图 6 – 39 中的面 4，单击 应用 按钮，完成第二组装配约束。

添加中心约束：在"类型"下拉选项中选择"中心"，设置"子类型"为"2 对 1"，如图 6 – 40 所示。依次选择图 6 – 39 所示的面 5、面 6 和图 6 – 38 所示的中心线 1（面 5 和面 6 相对的中心相对于中心线 1），单击 应用 按钮，完成第三组装配约束，效果如图 6 – 41 所示。

4）添加组件 M12L60 螺钉

①添加组件 M12L60luoding。

图 6 – 40　"中心"对话框

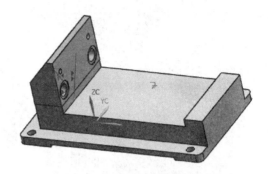

图 6 – 41　固定钳口板装配效果

调用"添加组件"工具，并选取 M12L60luoding. prt 文件，其参数设置同组件固定钳口板，单击 <mark>＜确定＞</mark> 按钮，弹出"装配约束"对话框。

②定位组件 M12L60luoding。

📖 在"类型"下拉选项中选择"接触对齐"，选择"方位"为"自动判断中心/轴"，依次选择图 6 – 38 所示的中心线 1 和图 6 – 42 所示的中心线 2，完成第一组装配约束。

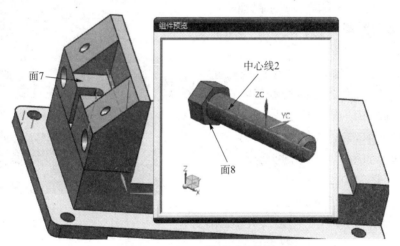

图 6 – 42　M12 装配对象选择

📖 添加接触约束：在"类型"下拉选项中选择"接触对齐"，选择"方位"为"接触"，依次选择图 6 – 42 中所示的面 7 和面 8，单击 <mark>＜确定＞</mark> 按钮，完成第二组装配约束，效果如图 6 – 43 所示。

5）添加固定钳口

①添加组件 gudingqiankou。

调用"添加组件"工具，并选取 gudingqiankou. prt 文件，其参数设置同组件固定钳口板，单击 <mark>＜确定＞</mark> 按钮，弹出"装配约束"对话框。

②定位组件 gudingqiankou。

📖 在"类型"下拉选项中选择"接触对齐"，选择"方位"为"自动判断中心/轴"，依次选择图 6 – 44 所示的中心线 3 和中心线 4，完成第一组装配约束。

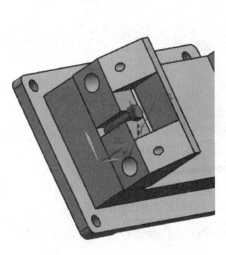

图6－43　M12L60螺钉装配效果

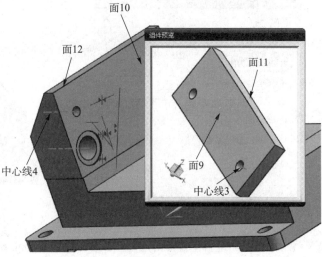

图6－44　固定钳口装配对象选择

📖添加接触约束：在"类型"下拉选项中选择"接触对齐"，选择"方位"为"接触"，依次选择图6－44中所示的面9和面10，单击 <确定> 按钮，完成第二组装配约束，效果如图6－45所示。

📖添加接触约束：在"类型"下拉选项中选择"角度"，依次选择图6－44中所示的面11和面12，设置角度为"0°"或"180°"，单击 <确定> 按钮，完成第三组装配约束，效果如图6－46左侧所示。

6）添加组件M10L25螺钉

①添加组件M10L25luoding。

调用"添加组件"工具，并选取M10L25luoding. prt文件，其参数设置同组件固定钳口板，单击 <确定> 按钮，弹出"装配约束"对话框。

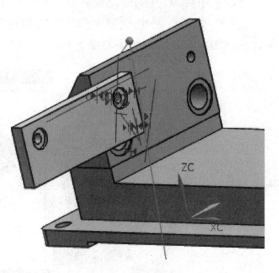

图6－45　初步装配效果

②定位组件M10L25luoding。

📖在"类型"下拉选项中选择"同心"，弹出图6－47的"同心"对话框，依次选择图6－46所示的圆弧1和圆弧2，单击方向符号 ⊠ ，完成装配约束。

📖用同样的方法装配另一边的螺钉，效果如图6－48所示。单击"保存"，保存子装配体dizuo_asm1。

2. 子装配体huodongqiankou_asm1的装配

新建huodongqiankou_asm1装配文件。仿照"添加底座"的操作步骤，将活动钳口板组件"huodongqiankouban. prt"添加到子装配体中；仿照"添加固定钳口"的操作步骤，将活动钳口组件"huadongqiankou. prt"添加到子装配体中；仿照"添加螺钉"的操作步骤，将螺钉添加到子装配体中。保存操作，结果如图6－49所示。

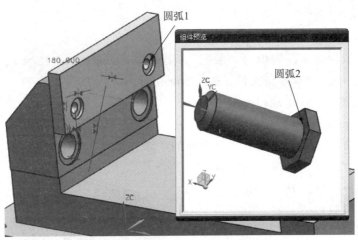

图 6 – 46 M10L25 螺钉装配对象选择

图 6 – 47 "同心"对话框

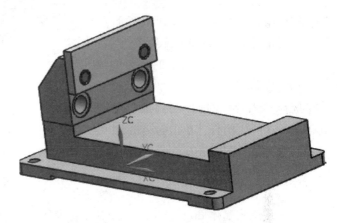

图 6 – 48 M10L25 螺钉装配效果

3. 子装配体 fakuai_asm1 的装配

新建文件 fakuai_asm1 装配文件。仿照"添加底座"的操作步骤,将阀块组件 "fakuai. prt"添加到子装配体中;仿照"添加固定钳口"的操作步骤,将阀块螺母组件 "fakuailuom. prt"添加到子装配体中。保存操作,结果如图 6 – 50 所示。

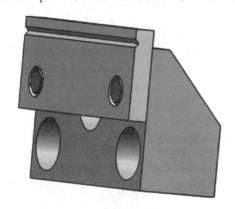

图 6 – 49 活动钳口组件装配效果

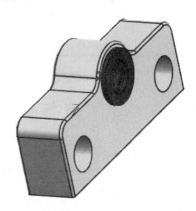

图 6 – 50 阀块组件的装配

4. 其他组件的装配

1）新建 taihuqian_asm1 装配文件

创建一个单位为毫米，模板为"装配"，名称为 taihuqian_asm1. prt 的文件，并保存在 D：\taihuqian 下，单击 确定 按钮，进入装配界面。

2）添加子装配体 dizuo_asm1 并定位

①添加组件 dizuo_asm1。

单击装配界面下方的"装配"工具条上的"添加组件"命令图标，单击"添加组件"对话框上的"打开"按钮，弹出部件文件选择对话框，选取 dizuo_asm1. prt 文件。参数设置：将"定位"设为"绝对原点"、"Reference Set"为"模型"、"图层选项"为"原始的"，其余选项保持默认值，单击 ＜确定＞ 按钮，完成子装配体 dizuo_asm1 的添加。

②为组件 dizuo 添加装配约束。

单击"装配"工具条上的"装配约束"命令图标，在"类型"下拉列表中选择"固定"，选择刚添加的子装配体 dizuo_asm1 组件，单击 ＜确定＞ 按钮，完成对子装配体dizuo_asm1的约束，效果如图 6 - 51 所示。

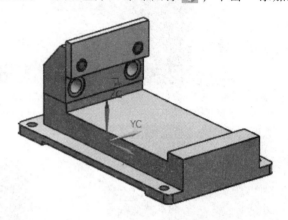

图 6 - 51 底座组件添加

要点提示

固定子装配体 dizuo_asm1 时，在选择装配体时，把鼠标放在子装配体 dizuo_asm1 的某一个零件上，当出现三点符号时，单击鼠标左键，会跳出"快速拾取"对话框，如图 6 - 52 所示，然后选择自己需要的组件。

图 6 - 52 "快速拾取"对话框

3）添加组件 huagan 并定位

①添加组件 huagan。

调用"添加组件"工具，并选取 huagan. prt 文件，参数设置同组件固定钳口板。单击

确定 按钮，并弹出"装配约束"对话框。

②定位组件 huagan。

📖在"类型"下拉选项中选择"接触对齐"，选择"方位"为"接触"，依次选择图 6 - 53 所示的面 13 和面 14，完成第一组装配约束。

📖类型保持不变，选择"方位"为"自动判断中心/轴"设置，依次选择图 6 - 53 所示的中心线 5 和中心线 6，完成第二组装配约束。结果如图 6 - 54 所示。

4）复制组件 huagan

单击"装配"工具条上的"移动组件"

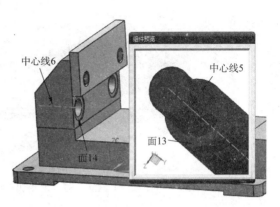

图 6 - 53　滑杆装配对象选择

命令图标 🔲，弹出"移动组件"对话框，选择步骤 3）添加的 huagan 作为移动组件，其他参数如图 6 - 55 所示，并将圆弧 3 圆心复制到圆弧 4 的圆心，完成复制 huagan，结果如图 6 - 56 所示

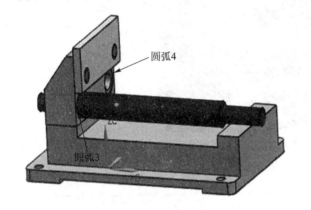

图 6 - 54　滑杆装配效果

图 6 - 55　"移动组件"对话框

5）添加子装配体 huodongqiankou_asm1 并定位

①添加子装配体 huodongqiankou_asm1。

调用"添加组件"工具，并选取 huodongqiankou_asm1. prt 文件，参数设置同组件固定钳口板。单击 确定 按钮，弹出"装配约束"对话框。

②定位子装配体 huodongqiankou_asm1。

📖在"类型"下拉选项中选择"接触对齐"，选择"方位"为"自动判断中心/轴"，依次选择图 6 - 57 所示的中心线 7 和中心线 8，完成第一组装配约束。

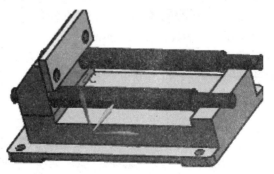

图 6 - 56　滑杆复制效果

📖类型保持不变，选择"方位"为"自动判断中心/轴"，依次选择图 6 - 57 所示的中心线 9 和中心线 10，完成第二组装配约束。

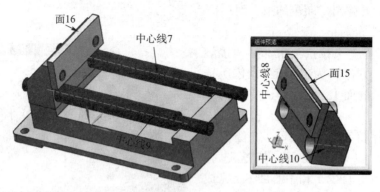

图6-57　滑动钳口组件装配对象选择

　　在"类型"下拉选项中选择"角度"，依次选择图6-57所示的面15和面16，设置角度为0°或180°，达到项目要求。完成第三组装配约束，效果如图6-58所示。

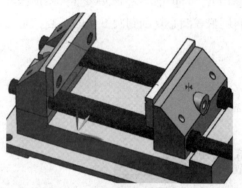

图6-58　滑动钳口组件装配效果

 要点提示

　　沿着滑杆方向，可以通过移动组件命令来移动子装配体 huodongqiankou_asm1 到合适的位置。

　　6）添加子装配体 fakuai_asm1 并定位

　　①添加子装配体 fakuai_asm1。

　　调用"添加组件"工具，并选取 fakuai_asm1. prt 文件，参数设置同组件固定钳口板。单击 **确定** 按钮，并弹出"装配约束"对话框。

　　②定位子装配体 fakuai_asm1。

　　　在"类型"下拉选项中选择"接触对齐"，选择"方位"为"接触"，依次选择图6-59所示的面17和面18，完成第一组装配约束。

　　　类型保持不变，选择"方位"为"自动判断中心/轴"，依次选择图6-59所示的中心线11和中心线12，完成第二组装配约束。

　　　在"类型"下拉选项中选择"角度"，依次选择图6-59所示的面19和面20，设置角度为0°或180°，达到项目要求。完成第三组装配约束，效果如图6-60所示。

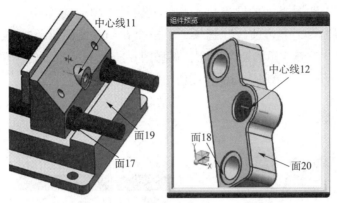

图6-59 阀块组件装配对象选择

7）添加1个紧固螺母并定位

①添加 luomu。

调用"添加组件"工具，并选取 luomu. prt 文件，参数设置同组件固定钳口板。单击 确定 按钮，弹出"装配约束"对话框。

②定位子装配体 fakuai_asm1。

    在"类型"下拉选项中选择"接触对齐"，选择"方位"为"接触"，依次选择图6-61所示的面21和面22，完成第一组装配约束。

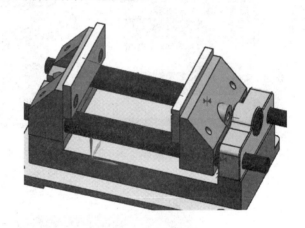

图6-60 阀块组件装配效果

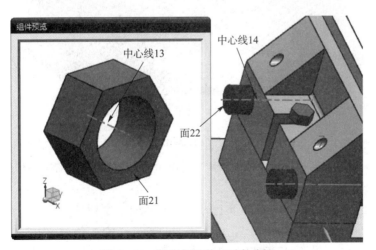

图6-61 紧固螺母装配对象选择

    类型保持不变，选择"方位"为"自动判断中心/轴"设置，依次选择图6-61所示的中心线13和中心线14，完成第二组装配约束。效果如图6-62所示。

8）镜像另外3个紧固螺母

①单击"装配"工具条上的"WAVA 几何链接器"图标 ，弹出"WAVA 几何链接器"对话框，类型选择"复合曲线"选项，单击图 6 - 63 鼠标所示曲线，单击 [应用] 按钮，完成曲线抽取；类型选择"面"选项，选择图 6 - 64 所示的面 23，单击 [应用] 按钮，再选择图 6 - 64 所示面 24，单击 [确定] 按钮，完成面的抽取。

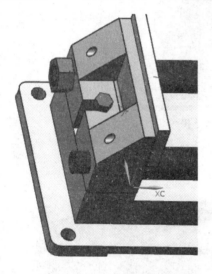

图 6 - 62 紧固螺母装配效果

图 6 - 63 抽取复合曲线

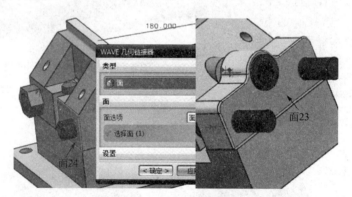

图 6 - 64 抽取复合曲面

②创建两个镜像用基准平面：单击基准平面图标 ，以图 6 - 63 中抽取的直线中点和直线方向创建第一个基准平面；以图 6 - 64 中抽取的面 23 和面 24 的中间位置创建第二个基准平面，效果如图 6 - 65 所示。

③镜像装配：单击"装配"工具条上的"镜像装配"图标 ，出现"镜像装配向导"对话框，单击 [下一步>] 按钮，选择步骤7)，添加的螺母，单击 [下一步>] 按钮，选择图 6 - 65 中的"基准平面1"，单击 [下一步>] 按钮，如果没有更改项目，再单击 [下一步>] 按钮，然后单击 [完成] 按钮，完成一个螺母镜像。同理，选择现有的2个螺母，通过图6 - 65 的"基准平面2"，可以添加另外2个螺母，效果如图 6 - 66 所示。

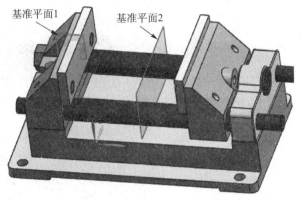

图 6-65　镜像组件所需平面创建

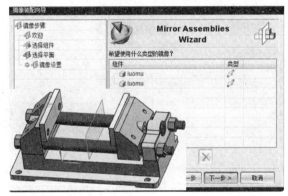

图 6-66　"镜像组件"对话框及效果

9）添加螺杆

①添加 luogan。

调用"添加组件"工具，并选取 luogan. prt 文件，参数设置同组件固定钳口板。单击 确定 按钮，弹出"装配约束"对话框。

②定位 luogan。

在"类型"下拉选项中选择"同心"，依次选择图 6-67 所示的圆弧 5 的和圆弧 6，通过方向按钮[X]控制放置方向，完成装配约束，效果如图 6-68 所示。

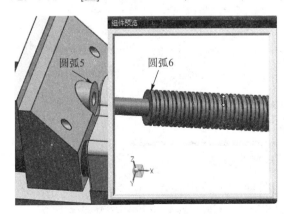

图 6-67　螺杆装配对象选择

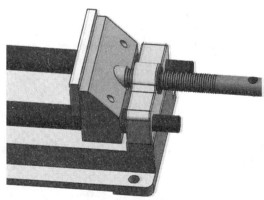

图 6-68　螺杆装配效果

10）添加手柄杆

①创建约束平面。

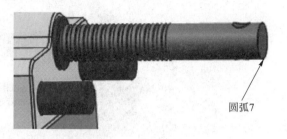

📖 单击"装配"工具条上的"WAVA 几何链接器"图标 🖼️，弹出"WAVA 几何链接器"对话框，类型选择"复合曲线"选项，单击图 6－69 所示圆弧 7，单击 确定 按钮，完成曲线抽取。

📖 创建基准平面：单击基准平面图标 🗔，"类型"为"点和方向"，捕捉图 6－

图 6－69　抽取曲线

69 中抽取的圆弧 7 的"圆心"为"通过点"，"法向"为图 6－70 中 Z 轴方向，单击 确定 按钮，完成基准平面创建。

图 6－70　"基准平面"对话框

②添加 shoubinggan。

调用"添加组件"工具，并选取 shoubinggan.prt 文件，参数设置同组件固定钳口板。单击 确定 按钮，弹出"装配约束"对话框。

③定位 shoubinggan。

📖 类型保持不变，选择"方位"为"自动判断中心/轴"，依次选择图 6－71 所示的中心线 15 和中心线 16，完成第一组装配约束。

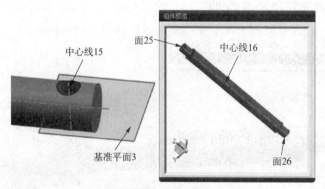

图 6－71　手柄杆装配对象选择

📖 在"类型"下拉选项中选择"中心"，设置"子类型"为"2 对 1"，依次选择图 6－71 所示的面 25、面 26 和基准平面 3，完成第二组装配约束，效果如图 6－72 所示。

图6-72 手柄杆装配效果

11）添加圆球把手

用"同心"约束方式添加两个"yuanqiubashou"，过程略，效果如图6-73所示。

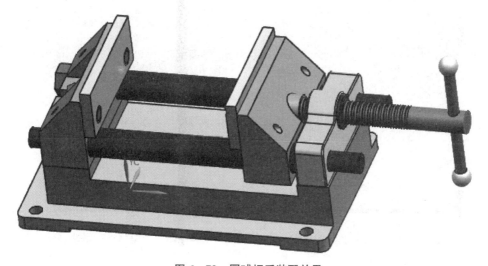

图6-73 圆球把手装配效果

✿ 知识加油

1. 引用集

在装配中，由于各部件含有草图、基准平面及其他辅助图形数据。如果要显示装配中所有的组件或子装配部件的所有内容，由于数据量大，需要占用大量内存，不利于装配操作和管理。通过引用集能够限定组件装入装配中的信息数据量，同时避免了加载不必要的几何信息，提高机器的运行速度。

引用集是用户在零组件中定义的部分几何对象，它代表相应的零组件进行装配。引用集可以包含下列数据：实体、组件、片体、曲线、草图、原点、方向、坐标系、基准轴及基准平面等。引用集一旦产生，就可以单独装配到组件中。一个零组件可以有多个引用集。

选择菜单区"格式"→"引用集"选项，弹出如图6-74所示"引用集"对话框。系统包含的默认的引用集有以下几种。

　　📖模型：只包含整个实体的引用集。

　　📖整个部件：表示引用集是整个组件，即引用组件的全部几何数据。

　　📖空的：表示引用集是空的引用集，即不含任何几何对象。当组件以空的引用集形式添加到装配中时，在装配中看不到该组件。

　　（1）📄创建：用于创建引用集。组件和子装配都可以创建引用集。组件的引用集既可在组件中建立，也可在装配中建立。但组件要在装配中创建引用集，必须使其成为工作部件。

　　（2）❌删除：用于删除组件或子装配中已创建的引用集。在"引用集"对话框中选中需要删除的引用集后，单击该图标删除所选引用集。

　　（3）📋编辑属性：用于编辑所选引用集的属性。单击该图标，弹出如图6－75所示的"引用集属性"对话框。该对话框用于输入属性的名称和属性值。

图6－74　"引用集"对话框　　　　图6－75　"引用集"属性

　　（4）ℹ️信息：单击该图标，弹出"信息"窗口，该窗口用于输出当前零组件中已存在的引用集的相关信息。

　　2. 组件阵列

　　在装配中，组件阵列是一种对应装配约束条件快速生成多个组件的方法。执行"装配"→"组件"→"创建阵列"命令，或单击装配工具栏的"创建组件阵列"图标，弹出"类选择"对话框。选择需阵列的组件，单击 确定 按钮后，会弹出"创建组件阵列"对话框，如图6－76所示。

　　（1）创建圆形阵列：选择图6－76所示的"圆形"，单击 确定 按钮，弹出如图6－77"创建圆形阵列"对话框，创建旋转轴的方法有三种："圆柱面"的旋转中心为旋转轴、"边"为旋转轴、"基准轴"为旋转轴。

　　（2）创建线性阵列：选择图6－76所示的"线性"，单击 确定 按钮，弹出如图6－78"创建线性阵列"对话框，线性方向有4种定义方式："面法向"的方向、"基准平面法向"的方向、"边"的指向、"基准轴"的指向。

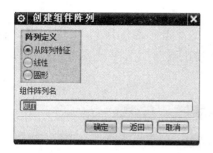

图 6-76　"创建组件阵列"对话框

图 6-77　"创建圆形阵列"对话框

3. 镜像组件

在装配过程中，如果窗口有多个相同的组件，可通过镜像装配的形式创建新组件。执行"装配"→"组件"→"镜像装配"命令，或单击装配工具栏"镜像装配"图标 ，弹出"镜像装配向导"对话框。"镜像组件"主要包括两个选项：选择镜像组件（图 6-79）和选择镜像平面（图 6-80）。

图 6-78　"创建线性阵列"对话框

图 6-79　"镜像装配向导"选择镜像组件

图 6-80　"镜像装配向导"选择镜像平面

4. 装配顺序

"装配顺序"是用于为产品的设计和制造提供方便查看装配过程的工具。利用该选项可以建立不同的装配顺序，包括拆卸顺序，也可以给一个组件、组件组或子装配建立装配次序，同时还可以模拟和回放排序的信息。

执行"装配"→"顺序"命令，或在装配工具栏中单击"装配序列"图标，视图窗口出现装配顺序工具条。装配顺序工具条包括"序列工具"工具条（图6-81）和"序列回放"工具条（图6-82）。

图6-81　"序列工具"工具条

图6-82　"序列回放"工具条

项目6.3　台虎钳运动仿真

●项目要点

传统机械设计中，设计者仅仅是作出二维的零件图或二维的装配图，无法准确地预测出机构在运行过程中各零件是否干涉、驱动力是否满足、运动部件的行程能否达到要求等细节问题。若设计者对机构在运转中的情况停留在理论计算及自己对机构的分析评估上，在此条件下设计的机构难免会存在各种隐患和漏洞。制造完成的机构在运行中可能会面临各种问题，从而需要对机构某部件再次进行设计或改进，影响了工作效率。在机械设计过程中引入运动仿真功能可以直接避免上述问题，设计者可对仿真中发现的问题进行相应的处理，同时也能够为用户提供更加直观、更有说服力的动画产品演示。

NX运动仿真（NX/Motion）是NX/CAE模块中的主要部分，能对三维机构进行运动学分析、动力分析和设计仿真。

本章将运用UG NX的运动仿真模块的连杆、运动副、运动求解、运动仿真等命令完成台虎钳组件间运动关系的确定，从而完成组件的运动模拟，进一步了解运动仿真的创建步骤。（操作课件见Resources\教学课件\项目6.3 台虎钳运动仿真；操作视频见Resources\Teaching project\Ch06\6.3\台虎钳运动仿真.ari；完成零件见Resources\Teaching project\Ch06\6.3\taihuqian。）

●任务目标

☑ 能分析出台虎钳组件之间的运动关系；
☑ 能综合运用运动仿真知识快速完成台虎钳的运动仿真。

任务实施

6.3.1　台虎钳运动仿真分析

通过本次任务分析台虎钳的机构组成，建立连杆机构，分析组件之间的运动副，完成台虎钳模型完整的动画分析。要求当旋转手柄时钳口要对应地滑动，以便锁紧物体。

本任务的难点是确定连杆之间的运动关系和运动副的应用（滑动副、圆柱副以及旋转副）。

6.3.2　台虎钳运动仿真

1. 建立台虎钳运动项目

1）进入运动仿真模块

打开 UG NX 8.0，打开任务 6.2.1 完成的台虎钳装配体 taihuqian_asm1. prt，单击"标准工具栏"中的"开始"→"运动仿真"，如图 6-83 所示，进入"运动仿真"模块。

2）建立运动仿真项目

打开"运动导航器"，单击 ，然后鼠标右击，单击"新建仿真"，弹出"环境"对话框，如图 6-84 所示，"分析类型"选择"动力学"，"仿真名"设为 taihuqian，其他保持不变，单击 确定 按钮，弹出"机构运动副向导"窗口，单击"取消"，完成仿真项目创建。

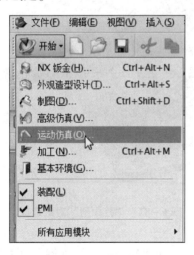

图6-83　运动仿真模块创建

图6-84　"新建仿真"对话框

2. 创建固定连杆

单击"运动"工具栏的"连杆"工具图标 ，打开"连杆"对话框，在"设置"一栏勾选"固定连杆"，选择图 6-85 中的 L001 作为固定连杆，单击 应用 按钮；选择图 6-85 中 L002 中的 4 个组件作为活动连杆 L002（去掉勾选"固定连杆"）单击 应用 按钮；选择图 6 – 85 中 L003 中的 4 个组件作为活动连杆 L003，单击 [确定] 按钮，完成连杆创建。

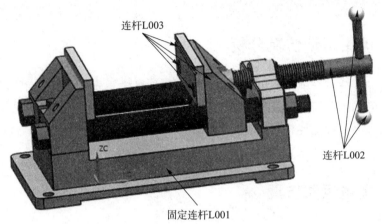

图 6 – 85　连杆对象选择

3. 创建圆柱副

单击 "运动" 工具栏的 "连杆" 工具图标 ，打开 "运动副" 对话框，"类型" 设置为 "柱面副"，如图 6 – 86 所示。选择图 6 – 85 创建的连杆 L002 作为运动连杆，"指定原点" 方式为 "圆心"，捕捉 6 – 87 所示的圆弧 8 的圆心，"指定矢量" 为 X 轴的 "反向"，单击 "驱动" 转换到 "驱动设置" 窗口，参数设置如图 6 – 88 所示，单击 [确定] 按钮，完成圆柱副的创建。

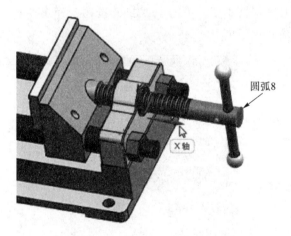

图 6 – 86　"运动副（柱面副）" 对话框　　　　**图 6 – 87　"柱面副" 对象选择**

4. 创建滑动副

单击 "运动" 工具栏的 "连杆" 工具图标 ，打开 "运动副" 对话框，"类型" 设置为 "滑动副"，如图 6 – 89 所示。选择图 6 – 85 创建的连杆 L003 作为运动连杆，"指定原点" 为 "面上点"，选择图 6 – 90 中的面 27，"指定矢量" 为面 27 的垂直方向，单击 [确定] 按钮，完成 "滑动副" 的创建。

5. 创建旋转副

单击 "运动" 工具栏的 "连杆" 工具图标 ，打开 "运动副" 对话框，"类型" 设置为"旋转副"，如图 6 – 91 所示。"操作"中选择图 6 – 85 创建的连杆 L002 作为运动连杆，"指定原点"方式为"圆心"，捕捉 6 – 92 所示的圆弧 9 的圆心，"指定矢量"为 X 轴的"反向"；"基本"中勾选"啮合连杆"，选择图 6 – 85 创建的连杆 L003 作为运动连杆，"指定原点"方式为"圆心"，捕捉 6 – 92 所示的圆弧 9 的圆心，"指定矢量"为 X 轴的"反向"，单击 确定 按钮，完成"旋转副"的创建。

图 6 – 88　"柱面副"驱动参数设置

图 6 – 89　"运动副（滑动副）"对话框

图 6 – 90　"滑动副"对象选择

图 6 – 91　"运动副（旋转副）"对话框

6. 结算方案并求解

单击"运动"工具栏的"结算方案"工具图标 ，打开"结算方案"对话框，"时间"设置为 3，"步数"设置为 400，其他参数不变，如图 6 – 93 所示，单击 确定 按钮，完成"结算方案"设计；单击"运动"工具栏的"求解"工具图标 ，完成方案求解。

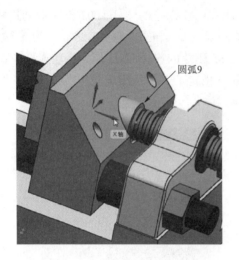

图6-92　"旋转副"对象选择

图6-93　"解算方案"对话框

7. 动画演示

单击"运动"工具栏的"动画"工具图标![icon]，弹出图6-94所示的"动画"对话框，可通过"滑动模式"的滑标控制播放开始时间，通过"动画延时"控制播放快慢，单击
　确定　按钮，可演示运动仿真。

8. 动画输出

单击"运动"工具栏的"导出至电影"工具图标![icon]，单击　确定　按钮，完成"电影"输出。

6.3.3　知识加油

一、运动仿真环境

在NX的主界面中选择"开始"→"运动仿真"命令，将进入运动仿真模块，如图6-95所示。

图6-94　"动画"对话框

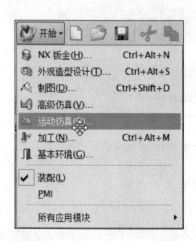

图6-95　进入"运动仿真"模块

1. 新建仿真

进入运动仿真后将显示"运动"工具条,但是其显示为灰色,也就是未被激活的状态,无法进行操作。在进行运动仿真之前必须先建立一个运动仿真方案,而运动模型的数据都存储在运动仿真方案之中,所以运动仿真方案的建立是整个运动仿真过程的入口。

在"运动导航器"中选择根目录图标,单击鼠标右键,在弹出的快捷菜单中选择"新建仿真"命令,如图 6 – 96 所示,系统将打开"环境"对话框,如图 6 – 97 所示,单击 确定 按钮,"运动"工具条上的工具将被激活。

图 6 – 96 新建仿真

图 6 – 97 "环境"对话框

2. "运动仿真"操作环境

1)"运动仿真"操作界面

运动仿真模块的用户界面与建模模块的用户界面基本相同,图 6 – 98 所示为运动仿真的工作界面。运动仿真的工作界面包括工具条、运动导航器与绘图区几个部分。除了"标准"工具条外,还增加了"运动"工具条与"动画控制"工具条。

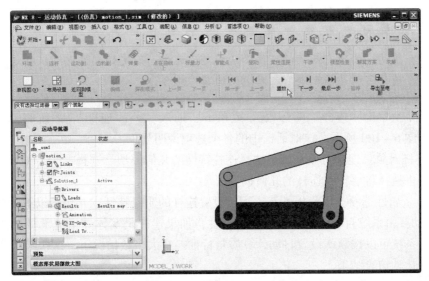

图 6 – 98 运动仿真的用户界面

2）"运动仿真"运动导航器

运动导航器是用于管理运动仿真的树形窗口，如图 6 - 99 所示。在运动导航器中，将显示运动仿真方案、连杆、运动副、解算方案、解算结果等运动仿真相关的对象。在运动导航器窗口，选择对象后，单击鼠标右键，可以对所选对象进行编辑、删除、复制等操作。

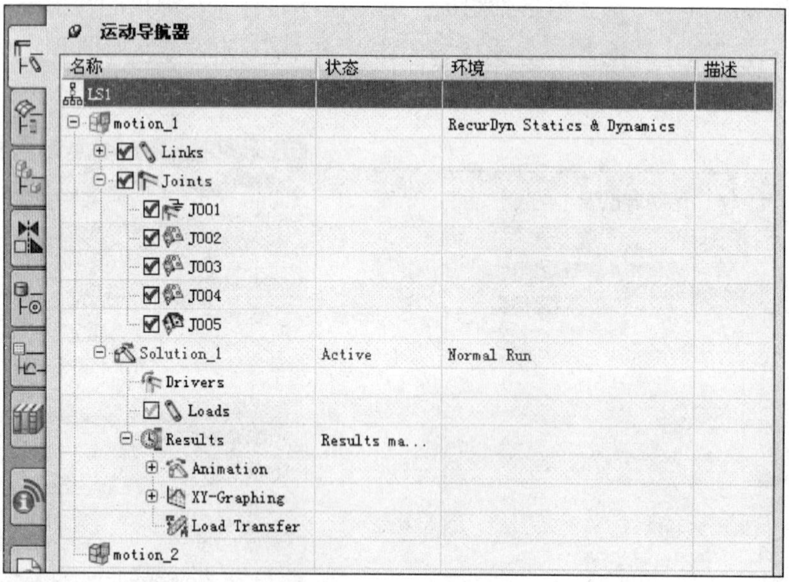

图 6 - 99　运动导航器

二、连杆参数设置

1. 连杆

创建连杆通常是创建机构运动仿真的第一步。UG NX 中的连杆代表刚性体的机构特征，并不一定是杆件，任何刚性的结构件均可以指定为连杆，如机架、箱体、齿轮等均可以定义为连杆。

要点提示

①一个机构中的所有活动的部件必须指定为连杆，固定的部件也可以指定为连杆。

②一个连杆可以是多个没有相对运动的零件组合体。

在工具条上单击"连杆"图标 ，或单击"插入"→"连杆"，系统将弹出"连杆"对话框，如图 6 - 100 所示。该对话框中的各个选项说明如下。

（1）连杆对象：连杆对象是用于选择连杆特性的几何模型。选择"选择对象"选项后，在图形窗口中选择将要作为连杆的几何模型。

（2）质量属性选项：质量属性选项用于设置连杆的质量特性，共包含以下 3 个选项。

自动：由系统自动生成连杆的质量特性，如果连杆是实体并指定了材料，根据连杆中的实体，系统可以按默认设置自动计算质量特性。在大多数情况下，这些默认计算值可以生成精确的运动仿真结果。

用户定义：由用户定义质量特性，选择该选项后，需要指定质量和惯性选项。如选择的连杆不是实体，则必须进行用户定义。

📖 无：不指定，进行运动学分析时，可以不考虑质量属性。

（3）质量和惯性：当质量属性选择为"用户定义"时，需要进行质量和惯性的设置，如图 6-101 所示，需要指定质心位置、惯性的 CSYS 坐标系、质量、质量惯性矩（I_{xx}、I_{yy}、I_{zz}）和质量惯性矩积（I_{xy}、I_{xz}、I_{yz}）。

图 6-100　"连杆"对话框

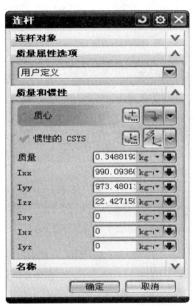

图 6-101　设置"质量和惯性"

（4）初始平动速率与初始转动速度：这两项用于设置连杆的初始平移速度和初始旋转速度，通常情况下都不做设置，即初速度为 0。当选中"启用"复选框后，可以设置在指定方向上的平移速度或者绕指定轴的旋转速度，如图 6-102 所示。

（5）设置：选中"固定连杆"复选框，则该连杆将被固定，即将所选的几何体与"地"固定连接，同时将生成一个固定副。

（6）名称：在"连杆"对话框中设置连杆的名称，默认的名称为 L001，L002，…，用户可以指定连杆名称。

2. 连杆材料

材料特性是计算质量和惯性矩的关键因素，NX 的材料功能可用来创建新材料、检索材料库中的材料特性，并将这些材料特性赋给机构中的实体。

在主菜单中选择"工具"→"材料"→"指派材料"命令，将打开"指派材料"对话框，如图 6-103 所示。在图形区选择零件实体，再在库材料或者局部材料库中的材料列表中选择一种材料指派为所选实体的材料。

在选择材料时，可以进行材料的过滤，指定"类别"和"类型"，将只显示该类别或类型的材料，如图 6-104 所示。选择库列表的"类别"，单击右键，弹出下拉菜单，单击"材料类别"类别，可选择"金属""塑料""陶瓷""聚合物""其他"。"类型"则是指"各向同性""各向异性""正交各向异性"及其他测试方式确定的材料类型。

图 6 – 102　初始平动速率与初始转动速度

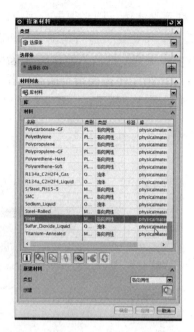

图 6 – 103　"指派材料"对话框

当所使用的材料在当前的材料库中没有时，可以在菜单中选择"工具"→"材料"→"管理材料（创建）"命令来创建新的材料。

三、运动副

运动副用于将机构中的连杆连接在一起，从而使连杆一起运动。在工具条上单击"运动副"图标，可打开"运动副"对话框，如图 6 – 105 所示。首先要选择运动副的类型，再选择将要进行连接的第一个连杆，可选择连杆上的任何对象来选择该连杆。系统将由选择的对象自动判断原点与方位。

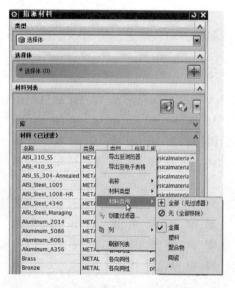

图 6 – 104　"指派材料"的材料类别设置

图 6 – 105　"运动副"对话框

1. 旋转副

旋转副 连接可以实现两个相连件绕同一轴做相对的转动。如图 6 – 106 所示，连杆 1 绕本身孔轴线自转，连杆 2 绕两零件安装轴线旋转。具体操作可以参考 Resources\Teaching project\Ch06\6.3 中的素材 Revolute. prt 和视频旋转副 . avi。

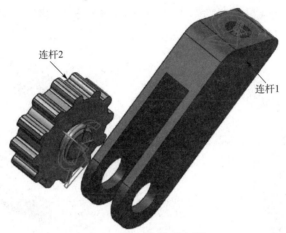

图 6 – 106　旋转副案例

2. 滑动副

滑动副 连接使两个相连件互相接触并保持着相对的滑动。如图 6 – 107 所示，连杆 1 作为"固定连杆"，连杆 2 设置"滑动副"。具体操作可以参考 Resources\Teaching project\Ch06\6.3 中的素材 Slider. prt 和视频滑动副 . avi。

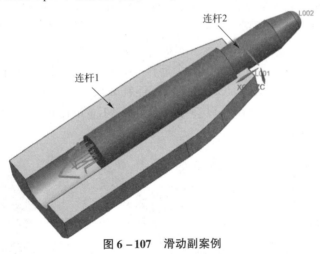

图 6 – 107　滑动副案例

3. 柱面副（项目 6.3 已经应用）

圆柱副 连接可实现一个部件绕另一个部件（或机架）相对转动和轴向位移。项目 6.3 已经详细介绍，此处不做介绍。

4. 球面副

球面副 可实现一个部件绕另一个部件（或机架）做相对的各个自由度的运动。如图 6 – 108 所示，连杆 1 作为"固定连杆"，连杆 2 设置"球面副"，具体操作可以参考 Resources\Teaching project\Ch06\6.3 中的素材 Spherical. prt 和视频球面副 . avi。

5. 平面副

平面副 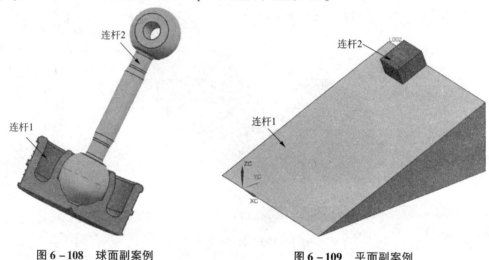 平面连接可以实现两个部件之间以平面相接触，互相约束。如图 6 – 109 所示，连杆 1 作为"固定连杆"，连杆 2 设置"平面副"，具体操作可以参考 Resources \ Teaching project \ Ch06 \ 6.3 中的素材 Planar. prt 和视频平面副 . avi。

图 6 – 108　球面副案例

图 6 – 109　平面副案例

6. 万向副

万向副 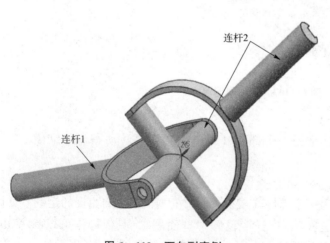 可实现两个部件之间可以绕互相垂直的两根轴做相对的转动。它只有一种形式，必须是两个连杆相连，比如汽车转向机构。如图 6 – 110 所示，连杆 1 绕本身孔轴线自转，连杆 2 绕两个零件安装轴线旋转。具体操作可以参考 Resources \ Teaching project \ Ch06 \ 6.3 中的素材 Universal. prt 和视频万向副 . avi。

7. 螺旋副

螺旋副  连接可实现一个部件绕另一个部件（或机架）做相对的螺旋运动。如图 6 – 111 所示，连杆 1 设置"螺旋副"，咬合连杆 2；连杆 2 设置"滑动副"，设置"驱动"；连杆 3 设置"固定连杆"。具体操作可以参考 Resources \ Teaching project \ Ch06 \ 6.3 中的素材 screwjoin. prt 和视频螺旋副 . avi。

图 6 – 110　万向副案例

图 6 – 111　螺旋副案例

要点提示

"球面副""平面副""万向副""螺旋副""齿轮副"和"齿轮齿条副"都不能定义驱动，只能作为从动运动副。

8. 齿轮副

齿轮副可以模拟齿轮的传动。创建齿轮时，需要选取两个旋转副或圆柱副，并定义齿轮传动比。如图6-112所示，连杆1和连杆2设置"旋转副"，设置连杆1的"旋转副"时要定义"驱动"；连杆1设置"齿轮副"，咬合连杆2，具体操作可以参考 Resources\Teaching project\Ch06\6.3 中的素材 Gear. prt 和视频齿轮副. avi。

齿轮副的特点如下：

📖齿轮副除去了两个旋转副的一个自由度，其中一个旋转副要跟随另一个旋转副转动，因此需要定义啮合点，以确定它们的传动比。

📖两旋转副的轴心可以不平行，如创建锥齿轮。

📖成功创建齿轮副的条件是：两个旋转副或圆柱副全部为固定的或自由的，且不在同轴。

9. 齿轮齿条副

齿轮齿条副可以模拟齿轮、齿条之间的啮合运动。创建时需要选取一个旋转副和一个滑动副，并定义齿轮齿条的传动比。如图6-113所示，连杆1设置"滑动副"，并定义"驱动"；连杆2设置"旋转副"；连杆1设置"齿轮齿条副"，咬合连杆2，具体操作可以参考 Resources\Teaching project\Ch06\6.3 中的素材 Rack and pinion. prt 和视频齿轮齿条副. avi。

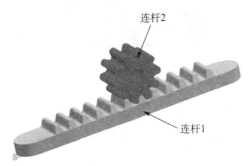

图6-112 齿轮副案例   图6-113 齿轮齿条副案例

齿轮齿条副的特点：齿轮副除去了两个运动副的一个自由度，其中一个运动副要跟随另一个运动副传动，因此需要定义啮合点，以确定它们的传动比。

四、解算方案

进行运动仿真时，可以建立一个或多个解算方案。在解算方案中，可以定义不同的分析条件，从而可以让用户对不同的分析条件进行试算。

在工具条上单击"解算方案"图标 📝，将打开"解算方案"对话框，如图6-114所示。在对话框中需要进行解算方案选项与重力的设置，对每个求解方案可以定义下面一些参数。

（1）解算方案类型：包括"常规驱动""铰链运动驱动"和"电子表格驱动"等，可以选择驱动方式，但需要与运动驱动相配合。

（2）分析类型：解算方案类型为"常规驱动"时，分析类型包括"运动学/动力学""静态平衡""控制/动力学"3个选项，通常采用"运动学/动力学"选项。

（3）时间与步数：时间是表示模型分析的时间周期；步数值是表示在规定时间段中需要计算和显示的步数。步数值太小会影响仿真的精度，步数值太大则需要较长的分析时间。

（4）重力：用于对当前的求解方案设置重力方向与重力常数值。

（5）名称：指定的名称将显示在运动导航器中。

（6）求解器参数：决定了运动仿真分析的计算精度，其选项如图6-115所示。计算精度与计算时间是成反比的，即精度越高，处理时间越长。

图6-114　"解算方案"对话框

图6-115　求解器参数

五、动画模式

UG NX/Motion的运动分析模块可以设置运动分析的类型，在分析完成后，可以直观地以动画的形式输出运动模型不同的运动状况，便于用户比较准确地了解所设计的运动机构实现的运动形式。

进行解算生成的结果后，在工具条上显示有"动画控制"工具条，如图6-116所示，可以进行动画的播放等控制。

图6-116　"动画控制"工具条

单击工具条上的"动画"图标，将弹出"动画"对话框，如图 6-117 所示，同时显示一个悬浮文本框。悬浮文本框显示当前的时间与步数，用户也可以输入运动时间或步数，直接跳转到该位置。

图 6-117　"动画"对话框

要点提示

①在播放动画后，需要单击"完成动画"图标或者"返回到模型"图标 退出动画，否则不能进行除了动画播放以外的其他任何操作。

②"动画控制"工具条与"动画"对话框的设置是通用的，而运动控制部分是相同的。

1. 滑动模式

运动仿真过程的控制可以有两种，在滑动模式下可以看到有"时间（秒）"和"步数"两种模式，选择不同的模式，下面就将呈现不同的控制方式，如图 6-118 所示。

(a)　　　　　　　　　　　　　　　　(b)

图 6-118　两种滑动模式

(a) 时间（秒）；(b) 步数

2. 运动控制

对运动过程控制的功能主要是由"运动控制"选项来实现的。

📖 第一步 ：返回到起始位置，可以查看初始位置时的状态。

单步向后 ◄ ：单击该按钮将后退一步，可以查看运动模型上一个运动步骤的状态。

播放 ▶ ：单击该按钮可以查看运动模型在设定的时间和步骤内的整个连续的运动过程，在绘图区将以动画的形式输出。

单步向前 ▶ ：单击该按钮将前进一步，可以查看运动模型下一个运动步骤的状态。

最后一步 ▶▶ ：前进到结束位置，可以查看运动末尾时的状态。

暂停 ▮▮ ：在播放过程中暂停，运动模型将停留在当前位置。

结束 ■ ：结束播放，运动模型将返回到初始状态。

3. 动画延时

动画延时用于指定每一步的停留时间，设置为0时表示不停留，越往右则每一步的停留时间越长。

4. 播放模式

进行播放时，有3种播放模式可选。

播放一次 ➡ ：只播放一次，到最后一步后将停止。

循环播放 ↻ ：循环连续播放，到最后一步后返回第一步继续播放。

往返播放 ⇄ ：往复播放，到最后一步后将倒序播放，到第一步时再正向播放。

5. 初始位置

设计位置 ＊ ：使运动模型回到未进行运动仿真前置处理的初始三维实体设计状态。

装配位置 ＊ ：使运动模型回到进行了运动仿真前置处理后的力学运动分析模型的状态，即零件处于装配位置。

6. 导出至电影

在"动画"对话框中单击"导出到电影"图标 ＊ ，将打开"录制电影"对话框，如图6-119所示。指定文件后，单击"OK"按钮将把动画输出为AVI格式的影片。

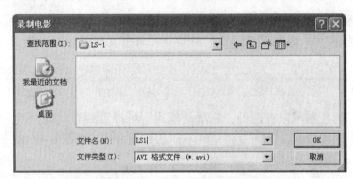

图6-119 "录制电影"对话框

7. 动画采样率

动画采样率用于决定动画播放时的速度，其值为1~10。动画采样率越大，则播放速度越快，同时也决定了进行单步向前或者单步向后时一次性跳转的步数。

●自主项目

1. 自主学习项目——简易冲床装配与运动仿真

功能模块：

草图	实体	曲面	装配	制图	运动仿真
			√		√

功能命令：

装配中的约束命令；运动仿真（连杆、运动副、结算方案、演示）。

素材：如图6-120所示。

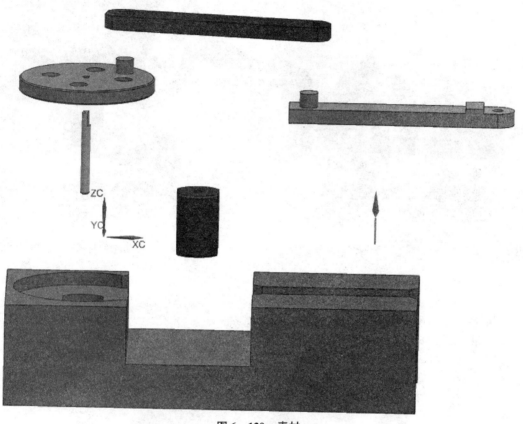

图6-120　素材

2. 自主学习项目——齿轮泵装配与运动仿真

功能模块：

草图	实体	曲面	装配	制图	运动仿真
			√		√

功能命令：

装配中的约束命令；运动仿真（连杆、运动副、结算方案、演示）。

素材：如图6-121所示。

3. 自主学习项目——减速器装配与运动仿真

功能模块：

草图	实体	曲面	装配	制图	运动仿真
			√		√

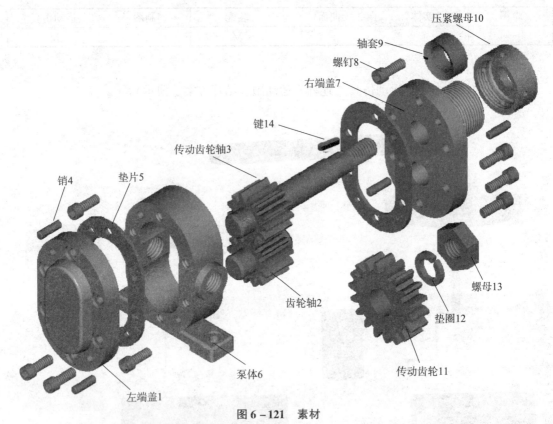

压紧螺母10

轴套9

螺钉8

右端盖7

键14

传动齿轮轴3

销4   垫片5

齿轮轴2

螺母13

垫圈12

传动齿轮11

泵体6

左端盖1

图6－121　素材

功能命令：

装配中的约束命令；运动仿真（连杆、运动副、结算方案、演示）。

素材：如图6－122所示。

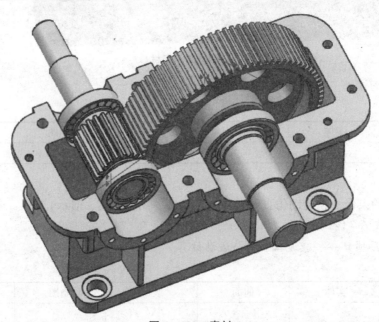

图6－122　素材

模块 7

基于装配的零件设计

基于装配语义的零件设计基于实体建模技术、特征建模技术、参数设计技术、装配模型理论，支持产品自顶向下的设计方法和并行设计。其设计工作符合如下的自顶向下的建模过程：从产品装配概念出发，根据给定的产品功能要求和设计约束，确定产品的大致组成和形状，确定各组成零、部件之间的装配关系和相互约束关系，根据装配关系，把产品分成若干部件或零件，在总体装配关系的约束下，同步地对这些零、部件进行概念设计。

操作视频

其中所有在上一层装配体中的装配约束通过继承关系都将成为下一层装配体的设计约束；在完成概念设计之后，根据各层次零、部件的各自装配约束关系，利用参数设计功能对装配图及零、部件进行并行的详细设计，如果在设计过程中发现与装配约束有矛盾，则要调整不合理的装配约束，进行循环迭代设计；产品设计过程结束后，生成产品的整套设计方案，记录设计过程，同时产生整套工程图纸。

自顶向下装配设计有两种方法：

①先在装配中产生一个新组件，它不含任何几何对象，即是一个"空"组件，然后使其成为工作部件，最后在其中建立几何模型。

②先在装配中建立几何模型（草图、曲线、曲面、实体等），然后建立新组件，最后把几何模型加入新建的组件中。

●项目要点

本章将通过 UG NX 的 Wave 功能，根据简易弯曲装置的装配参考图来设计装置各组件的尺寸，确定其连接关系，生成产品的整套设计方案，从而完成产品结构设计。（操作课件见\Resources\教学课件\项目 7.1 简易弯曲装置结构设计；操作视频见 Resources\Teaching project\Ch07\6.3\简易弯曲装置结构设计.avi；完成零件见 Resources\Teaching project\Ch07\jianyiwanqu。）

●项目目标

☑ 独立分析简易弯曲装置的结构组成；

☑ 能分析确定组件的连接关系；

☑ 能独立设计各组件的结构和尺寸。

●项目实施

7.0.1 结构分析

本装置是一套简易弯曲装置的装配图（图7-1），装置共由22个零件组成，工作部分为6号件和3号件。工作时，操作人员按住球形把手（9号件），9号件通过手柄（8号件）带动偏心轮（7号件）转动，7号件转动时带动弯曲冲头（3号件）向下运动，3号件与V形弯曲导轨（6号件）配合，把工件压到要求的尺寸。冲头导板（4号件）在支架（2号件）的导槽内滑动，为3号件向下运动提供导向作用。弯曲完成后，通过弹簧（10号件）实现自动复位。

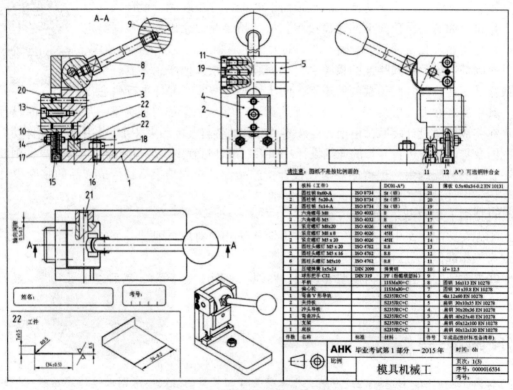

图7-1 简易弯曲装置装配图

7.0.2 建模思路

①根据工件的尺寸和结构，设计弯曲冲头和弯曲V形导轨的结构和尺寸，并确定固定方式（需要一定的弯曲工艺参数），绘制工作零件草图。

②建立装配体，按照从下往上的设计思路完成产品的结构设计，实现相关功能。

③添加标准件。

如图 7 - 2 所示。

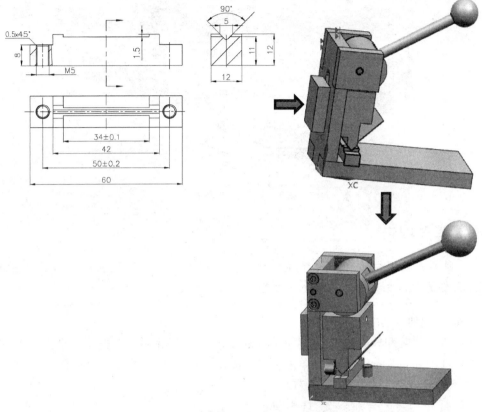

图 7 - 2　简易弯曲装置结构设计思路

7.0.3　产品建模

1）启动 UG

2）新建一个装配体

执行"文件"→"新建"命令，"模板"选择
"装配"，给新文件指定路径 D：\jianyiwanqu 和文件
名 jianyiwanqu_asm1.prt，单击 ▭确定▭ 按钮。

3）设计底板（diban）

（1）打开"装配导航器"，在"装配导航器"
的空白位置处单击鼠标右键，选择"WAVE"模式。

（2）选中 jianyiwanqu_asm1，右击，选择
"WAVE"→"新建级别"→"指定部件名"，输入
"diban"，单击 ▭确定▭ 按钮，如图 7 - 3 所示。

（3）打开"装配导航器"，选中 diban，单击右
键，选择"设为工作部件"；创建长方体，尺寸为 120 mm × 60 mm × 12 mm，如图 7 - 4
所示。

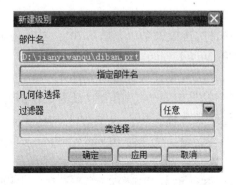

图 7 - 3　新建底板对话框

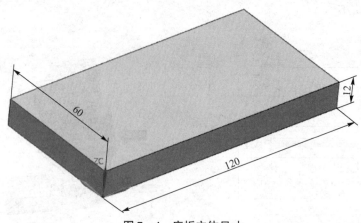

图 7 - 4　底板主体尺寸

要点提示

　　一般要安装螺钉的底板的厚度都设置为 10 mm，在这里设置成 12 mm，多出的 2 mm 主要是考虑设计弯曲 V 形导轨的定位槽。

4）设计支架（zhijia）

（1）打开"装配导航器"，选中 jianyiwanqu_asm1，单击右键，选择"设为工作部件"。

（2）选中 jianyiwanqu_asm1，单击右键，选择"WAVE"→"新建级别"→"指定部件名"，输入"zhijia"，单击 ▣确定 按钮。

（3）打开"装配导航器"，选中 zhijia，单击右键，选择"设置为工作部件"；在底板的左边创建长方体，原点位置不变，边长尺寸为 10 mm ×60 mm ×100 mm，如图 7 - 5 所示。

5）底板和支架连接关系设计

（1）考虑到支架安装在底板上的定位准确性，采用方槽配合螺钉的结构确定两零件的连接关系，方槽尺寸定位 10 mm × 20 mm ×12 mm。

（2）创建底板方槽：打开"装配导航器"，选中 diban，单击"设为工作部件"。创建长方体，原点设置为 $X = 0$，$Y = 20$，

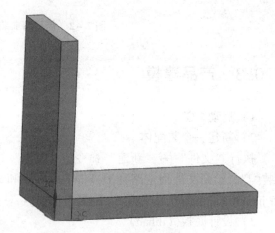

图 7 - 5　支架主体

$Z = 0$，边长尺寸为 10 mm ×20 mm ×12 mm，如图 7 - 6 所示。

（3）创建支架配合结构：打开"装配导航器"，选中 jianyiwanqu_asm1，单击设为工作部件"。单击"开始"→"所有应用模块"→"注塑模向导"→"腔体 ▣"，弹出"腔体"对话框，如图 7 - 7 所示，"目标"选择"支架"，"刀具"的工具类型设为"实体"，选择"底板"作为刀具体，单击 ▣确定 按钮，完成修剪，如图 7 - 8 所示。

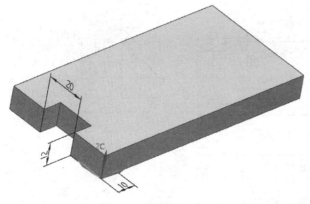

图7-6　底板方槽

图7-7　"腔体"对话框

（4）支架面1的偏移：执行"插入"→"同步建模"→"移动面"命令，弹出如图7-9所示"移动面"对话框，移动面选择图7-8所示的面1，"变换"中的"运动"选项设置为"距离-角度"，指定"矢量"为*ZC*，"距离"=0.5，"角度"=0，单击 确定 按钮，完成面的移动。

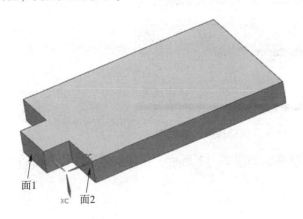

图7-8　切割方槽后的支架

图7-9　"移动面"对话框

🏁 要点提示

底板和支架配合过程中，保证一个面（图7-8中的面2）配合，而另一个面（面1）做适当处理，否则影响装配的精度。

6）设计工作零部件——弯曲V形导轨

根据弯曲工艺知识绘制的弯曲V形导轨草图7-10创建弯曲V形导轨的三维造型。具体步骤如下：

（1）选中jianyiwanqu_asm1，右击，单击"WAVE"→"新建级别"→"指定部件名"，输入"Vxingdaogui"，单击 确定 按钮。

（2）选中Vxingdaogui，单击右键，选择"设为工作部件"；单击"装配工具条"→ 📎 ，弹出"WAVA几何链接器"对话框，设置"类型"为"面"，选择图7-11所示的面3作为抽取的面，单击 确定 按钮。

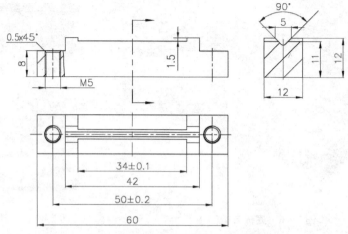

图 7 – 10　弯曲 V 形导轨工艺草图

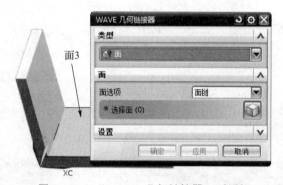

图 7 – 11　"WAVA 几何链接器"对话框

（3）以抽取的面3作为基准，绘制草图，如图7 – 12 所示，拉伸实体，拉伸开始距离为 – 2，结束距离为10，如图 7 – 13 所示。

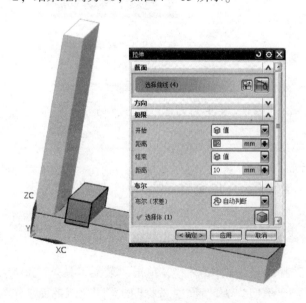

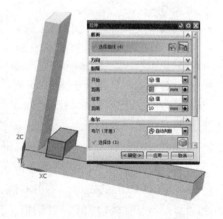

图 7 – 12　主体拉伸草图　　　　　图 7 – 13　"拉伸"对话框

（4）根据草图7-10，完成其他结构创建（螺纹孔和孔忽略），如图7-14所示。

（5）创建底板与弯曲V形导轨的配合槽：单击"腔体" ![icon]，弹出"腔体"对话框，"目标体"选择"弯曲V形导轨"，"刀具"的工具类型设为"实体"，选择"底板"作为"刀具体"，单击 确定 按钮，完成修剪。通过"装配导航器"隐藏Vxingdaogui后的组件如图7-15所示。

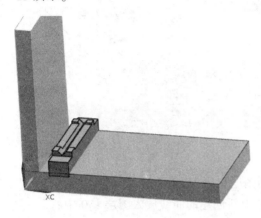

图7-14 弯曲V形导轨结构设计

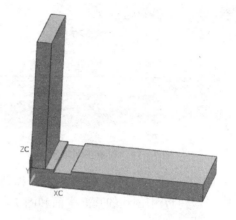

图7-15 弯曲V形导轨的配合槽

7）创建工件

（1）选中jianyiwanqu_asm1，右击，单击"WAVE"→"新建级别"→"指定部件名"，输入"gongjian"，单击 确定 按钮。

（2）选中gongjian，单击右键，选择"设为工作部件"；单击"装配工具条"→![icon]，弹出"WAVA几何链接器"对话框，设置"类型"为"复合曲线"，选择图7-16所示的线1作为抽取的线，单击 确定 按钮。

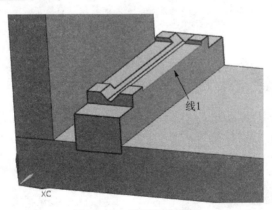

图7-16 抽取复合曲线

（3）创建绘图基准平面：单击"特征"工具栏→"基准平面"图标 ![icon]，弹出"基准平面"创建对话框，选择"类型"为"方向和点"，"点"为图7-16所示的线1的中点，"矢量"为YC，单击 确定 按钮，完成基准平面创建，如图7-17所示。

（4）绘制工件草图：以图7-17中创建的基准平面作为绘图平面，绘制如图7-18所示的草图。

（5）创建拉伸体：以图7-18中创建的曲线对称拉伸，单边距离为17，拉伸后的工件如图 7 - 19 所示。

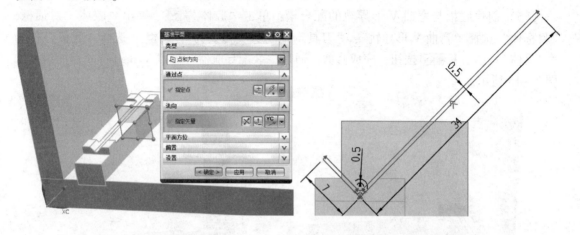

图 7 - 17　创建草图平面　　　　　　　　　图 7 - 18　工件草图

（6）单击下拉菜单"格式"→"移动到图层"，创建新图层 150，把图 7 - 16 中创建的线 1、图 7 - 17 中创建的基准平面和图 7 - 18 中新创建的曲线放入图层 150 中。

8）设计弯曲冲头

（1）选中 jianyiwanqu_asm1，右击，单击"WAVE"→"新建级别"→"指定部件名"，输入"wanquchongtou"，单击 确定 按钮。

（2）选中 wanquchongtou，单击右键，选择"设为工作部件"；单击"装配工具条"→ 📎，弹出"WAVA 几何链接器"对话框，设置"类型"为"面"，选择图 7 - 19 所示的面 4 作为抽取的面，单击 应用 按钮。设置"类型"为"复合曲线"，分别选择图 7 - 20 所示的三条曲线作为抽取的线，单击 确定 按钮。

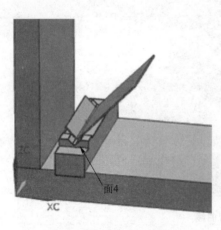

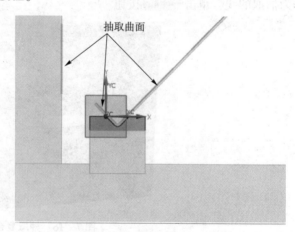

图 7 - 19　工件主体结构　　　　　　　　图 7 - 20　抽取 3 条曲线

（3）创建弯曲冲头草图曲线：以图 7 - 19 所示的面 4 作为绘制草图的面，水平参考默认。进入草绘环境，绘制如图 7 - 21 所示的草图，其中图 7 - 20 所示的三条曲线可以作为绘图参考。

（4）创建弯曲冲头拉伸结构：拉伸图 7 - 21 所示曲线，拉伸距离为 44（通过测量可以获得），单击 确定 按钮，设计的弯曲冲头如图 7 - 22 所示。

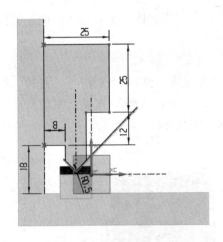

图 7 - 21　弯曲冲头草图

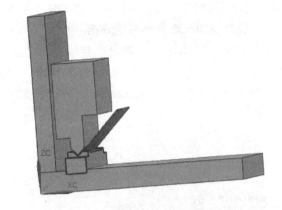

图 7 - 22　弯曲冲头实体结构

（5）单击下拉菜单"格式"→"移动到图层"，创建新图层 151，把图 7 - 19 的面 4、图 7 - 20 中的 3 条曲线和图 7 - 21 中新建的草图曲线放入图层 151 中。

9）设计弯曲导板

（1）选中 jianyiwanqu_asm1，右击，单击"WAVE"→"新建级别"→"指定部件名"，输入"chongtoudaoban"，单击 确定 按钮。

（2）选中 chongtoudaoban，单击右击，选择"设为工作部件"；通过"装配导航器"设置 zhijia 不显示，单击"装配工具条"→ ，弹出"WAVA 几何链接器"对话框，设置"类型"为"面"，选择图 7 - 23 所示的 3 个面作为抽取的面，单击 确定 按钮。

（3）创建弯曲导板草图曲线：以图 7 - 23 所示的曲面 5 作为绘制草图的面，水平参考默认。进入草绘环境，绘制如图 7 - 24 所示的草图，其中图 7 - 23 所示的抽取曲面可以作为绘图参考。

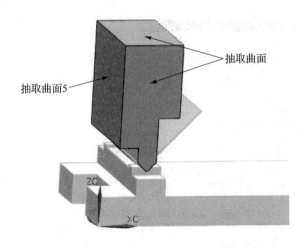

图 7 - 23　抽取面域

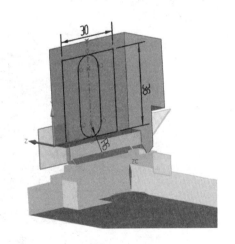

图 7 - 24　弯曲导板草图

（4）创建弯曲导板拉伸结构：拉伸图 7 - 24 所示内部的 U 形曲线，拉伸方向为冲头实体反向，距离为 10（跟支架配合，故厚度跟支架等厚，该部分起导向作用，需局部热处理），单击 应用 按钮；然后选择图 7 - 24 所示外部的长方形曲线，拉伸方向同上，起始距离为 10，结束距离为 20，"布尔"运算设为"求和"，"连接体"为步骤 4）创建的拉伸体，单击 确定 按钮。设计的弯曲导板如图 7 - 25 所示。

10）设计支架与弯曲导板的导槽

（1）单击"腔体 "，弹出"腔体"对话框，"目标体"选择"支架"，"刀具"的工具类型设为"实体"，选择"弯曲导板"作为"刀具体"，单击 确定 按钮，完成修剪。通过"装配导航器"隐藏 wanqudaoban 后的组件如图 7 - 26 所示。

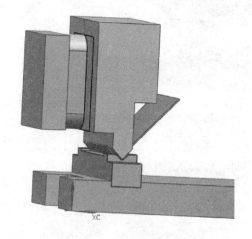

图 7 - 25　弯曲导板实体创建

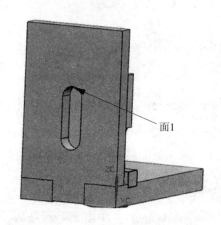

面1

图 7 - 26　修剪出支架上的滑动槽

（2）创建行程：考虑到工件的拿取方便，设计弯曲冲头的行程为 6 mm，故应对步骤 1）创建的槽再设计。通过"装配导航器"设置支架为"工作部件"。执行"插入"→"同步建模"→"移动面"命令，弹出如图 7 - 27 所示"移动面"对话框，移动面选择图 7 - 26 所示的面 1，变换中的"运动"选项设置为"距离"，指定"矢量"为 ZC，距离 = 10，单击 确定 按钮，完成面的移动，如图 7 - 27 所示。

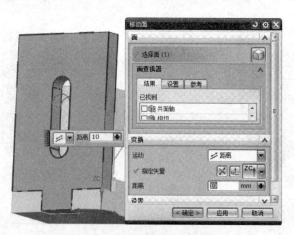

图 7 - 27　编辑滑动槽

要点提示

　　在进行"腔体 "指令前，需要对图 7 – 20 中在支架中抽取的曲线做"取消关联"操作，具体步骤是：通过"装配导航器"设置 wanquchongtou 为"工作部件"，然后选择图 7 – 28 中鼠标所指"链接的复合曲线（1）"，单击鼠标右键，选择"编辑参数"，弹出图 7 – 29 所示的"WAVE 几何链接器"对话框，去掉"关联"选项，单击 确定 按钮。

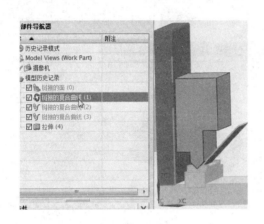

图 7 – 28　复合曲线选取

图 7 – 29　WAVE 关联设置

11）设计夹持板

（1）选中 jianyiwanqu_asm1，右击，单击"WAVE"→"新建级别"→"指定部件名"，输入"jiachiban"，单击 确定 按钮。

（2）选中 jiachiban，单击右键，选择"设为工作部件"。执行"插入"→"特征"→"长方体"命令，弹出"长方体"对话框，设置起始点如图 7 – 30 所示，长方体尺寸如图 7 – 31 所示。单击 确定 按钮，完成夹持板的创建。注意：夹持板的尺寸可以通过原点和"长方体"对话框适当调节，直到合适为止。

图 7 – 30　长方体原点设置

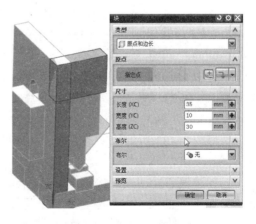

图 7 – 31　长方体参数设置

（3）执行"文件"→"全部保存"。

12）添加另一边夹持板

（1）单击"装配"工具条→"添加组件"图标 ，弹出"添加组件"对话框，单击对话框上的"打开"按钮，弹出部件文件选择对话框，选取 jiachiban. prt 文件。参数设置：设置"定位"为"通过约束"、"Reference Set"为"模型"、"图层选项"为"原始的"，其余选项保持默认值。单击 确定 按钮，弹出"装配约束"对话框。

（2）定位组件 gudingqiankouban。

①添加接触约束：在"类型"下拉选项中选择"接触对齐"，选择"方位"为"对齐"，依次选择图 7 – 32 中所示的面 6 和面 7，单击 应用 按钮，完成第一组装配约束。

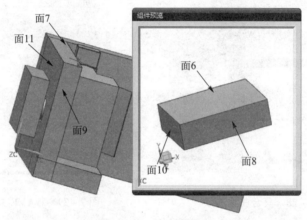

图 7 – 32　约束面确定

②添加接触约束：在"类型"下拉选项中选择"接触对齐"，选择"方位"为"对齐"，依次选择图 7 – 32 中所示的面 8 和面 9，单击 应用 按钮，完成第二组装配约束。

③添加接触约束：在"类型"下拉选项中选择"接触对齐"，选择"方位"为"对齐"，依次选择图 7 – 32 中所示的面 10 和面 11，单击 应用 按钮，完成第三组装配约束。效果如图 7 – 33 所示。

13）设计偏心轮

（1）选中 jianyiwanqu＿asm1，右击，单击"WAVE"→"新建级别"→"指定部件名"，输入"pianxinlun"，单击 确定 按钮。

（2）选中 pianxinlun，单击右键，选择"设为工作部件"。单击"装配工具条"→ ，弹出"WAVA 几何链接器"对话框，设置"类型"为"面"，选择图 7 – 33 所示的 3 个面作为抽取的面，单击 确定 按钮。

（3）创建偏心轮曲线：以图 7 – 33 所示的面 12 作为绘制草图的面，水平参考默认。进入草绘环境，绘制圆与图 7 – 33 所示的两个参考面相切，修改圆的大小到合适位置（φ32），如图 7 – 34 所示，完成草图绘制。

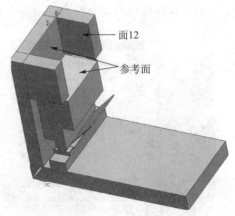

图 7 – 33　抽取偏心轮创建所需面域

（4）创建偏心轮主体：拉伸图 7 - 34 所示的偏心轮曲线，开始距离设为 0.5，结束距离设为 39.5（单边 0.5 的间隙可以方便偏心轮转动），效果如图 7 - 35 所示。

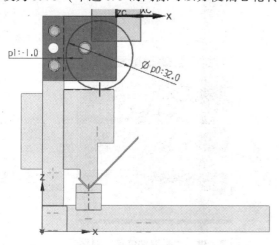

图 7 - 34　偏心轮曲线

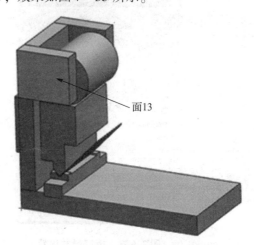

图 7 - 35　偏心轮效果图

（5）单击下拉菜单"格式"→"移动到图层"，创建新图层 152，把图 7 - 33 中的面 12 和参考面放入图层 152 中。

14）添加夹持板和偏心轮的连接销（$\phi 5 \times 60$）

（1）单击"开始"→"所有应用模块"→"注塑模向导"→"标准件库 🔲"，弹出"标准件库"对话框，单击"DME_MM"→"Dowels"→"Dowels Pin（DP）"，操作步骤如图 7 - 36 所示。操作完成后弹出图 7 - 37 所示的"信息"窗口，根据"信息"窗口，在"部件"对话框中设置相关参数，如图 7 - 38 所示。

图 7 - 36　销的选择窗口

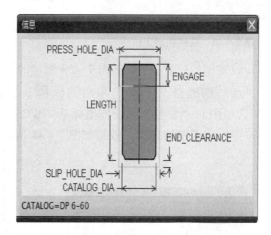

图 7 - 37　销的尺寸信息

（2）设置销的位置 1：单击图 7 - 38 中的"选择面或平面（0）"，选择图 7 - 35 所示的面 13 作为放置面，单击 确定 按钮，弹出图 7 - 39 所示的"标准件位置"对话框，同时显示销的初始位置，如图 7 - 40 所示。

（3）设置销的参考点坐标：单击图 7 - 39"参考点"选项中的"面中心"图标 🔲，图 7 - 35 的面 13 的中心位置会显示"参考点"坐标，效果如图 7 - 41 所示。

（4）设置销的位置 2：修改图 7 - 42 中"偏置"选项中的"X 偏置"和"Y 偏置"的值

为0，销从图7-41处移动到图7-35所示的面13的中心位置，效果如图7-42所示。

图7-38　销钉尺寸设置

图7-39　"标准件位置"对话框

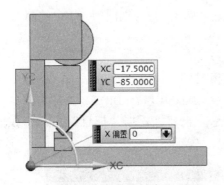

图7-40　销的初始定位

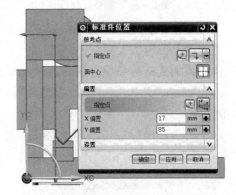

图7-41　参考点设置

（5）设置销的位置3：单击图7-39所示的"操控器"图标 ，在"操控器"图标左侧出现"点"构造器图标 ，单击图标 ，弹出图7-43所示的"点"对话框，设置"坐标"选项中的"参考"为工作坐标系"WCS"，然后设置*XC*为5，*YC*和*ZC*为0，单击 确定 按钮，完成销的移动，效果如图7-44所示。

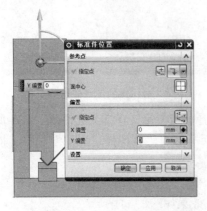

图7-42　销的过渡位置1

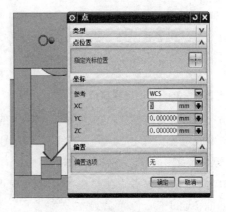

图7-43　销的过渡位置2

15）设计夹持板和偏心轮的销孔

单击"腔体❄"，弹出"腔体"对话框，"目标体"选择"夹持板"和"偏心轮"，"刀具"的工具类型设为"实体"，选择 7 − 44 中"销"作为"刀具体"，单击 确定 按钮，完成修剪。通过"装配导航器"隐藏 PROJ_DOWEL_PIN_002 后的组件如图 7 − 45 所示。

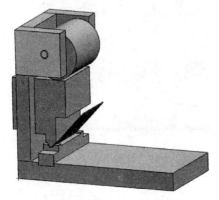

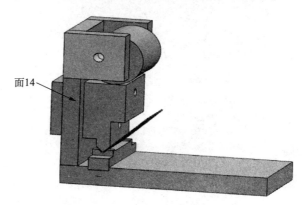

面14

图 7 − 44　销的最终位置

图 7 − 45　销孔创建

16）设计偏心轮上安装手柄的螺钉孔

（1）选中 pianxinlun，单击右键，选择"设为工作部件"。执行"插入"→"设计特征"→"拉伸"命令，弹出"拉伸"对话框，单击"拉伸"对话框中"草图图标" 🔲，选择图 7 − 45 所示的面 14 作为草图平面，其他默认，单击 确定 按钮，进入草图界面，绘制如图 7 − 46 所示的草图（尺寸可以自由调节），单击"完成草图"，设置拉伸相关参数如图 7 − 47 的对话框所示，选择"求差"对象，单击 确定 按钮，完成切割。

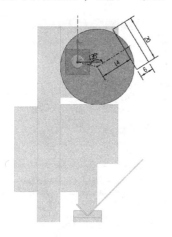

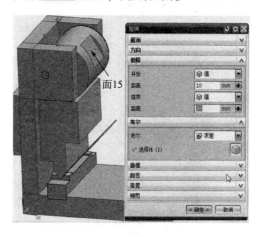

面15

图 7 − 46　偏心轮安装手柄处的结构草图

图 7 − 47　安装手柄处的结构创建

（2）执行"插入"→"设计特征"→"孔"，弹出"孔"对话框，通过"草图"绘制"孔"位置点，如图 7 − 48 所示，孔相关参数如图 7 − 49 所示，单击 确定 按钮，完成孔的创建，效果如图 7 − 50 所示。

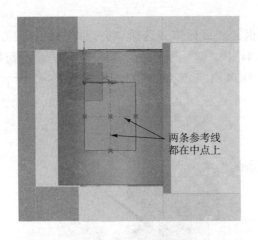

图 7 - 48　"孔"位置点　　　　　　　图 7 - 49　孔参数设置

两条参考线都在中点上

17) 设计手柄

（1）选中 jianyiwanqu_asm1，右击，单击"WAVE"→"新建级别"→"指定部件名"，输入"shoubing"，单击 确定 按钮。

（2）选中 shoubing，单击右键，选择"设为工作部件"。单击"装配工具条"→ ，弹出"WAVA 几何链接器"对话框，设置"类型"为"面"，选择图 7 - 50 所示的面 16 作为抽取的面，单击 确定 按钮。

（3）创建圆柱：执行"插入"→"设计特征"→"圆柱"，弹出"圆柱"对话框，"指定矢量"为图 7 - 50 中的面 16 的垂直方向，"点"为图 7 - 50 中面 16 中圆的圆心点，设计相关参数如图 7 - 51 所示，单击 确定 按钮，完成圆柱创建。

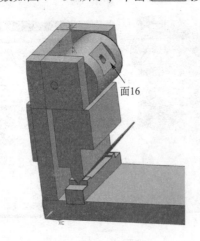

面16

图 7 - 50　孔创建完成　　　　　　　图 7 - 51　"圆柱"参数

（4）单击下拉菜单"格式"→"移动到图层"，创建新图层 153，把图 7 - 50 中的面 16 放入图层 153 中。通过"装配导航器"隐藏 pianxinluan，效果如图 7 - 52 所示。

（5）创建手柄轴上主体：通过"凸台""开槽"和"倒角"指令完成手柄轴上的主体，尺寸根据现实自由调节，步骤略，效果如图 7 - 53 所示。

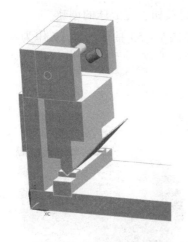

图 7 – 52　圆柱创建效果

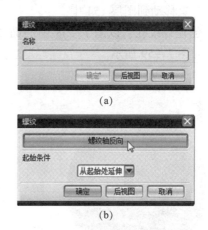

面19
面18
面17

图 7 – 53　手柄主体创建

（6）创建手柄两端螺纹：执行"插入"→"设计特征"→"螺纹"，弹出"螺纹"对话框，如图 7 – 54 所示。单击对话框中的"符号"，然后选择图 7 – 53 所示的面 17，弹出图 7 – 55（a）所示初始面选择对话框，选择图 7 – 53 所示面 18 作为"初始面"，弹出图 7 – 55（b）所示螺纹方向对话框，单击"螺纹轴方向"选项，单击 确定 按钮，回到"螺纹"对话框，单击 确定 按钮，完成螺纹创建。用同样的方法创建另一边的螺纹。

图 7 – 54　"螺纹"参数

图 7 – 55　初始面和螺纹方向选择对话框

18）设计球形把柄

（1）选中 jianyiwanqu_asm1，右击，单击"WAVE"→"新建级别"→"指定部件名"，输入"qiuxingbabing"，单击 确定 按钮。

（2）选中 qiuxingbabing，右击，选择"设为工作部件"。单击"装配工具条"→，弹出"WAVA 几何链接器"对话框，设置"类型"为"面"，选择图 7 – 53 所示的面 18 和面 19 作为抽取的面，单击 确定 按钮。

（3）执行"插入"→"同步建模"→"偏置区域"，弹出"偏置区域"对话框，选择图 7 – 53 所示的面 18 作为偏置面，"距离"设置为 2，如图 7 – 56 所示。

（4）执行"插入"→"设计特征"→"球"，弹出"球"对话框，选择图 7 – 56 创建的面的圆心作为球心，球的直径设置为22，单击 **确定** 按钮，完成球的创建。

（5）创建基准平面：单击基准平面图标 □，选择图7-53抽取的面19作为参考，创建基准平面，如图7-57所示。

图7-56 "偏置区域"设置

图7-57 基础平面创建

（6）创建修剪体：单击"修剪体"图标 ▣，选择创建的"球体"为"目标体"，选择刚创建的"基准平面"作为"共具体"，选择方向，单击确定 **确定** 按钮，完成切割操作。把无用的对象移动到图层154中。

（7）创建螺纹孔：以图7-58中的面20的圆中心作为孔的中心，创建M6L10的螺纹孔，效果如图7-59所示。

面20

图7-58 切割后的效果图

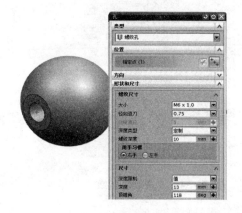

图7-59 螺纹孔创建

19）支架再设计

单击"腔体 ♥"，弹出"腔体"对话框，"目标体"选择"支架"，"刀具"的工具类型设为"实体"，选择两个"夹持板"作为"刀具体"，单击 **确定** 按钮，完成修剪。

20）添加夹持板与支架标准件M5L20

（1）单击"开始"→"所有应用模块"→"注塑模向导"→"标准件库 ⬛"，弹出"标准件管理"对话框，单击"DME_MM"→"Screws"→"SCHS［Manual］"，如图7-60所示。操作完成后弹出图7-61所示的螺钉的"信息"窗口，根据"信息"窗口，在

"标准件管理"对话框中设置相关参数（LENGTH_TRIM = 2.5）。单击图 7 - 62 "位置"下的"选择面或平面 (0)"，选择图 7 - 63 所示的面 21 作为放置面，单击 确定 按钮，退出"标准件管理"对话框，图 7 - 63 中的面 21 被摆正。单击面 21 上随意一点，单击 确定 按钮，完成螺钉 M5L20 的调入，如图 7 - 64 所示。

图 7 - 60　螺钉选择窗口

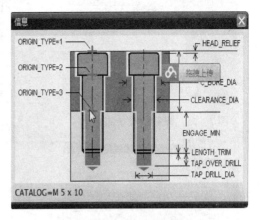

图 7 - 61　螺钉尺寸信息

图 7 - 62　选择放置位置

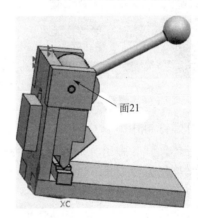

图 7 - 63　螺钉放置面

（2）设置螺钉 M5L20 的位置 1：单击图 7 - 65 所示的"参考点"选项中的"面中心"图标 ▦，设置螺钉的参考点坐标为图 7 - 63 中面 21 的中心点。修改图 7 - 42 中"偏置"选项中的"X 偏置"和"Y 偏置"的值为 0，螺钉从图 7 - 64 处移动到图 7 - 65 所示的面 21 的中心位置，效果如图 7 - 65 所示。

（3）设置螺钉的位置 2：单击图 7 - 65 所示的"操控器"图标 📐，在"操控器"图标左侧出现"点"构造器图标 ⬚，单击图标 ⬚，弹出图 7 - 66 所示的"点"对话框，设置"坐标"选项中的"参考"为工作坐标系"WCS"，然后设置 XC 为 - 12.5，YC 为 10，ZC 为 0，单击 确定 按钮，回到图 7 - 67 所示的"标准件位置"对话框，单击 应用 ，完成第一个螺钉的添加。

（4）设置对称面螺钉：继续在"标准件位置"对话框进行操作，设置 X 偏置为 12.5，按 Enter 键，设置 YC 为 - 10，按 Enter 键，单击 确定 按钮完成第二个螺钉的添加，效果如图 7 - 68 所示。

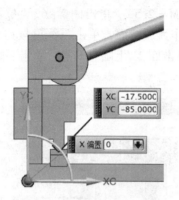

图 7-64　螺钉位置参照点

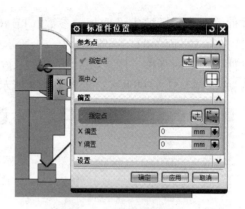

图 7-65　螺钉 1 初始位置

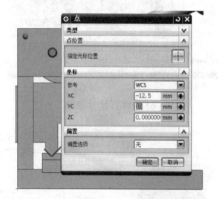

图 7-66　螺钉 2 位置

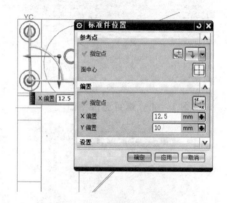

图 7-67　螺钉 3 位置

21）设计螺钉 M5L20 对应的夹持板与支架的孔

单击"腔体 🔧"，弹出"腔体"对话框，"目标体"选择"支架"和"夹持板"，"刀具"的工具类型设为"实体"，选择两个"螺钉 M5L20"作为"刀具体"，单击 确定 按钮，完成修剪，如图 7-68 所示。

22）添加夹持板与支架标准件 φ5L20

（1）单击"开始"→"所有应用模块"→"注塑模向导"→"标准件库 🔳"，弹出"标准件管理"对话框，单击"DME_MM"→"Dowels"→"Dowels Pin（DP）"，如图 7-69

图 7-68　螺钉修剪腔体后的效果

图 7-69　销钉选择窗口

所示。操作完成后弹出图 7 – 70 所示的"信息"窗口，根据"信息"窗口，在"标准件管理"对话框中设置相关参数，其中参数"END_CLEARANCE"设置为 10（保证销钉能够打通实体）。单击图 7 – 71 中的"选择面或平面（0）"，选择图 7 – 63 所示的面 21 作为放置面，单击 确定 按钮，退出"标准件管理"对话框，图 7 – 63 中的面 21 被摆正，完成销 φ5L20 的初始位置添加。

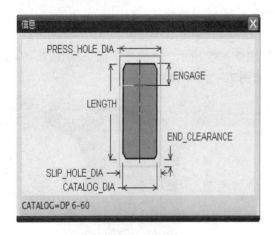

图 7 – 70　销钉尺寸信息

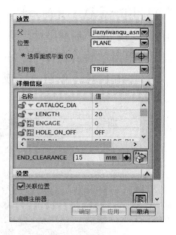

图 7 – 71　销钉尺寸设计

（2）设置销的位置 1：单击图 7 – 72 所示"参考点"选项中的"面中心"面中心图标 田，设置销钉的参考点坐标为图 7 – 63 中面 21 的中心点。修改图 7 – 72 中的"偏置"选项中的"X 偏置"和"Y 偏置"的值为 0。销从初始位置移动到图 7 – 72 所示的面 2 的中心位置。

（3）设置销的位置 2：单击图 7 – 72 所示的"操控器"图标 ，在"操控器"图标左侧出现"点"构造器图标 ，单击图标 ，弹出图 7 – 73 所示的"点"对话框，设置"坐标"选项中的"参考"为工作坐标系"WCS"，然后设置 XC 为 – 12.5，YC 为 0，ZC 为 0，单击 确定 按钮，回到图 7 – 72 所示的"标准件位置"对话框，单击 确定 按钮，完成销钉的添加。

图 7 – 72　初始位置

图 7 – 73　销钉最终位置

23）设计销 $\phi5L20$ 对应的夹持板与支架的孔

单击"腔体 "，弹出"腔体"对话框，"目标体"选择"支架"和"夹持板"，"刀具"的工具类型设为"工具"，选择 1 个"$\phi5L20$"作为"刀具体"，单击 确定 按钮，完成修剪，如图 7 - 74 所示。

24）设计夹持板与支架对称螺钉和销

（1）用"WAVA 几何链接器"抽取如图 7 - 74 所示曲线 2，利用曲线 2 的"中点"创建如图 7 - 74 的"基准平面"。

（2）单击"镜像装配"，"镜像组件"如图 7 - 75 所示，"镜像平面"为图 7 - 74 的基准平面，单击 确定 按钮，完成镜像组件，如图 7 - 76 所示。

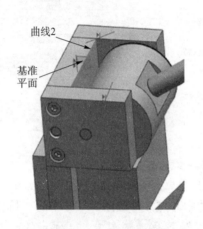

图 7 - 74 抽取曲线

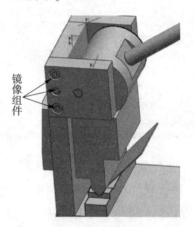

图 7 - 75 镜像组件

（3）单击"腔体 "，弹出"腔体"对话框，"目标体"选择"支架"，"刀具"的工具类型设为"实体"，选择如图 7 - 75 中的 3 个镜像组件作为"刀具体"，单击 确定 按钮，完成修剪，隐藏标准件，效果如图 7 - 77 所示。

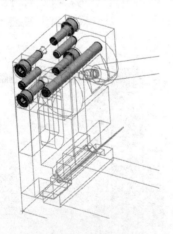

图 7 - 76 镜像效果

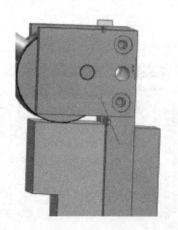

图 7 - 77 切割效果

25）创建其他螺钉和销钉

用同样的方法可以调入其他螺钉，并进行修剪，效果如图 7 - 78 所示。（操作步骤略）

26）底板孔的创建

单击"腔体 👤"，弹出"腔体"对话框，"目标体"选择"底板"，"刀具"的工具类型设为"工具"，选择如图 7 – 78 中的"标准件 1"，单击 [确定] 按钮，完成修剪，隐藏标准件，效果如图 7 – 79 所示。

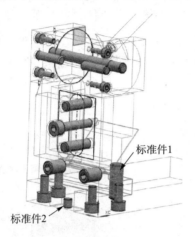 

图 7 – 78　螺钉和销钉创建后的效果　　　　图 7 – 79　底板孔创建

27）支架底部螺钉孔的创建

单击"腔体 👤"，弹出"腔体"对话框，"目标体"选择"支架"，"刀具"的工具类型设为"工具"，选择如图 7 – 78 中的"标准件 2"，单击 [确定] 按钮，完成修剪，隐藏标准件，效果如图 7 – 80 所示。

28）自动复位弹簧的创建

（1）单击"标准件库 📠"，弹出"标准件库"对话框，单击"HASCO_ MM"→"Springs"→"Spring"，根据图 7 – 81 所示弹簧的"信息窗口"，设置相关参数，其中参数"CATALOG_ LENGTH"设置为 23.5（保证能打通孔）。单击图 7 – 81 中的"选择面或平面（0）"，选择图 7 – 81 所示的面作为放置面，单击 [确定] 按钮，退出"标准件库"对话框，放置面被摆正。

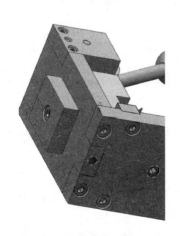 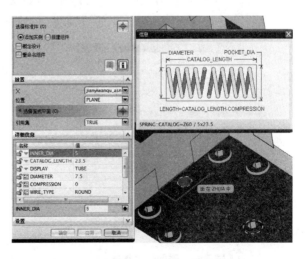

图 7 – 80　支架底部螺钉孔创建　　　　　　图 7 – 81　弹簧创建

（2）设置弹簧位置1：单击图7-82所示的"参考点"选项中的"面中心"图标⊞，设置弹簧的参考点坐标为图7-81所示面的中心点。修改图7-82中"偏置"选项中"X偏置"和"Y偏置"的值为0，弹簧从初始位置移动到图7-82所示的面的中心位置。

（3）设置弹簧位置2：单击图7-82所示的"操控器"图标🔧，在"操控器"图标左侧出现"点"构造器图标⊞，单击图标⊞，弹出图7-83所示"点"对话框，设置"输出坐标"选项中的"参考"为工作坐标系"WCS"，然后设置XC为0，YC为0，ZC为-8，单击 确定 按钮，回到图7-73所示的"标准件位置"对话框，单击 确定 按钮，完成弹簧的添加。

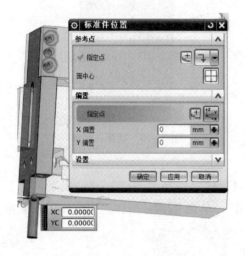

图7-82　弹簧位置1　　　　　　　　　　　图7-83　弹簧位置2

（4）单击"标准件库 🔧"，选择创建的弹簧，单击图7-84中的"翻转"图标◀，弹簧被翻转，完成弹簧最终位置调整，效果如图7-85所示。

29）支架内部弹簧孔的创建

单击"腔体 🔧"，弹出"腔体"对话框，"目标体"选择"支架"，"刀具"的工具类型设为"组件"，选择如图7-85中的"弹簧"，单击 确定 按钮，完成修剪。

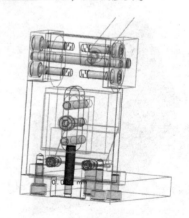

图7-84　弹簧位置翻转　　　　　　　　　　图7-85　弹簧最终位置

30）弯曲冲头再编辑

　　📖 鼠标双击弯曲冲头实体，激活弯曲冲头零件。

　　📖 执行"插入"→"同步建模"→"移动面"命令，弹出如图7－86所示"移动面"对话框，移动面选择图7－87中的面21和面22，变换中的"运动"选项设置为"距离"，"指定矢量"为面的反向，距离＝2.5，单击 确定 按钮，完成面的移动。

图7－86　"移动面"对话框

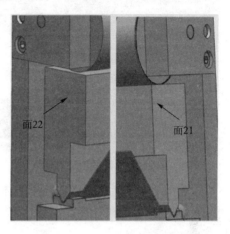

图7－87　移动对象

要点提示

　　通过"分析"命令测量图7－88中两个面的距离，此距离为3 mm，不满足10 mm的行程，同时发现，弯曲冲头太宽，超过了2个夹持板之间的距离，如果弯曲冲头往回运动，会被支撑板挡住，所以需对弯曲冲头的厚度进行处理。

图7－88　距离测量

　　31）手柄再编辑

　　（1）选择"装配导航器"→"shoubing"→"工作部件"，执行"插入"→"设计特征"→"圆柱"命令，圆柱圆心和矢量设置如图7－89所示，单击 确定 按钮，完成圆柱创建，如图7－90所示。

　　（2）以图7－90中的面23作为草图平面，绘制如图7－91所示草图，单击"完成草图"。

图7-89　圆柱创建对话框

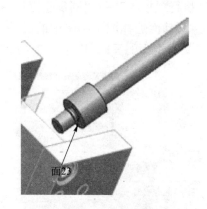

图7-90　圆柱创建效果

（3）拉伸图7-91所示草图，与原实体求差，创建装夹平面，效果如图7-92所示。

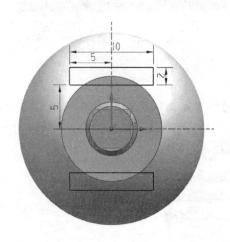

图7-91　切割草图

图7-92　装夹平面效果

32）零部件修饰

对零部件各部分进行过渡圆角和倒角处理，效果如图7-93所示。

7.0.4　知识加油

一、WAVA 几何链接器

WAVA几何链接器提供在工作部件中建立相关或不相关的几何体。如果建立相关的几何体，它必须被链接到同一装配中的其他部件。链接的几何体相关到它的父几何体，改变父几何体将引起在所有其他部件中链接的几何体自动地更新。

单击"装配"工具栏中"WAVA几何链接器"图标 ，进入"WAVA几何链接器"对话框，如图7-94所示。在该对话框"类型"下拉列表框中，系统提供了9种链接的几何体类型。

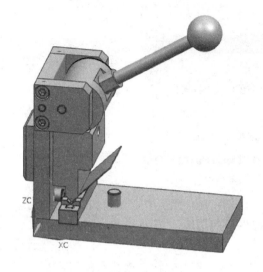

图 7-93 零件修饰后的效果

图 7-94 "WAVA 几何链接器"对话框

1) 复合曲线

用于从装配体中另一部件链接一曲线或线串到工作部件。选择该选项，并选择需要链接的曲线后，单击 确定 按钮即可将选中的曲线链接到当前工作部件。

2) 点

用于链接在装配体中另一部件中建立的点或直线到工作部件。

3) 基准

用于从装配件中另一部件链接一基准特征到工作部件。

4) 草图

用于从装配体中另一部件链接一草图到工作部件。

5) 面

用于从装配体中另一部件链接一个或多个表面到工作部件。

6) 面区域

用于在同一配件中的部件间创建链接区域（相邻的多个表面）。

7) 体

用于链接一实体到工作部件。

8) 镜像体

用于将当前装配体中的一个部件的特征相对于指定平面的镜像体链接到工作部件。在操作时，需要先选择特征，再选择镜像平面。

9) 管线布置对象

用于从装配体中另一部件链接一个或多个管道对象到工作部件。

二、同步建模

"同步建模"命令用于修改模型，而不考虑模型的原点、关联性或特征历史记录。"同步建模"的工具条如图 7-95 所示。"同步建模"的模型可能是从其他 CAD 系统导入的、非关联的、无特征的，或者可能是具有特征的原生 NX 模型。使用"同步建模"命令可在不考虑模型如何创建的情况下轻松修改该模型。

图7-95　"同步建模"工具栏

在使用"建模"模块时，可以使用"历史记录模式"或"无历史记录模式"两种模式。

(1)"历史记录模式"：在该模式下，使用"部件导航器"中显示的有序特征序列来创建和编辑模型，这是在NX中进行设计的主模式。

(2)"无历史记录模式"：在该模式下，可以根据模型的当前状态创建和编辑模型，而无须有序的特征序列，但只能创建不依赖于有序结构的局部特征。在该模式下，与"历史记录模式"不同，并非所有命令创建的特征都在"部件导航器"中显示。

1. 移动面（项目7.1已经应用）

通过此命令可以局部移动实体上的一组表面，甚至是实体上所有表面，并且可以自动识别和重新生成倒圆面，常用于样机模型的快速调整。

执行"插入"→"同步建模"→"移动面"或单击"同步建模"工具条→"移动面"图标 ，可以弹出"移动面"对话框，如图7-96所示。

2. 偏置区域

通过此命令可以在单个步骤中偏置一组面或一个整体，并且可以重新创建圆角。"偏置区域"是一种不考虑模型的特征历史记录而修改模型的快速而直接的办法。

执行"插入"→"同步建模"→"偏置区域"或单击"同步建模"工具条→"偏置区域"图标 ，可以弹出"偏置区域"对话框，如图7-97所示。

图7-96　"移动面"对话框

图7-97　"偏置区域"对话框

"偏置区域"在很多情况下和"特征操作"工具条中的"偏置面"效果相同，但碰到圆角时会有所不同，如图 7 - 98 所示。

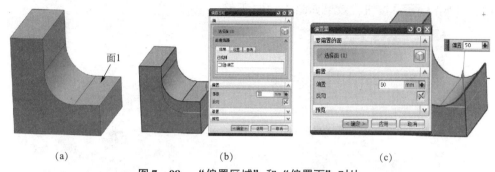

图 7 - 98　"偏置区域"和"偏置面"对比

（a）原始模型；（b）偏置区域；（c）偏置面

3. 替换面

通过此命令可以用一表面来替换一组表面，并能重新生成光滑邻接的表面。使用此命令可以方便地使两平面一致，还可以用一个简单的面来替换一组复杂的面。

执行"插入"→"同步建模"→"替换面"或单击"同步建模"工具条→"替换面"图标 ，可以弹出"替换面"对话框，如图 7 - 99 所示。

打开文件"Resources\Teaching project\Ch07\Knowledgepart\yelun. prt"，执行"替换面"操作，按照图 7 - 100 选择"要替换的面"和"替换面"，单击 确定 按钮，效果如图 7 - 101 所示。

图 7 - 99　"移动面"对话框

图 7 - 100　对象选择

4. 调整面的大小

通过此命令可以更改圆柱面或球面的直径，以及锥面的半角，还能重新创建相邻圆角面。

执行"插入"→"同步建模"→"调整面的大小"或单击"同步建模"工具条→"调整面的大小"图标 ，可以弹出"调整面的大小"对话框，如图 7 - 102 所示。

打开文件"Resources\Teaching project\Ch07\Knowledgepart\yelun. prt"，执行"调整面的大小"操作，按照

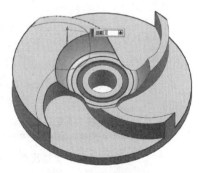

图 7 - 101　替换效果

图 7-100 选择"调整圆大小"对应的圆柱面，图 7-102 显示圆柱直径为"12"，把大小改成"10"，单击 确定 按钮，效果如图 7-103 所示。

图 7-102 "调整面的大小"对话框

图 7-103 调整圆角大小后的效果

5. 拉出面

通过此命令可以将面进行某个方向的移动而不影响相邻的面。

要点提示

（1）拉出面是以被拉出面的边界为依据，使得实体被拉长或缩短，其截面大小是不变的。

（2）移动面是以被移动面的外部界限为依据，使得实体被拉长或缩短，其截面大小为变化的。

执行"插入"→"同步建模"→"拉出面"或单击"同步建模"工具条→"拉出面"图标 ，可以弹出"拉出面"对话框，如图 7-104 所示。

打开文件"Resources\Teaching project\Ch07\Knowledgepart\yelun.prt"，执行"拉出面"操作，选择"拉出面"的对象为图 7-100 中的"替换面"，"矢量"为"面的法向"，距离为"-5"，单击 确定 按钮，效果如图 7-105 所示。

图 7-104 "拉出面"对话框

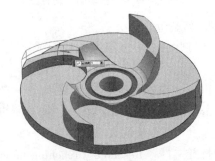

图 7-105 拉出面后的效果

6. 调整圆角大小

改变圆角面的半径，而不考虑它们的特征历史记录。

执行"插入"→"同步建模"→"调整圆角大小"或单击"同步建模"工具条→"调整圆角大小"图标 ，可以弹出"调整圆角大小"对话框，如图 7 – 106 所示。

打开文件"Resources\Teaching project\Ch07\Knowledgepart\yelun. prt"，执行"调整圆角大小"操作，按照图 7 – 100 选择"调整圆角大小"所对应的圆角，图 7 – 106 中圆角显示"3"，把大小改成"5"，单击 确定 按钮，效果如图 7 – 107 所示。

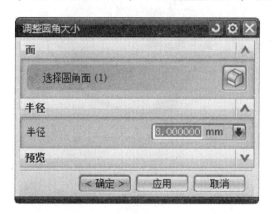

图 7 – 106 "调整圆角大小"对话框

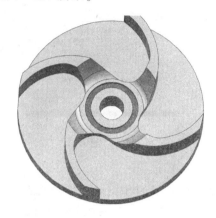

图 7 – 107 圆角大小调整后的效果

要点提示

选择的圆角面必须是通过圆角命令创建的，如果系统无法辨别曲面是圆角时，将创建失败。圆角的大小必须大于 0。

7. 调整倒斜角大小

改变倒角的大小，而不考虑它们的特征历史记录。

执行"插入"→"同步建模"→"调整倒斜角大小"或单击"同步建模"工具条→"调整倒斜角大小"图标 ，可以弹出"调整倒斜角大小"对话框，如图 7 – 108 中所示。

打开文件"Resources\Teaching project\Ch07\Knowledgepart\yelun. prt"，执行"调整倒斜角大小"操作，按照图 7 – 108 选择"调整倒斜角大小"所对应的倒角，修改倒角相关参数，单击 确定 按钮，完成调整倒斜角大小。

8. 删除面

删除不需要的面，删除后的实体与该面的临界结构自由组合。

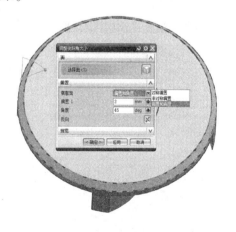

图 7 – 108 "调整倒斜角大小"操作

执行"插入"→"同步建模"→"删除面"或单击"同步建模"工具条→"删除面"图标 ，可以弹出"删除面"对话框，如图 7 – 109 所示。

打开文件"Resources\Teaching project\Ch07\Knowledgepart\yelun.prt",执行"删除面"操作,按照图7-109选择"删除面",单击 确定 按钮,效果如图7-110所示。

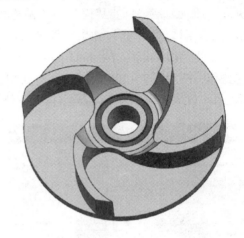

图7-109 "删除面"操作 　　　　　图7-110 "删除面"效果

9. 重用面

重新使用部件中的面,并且视情况更改其功能。"重用面"包括"剪切面""复制面""粘贴面""镜像面"和"阵列(图样)面"。

1)复制面

从体复制面集,保持原面不动。

执行"插入"→"同步建模"→"重用"→"复制面"或单击"同步建模"工具条→"复制面"图标 ,可以弹出"复制面"对话框,如图7-111所示。

2)剪切面

复制面集后,从体中删除该面,并且修复留在模型中的开放区域。

执行"插入"→"同步建模"→"重用"→"剪切面"或单击"同步建模"工具条→"剪切面"图标 ,可以弹出"剪切面"对话框,如图7-112所示。

图7-111 "复制面"对话框 　　　　　图7-112 "剪切面"对话框

3）粘贴面

将复制或剪切的面集与已经存在的目标体进行"添加"和"求差"。

执行"插入"→"同步建模"→"重用"→"粘贴面"或单击"同步建模"工具条→"粘贴面"图标 ，可以弹出"粘贴面"对话框，如图 7 – 113 所示。

要点提示

① "复制面"和"剪切面"的操作过程与"移动面"的类似，区别在于，"移动面"移动后的面会形成实体，而"复制面"和"剪切面"操作后形成的是"片体"。

② "粘贴面"类似于"布尔运算"，可以"求差"，也可以"添加"。

4）阵列面

通过此命令可以创建面或面集的矩形、圆形或镜像图样。"阵列面"有三种类型："矩形阵列""圆形阵列"和"镜像"。

📖 "矩形阵列"：复制一个面或一组面以创建这些面的线性图样。

📖 "圆形阵列"：复制一个面或一组面以创建这些面的圆形图样。

📖 "镜像"：复制一个面或一组面以生成这些面的镜像图样。

执行"插入"→"同步建模"→"重用"→"阵列面"或单击"同步建模"工具条→"阵列面"图标 ，可以弹出"阵列面"对话框，如图 7 – 114 所示。

图 7 – 113　"粘贴面"对话框

图 7 – 114　"矩形阵列"对话框

①矩形阵列。

打开文件"Resources\Teaching project\Ch07\Knowledgepart\jiaban. prt"，执行"阵列面"操作，类型选择"矩形阵列"，选择图 7 – 115 所示阵列面、X 向矢量、Y 向矢量，输入图 7 – 114 所示参数，单击 确定 按钮，完成"矩形阵列"。

②圆形阵列。

打开文件"Resources\Teaching project\Ch07\Knowledgepart\jiaban. prt"，执行"阵列面"操作，类型选择"圆形阵列"，"面"选择图 7 – 116 所示"阵列面"，"指定矢量"为图 7 –

116 所示的"法向面"，"指定点"设置为"面上点"，输入图 7－117 所示参数，单击 确定 按钮，完成"圆形阵列"。

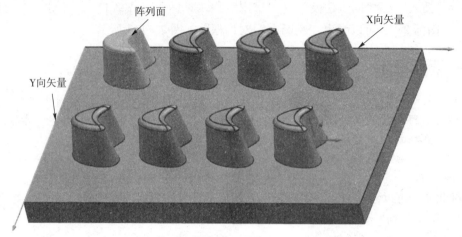

图 7－115　选择"矩形阵列"对象

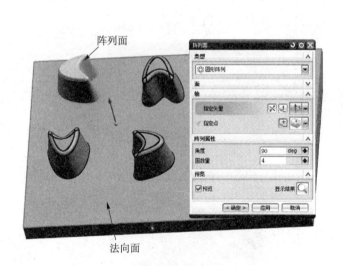

图 7－116　"圆形阵列"对话框及对象选择

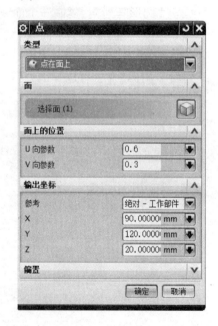

图 7－117　"点"对话框

③镜像。

打开文件"Resources\Teaching project\Ch07\Knowledgepart\jiaban.prt"，执行"阵列面"操作，类型选择"镜像"，"面"选择图 7－118 所示"镜像面"，"镜像平面"为图 7－118 所示的"平面"，单击 确定 按钮，完成面的"镜像"，效果如图 7－119 所示。

5）镜像面

复制面集，关于一个平面镜像此面集，然后将其粘贴到部件中。"镜像面"与"阵列面"中的"镜像"功能相同，在这里不详细介绍。

10. 相关

根据另一个面的约束几何体来变换选定面，从而移动这些面。用此选项可以编辑有特征历史记录或没有特征历史记录的模型。主要有"设为共面""设为共轴""设为相切""设为对称""设为平行"和"设为垂直"。

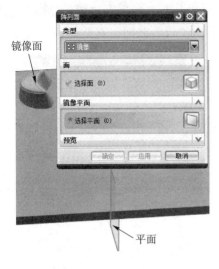

图7-118   "镜像"对话框及对象选择   **图7-119   "镜像"效果**

要点提示

在进行"相关"操作时,主要是选择"运动面"与"固定面","运动面"是在进行约束操作时位置可以发生变化的面,而"固定面"是在约束操作中位置保存不动的面。

1) 设为共轴

①打开文件"Resources\Teaching project\Ch07\Knowledgepart\xiangguan. prt"。

②执行"插入"→"同步建模"→"相关"→"设为共轴"或单击"同步建模"工具条→"设为共轴"图标 📷 ,可以弹出如图7-120中右侧所示"设为共轴"对话框。

图7-120   "设为共轴"对话框及效果图

③分别选择如图7-121所示的"运动面1"和"固定面1",单击 确定 按钮,把两旋转面设为共轴,效果如图7-120左侧所示。

2）设为共面

①打开文件"Resources\Teaching project\Ch07\Knowledgepart\xiangguan. prt"。

②执行"插入"→"同步建模"→"相关"→"设为共面"或单击"同步建模"工具条→"设为共面"图标 ，可以弹出如图7-122中所示"设为共面"对话框。

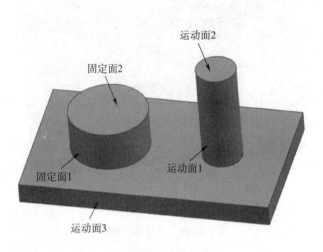

图7-121　对象选择　　　　　　　图7-122　"设为共面"对话框

③分别选择如图7-121所示的"运动面2"和"固定面2"，单击 确定 按钮，把两平面设为共面，效果如图7-123所示。

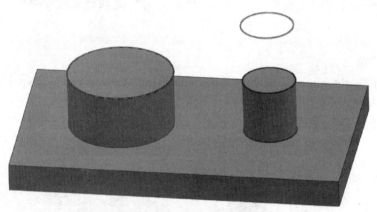

图7-123　设为共面效果

3）设为相切

①打开文件"Resources\Teaching project\Ch07\Knowledgepart\xiangguan. prt"。

②执行"插入"→"同步建模"→"相关"→"设为相切"或单击"同步建模"工具条→"设为相切"图标 ，可以弹出如图7-124中所示的"设为相切"对话框。

③分别选择如图7-121所示的"运动面3"和"固定面1"，单击 确定 按钮，把两面设为相切，效果如图7-125所示。

4）设为对称（读者可以自己练习）

将一个面与另一个面关于对称平面设为对称。执行"插入"→"同步建模"→"相关"→"设为对称"或单击"同步建模"工具条→"设为对称"图标 。

图 7 – 124　"设为相切"对话框

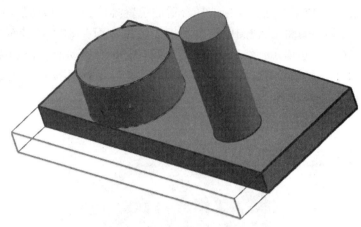

图 7 – 125　设为相切效果

5）设为平行（读者可以自己练习）

将一个平的面设为与另一个平的面或基准平面平行。执行"插入"→"同步建模"→"相关"→"设为平行"或单击"同步建模"工具条→"设为平行"图标 。

6）设为垂直（读者可以自己练习）

将一个平的面与另一个平的面或基准平面设为垂直。执行"插入"→"同步建模"→"相关"→"设为垂直"或单击"同步建模"工具条→"设为垂直"图标 。

10. 尺寸

类似于"草图"中的尺寸约束，不同的是"草图"驱动的对象是曲线，而"同步建模"驱动的对象是面。"尺寸"包括"线性尺寸""角度尺寸"和"径向尺寸"。

1）角度尺寸

①打开文件"Resources\Teaching project\Ch07\Knowledgepart\chicun. prt"。

②执行"插入"→"同步建模"→"尺寸"→"角度尺寸"或单击"同步建模"工具条→"角度尺寸"图标 ，可以弹出如图 7 – 126 中右侧所示"角度尺寸"对话框。

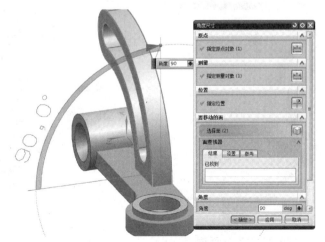

图 7 – 126　"角度尺寸"对话框

③ "原点"选择图7-127所示的"原点面","测量"选择图7-127所示的"测量面","位置"通过鼠标选择合适的位置排放,"要移动的面"会自动把"测量面"添加为"要移动的面",视图中会自动标注"原点面"和"测量面"之间的角度为90°,如图7-126的左边所示,然后再把图7-127中的"移动面"添加为"要移动的面",修改"角度尺寸"对话框中"角度"为110°。单击 确定 按钮,完成"角度尺寸"修改,效果如图7-128所示。

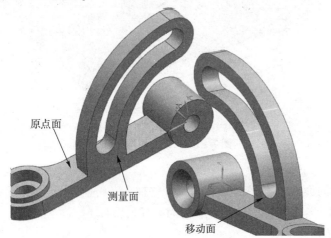

原点面

测量面

移动面

图7-127 角度尺寸对象选择

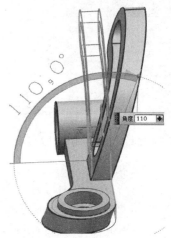

图7-128 修改角度尺寸效果

2)径向尺寸

①打开文件"Resources\Teaching project\Ch07\Knowledgepart\chicun. prt"。

②执行"插入"→"同步建模"→"尺寸"→"径向尺寸"或单击"同步建模"工具条→"径向尺寸"图标 ,可以弹出如图7-129中右侧所示的"径向尺寸"对话框。

③ "面"选择图7-129所示的"两个圆弧",视图中会自动标注两个圆弧的尺寸为R3,如图7-129"径向尺寸"对话框中的"半径"所示,修改"半径"尺寸为4.5。单击 确定 按钮,完成"径向尺寸"修改,效果如图7-130所示。

图7-129 "径向尺寸"对话框

图7-130 修改径向尺寸效果

3）线性尺寸

①打开文件"Resources\Teaching project\Ch07\Knowledgepart\chicun. prt"。

②执行"插入"→"同步建模"→"尺寸"→"线性尺寸"或单击"同步建模"工具条→"线性尺寸"图标🖾，可以弹出如图 7 – 131 中右侧所示的"线性尺寸"对话框。

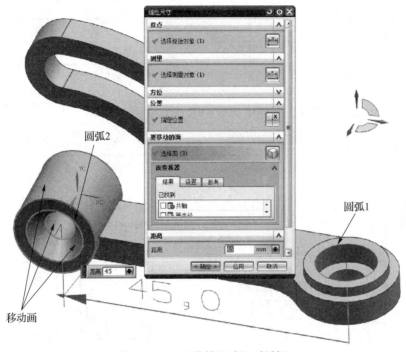

图 7 – 131　"线性尺寸"对话框

③"原点"选择图 7 – 131 所示的"圆弧 1"，"测量"选择图 7 – 131 所示的"圆弧 2"，"位置"通过鼠标选择合适的位置排放，"要移动的面"为图 7 – 131 中的 3 个"移动面"，视图中会自动标注"圆弧 1"和"圆弧 2"之间的距离为 45，如图 7 – 131 所示。修改"距离"为 60，单击 确定 按钮，完成"线性尺寸"修改，效果如图 7 – 132 所示。

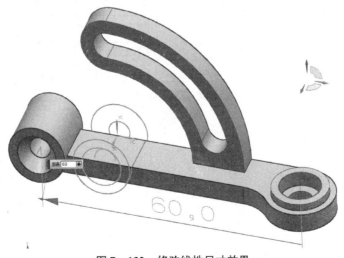

图 7 – 132　修改线性尺寸效果

●自主项目

自主学习项目——根据装配图设计机构结构

功能模块：

草图	实体	曲面	装配	制图
√	√		√	

功能命令：

草图、实体建模基本特征、装配中的 WAVE 模式。

素材：如图 7 – 133 和图 7 – 134 所示。

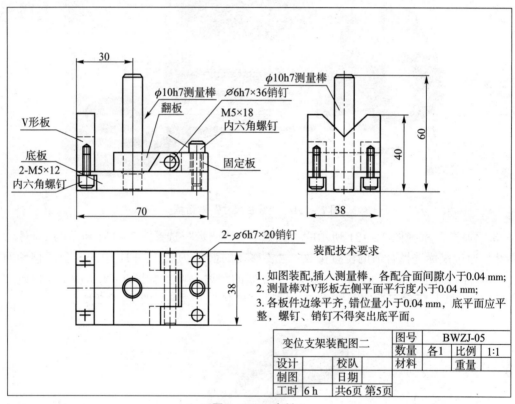

图 7 – 133　素材 1

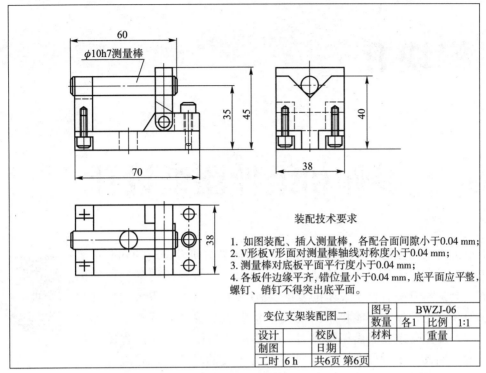

φ10h7测量棒

装配技术要求

1. 如图装配、插入测量棒，各配合面间隙小于0.04 mm；
2. V形板V形面对测量棒轴线对称度小于0.04 mm；
3. 测量棒对底板平面平行度小于0.04 mm；
4. 各板件边缘平齐,错位量小于0.04 mm,底平面应平整,
螺钉、销钉不得突出底平面。

变位支架装配图二		图号	BWZJ-06	
		数量	各1	比例	1:1
设计		校队		材料		重量	
制图		日期					
工时	6 h	共6页	第6页				

图 7 – 134　素材 2

模块 8

<<<<<<

零件和组件图纸设计

工程图是工程界的"技术交流语言"，在产品的研发、设计和制造等过程中，各类技术人员需要经常进行交流和沟通，工程图则是经常使用的交流工具。尽管随着科学技术的发展，3D 设计技术有了很大的发展与进步，但是三维模型并不能将所有的设计信息表达清楚，有些信息例如尺寸公差、形位公差和表面粗糙度等，仍然需要借助二维的工程图将其表达清楚。因此，工程图是产品设计中较为重要的环节，也是设计人员最基本的能力要求。

操作视频

利用 UG NX 的实体建模模块创建的零件和装配体主模型，可以引用到 UG 的工程图模块中，通过投影快速地生成二维工程图。由于 UG NX 的工程图功能是基于创建三维实体模型的投影所得到的，因此，工程图与三维实体模型是完全相关的，实体模型进行的任何编辑操作都会在三维工程图中引起相应的变化。

项目 8.1 V 形导轨工程图纸设计

●项目要点

项目通过 UG NX 8.5 的制图预设置、视图表达（基本视图、投影视图、剖视图）、编辑剖切线样式、注释预设置、标注尺寸、标注表面粗糙度和形位公差等命令完成 V 形导轨工程图。（操作课件见 Resources\教学课件\项目 8.1V 形导轨工程图纸设计；操作视频见 Resources\Teaching project\Ch08\V 形导轨工程图纸设计. avi；完成零件见 Resources\Teaching project\Ch08\jianyiwanqu\Vxingdaogui. prt. . ）

●项目目标

☑ 能独立设计工作零件的视图表达；
☑ 能独立标注工作零件尺寸、表面粗糙度和形位公差；
☑ 能独立按照技术要求填写标题栏。

●项目实施

8.1.1　项目分析

　　V形导轨零件是夹具装置中的主要工作部件，零件在工作中要承受载荷冲击、加工工件的磨损。由于其结构相对复杂，设计有导向和配合结构，形位公差和表面精度要求比较严格。在创建其工程图时，只需添加表达其主要结构特征的主视图和主视图中表达螺钉孔结构的局部剖视图、左视图的全剖视图和表达各结构位置的俯视图，即可完整地表达出该零件的形状特征。在添加完工程图视图后，要清晰、完整、合理地标注出零件的基本尺寸、表面粗糙度及技术要求等相关内容，以提供该零件在实际制造中的主要加工依据。最终调入标准图框，填写图纸相关参数，完成的V形导轨工程图如图8-1所示。

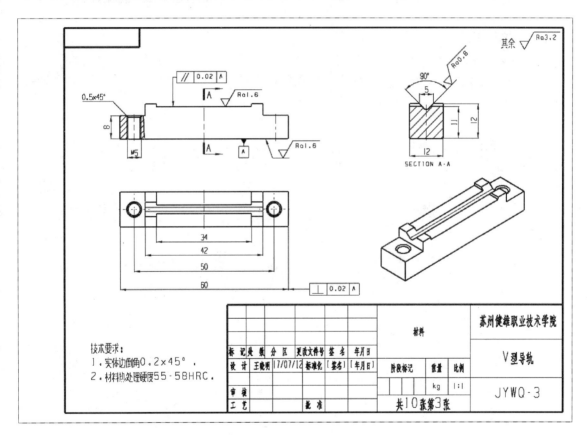

图8-1　V形导轨工程图

8.1.2　工程图视图设计

　　1. 新建图纸

　　(1) 打开 jianyiwanqu 文件中的 Vxingdaogui. prt，其三维模型如图8-2所示。

（2）单击"开始"→"制图"或按快捷键 Ctrl + Shift + D，调用制图模块，自动弹出图 8-3 所示的"图纸页"对话框。

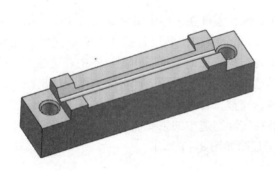

图 8-2　V形导轨三维造型　　　　　　图 8-3　V形导轨定制图纸页

（3）图纸参数设置：在"大小"选项区中选择"标准尺寸"单选按钮，并选择图纸大小为"A4-297×210"，然后在"设置"选项区中选择"毫米"单选按钮，并单击"第一象限角投影"按钮，单击 确定 按钮后，弹出"基本视图"对话框，如图 8-4 所示。

2. 设置投影视图

（1）主视图设置：鼠标单击图 8-4 中箭头所指的"定向视图工具"，弹出如图 8-5 所示的"定向视图工具"对话框。指定"法向"矢量为图 8-6 所示的 X 轴；指定"X 向"矢量为图 8-6 所示的 Y 轴（图 8-6 左下方的坐标轴 Y 轴对应的方向矢量）。定向的基本视图如图 8-7 所示，单击 确定 按钮，退出"定向视图工具"对话框，在 A4 图框的适当位置单击鼠标左键，完成"主视图"的设置。

图 8-4　"基本视图"对话框　　　　　　图 8-5　"定向视图工具"对话框

（2）俯视图设置：单击"标准视图"工具栏中的"投影视图"图标 ，弹出图 8-8 所示对话框。"俯视图"选择设置好的"主视图"，在"主视图"下方合适位置单击鼠标，完成"俯视图"设置。

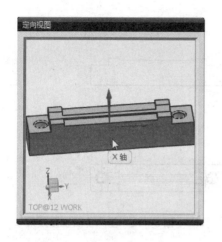

图8-6 视图方向选择   图8-7 视图定向效果

（3）左视图（全剖视图）设置：单击"全剖视图"图标 ⊙，弹出图8-9所示对话框，选择图8-9所示的视图，弹出图8-10（b）所示的"铰链线"选择框，选择图8-10（a）所示边的中点，在图8-11所示的位置单击鼠标左键，完成"剖视图"的设置，效果如图8-12所示。

图8-8 "投影视图"对话框

图8-9 投影视图选择

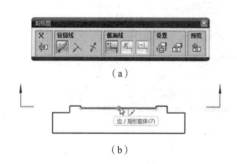

图8-10 剖面位置选择
（a）"铰链线"选择框；（b）剖面位置

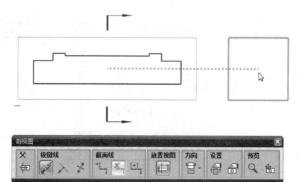

图8-11 左视图放置位置

（4）局部剖视图设置：

①鼠标双击"主视图"，弹出"视图样式"对话框，设置"隐藏线"为"虚线"，如图8-13所示，单击 确定 按钮，显示主视图中两个螺纹孔为虚线。

②鼠标移到"主视图"，单击鼠标右键，单击"扩展"，进入"扩展"模式，用"曲线"工具条中的"艺术样条"绘制封闭曲线包围左边的螺纹曲线，如图8-14所示，单击 确定 按钮，完成曲线绘制。单击鼠标右键，取消"扩展"。

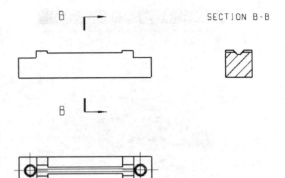

图8-12 基本视图设置效果

图8-13 左视图放置位置

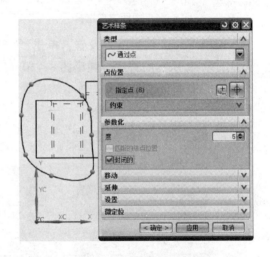

图8-14 基本视图设置效果

③单击"局部剖视图"图标，弹出图8-15右侧所示对话框，分别选择图8-15对应的对象，单击 确定 按钮，完成"局部剖视图"设置。鼠标双击"主视图"，弹出"视图样式"对话框，设置"隐藏线"为"不可见"，效果如图8-16所示。

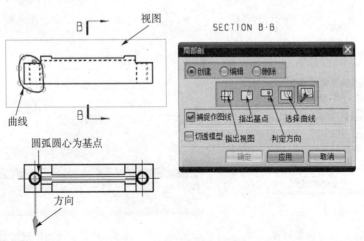

图8-15 局部剖视图设置

3．制图准备工作

1）制图首选项设置

选择菜单"首选项"→"制图"命令，单击"视图"选项卡，确认该选项卡中的"显示边界"复选框未处于选中状态。

2）剖切线首选项设置

单击"制图首选项"工具条上的"剖切线首选项"命令图标，弹出"剖切线首选项"对话框，在"设置"选项区的"标准"下拉列表中选择"GB标准"。

3）注释首选项设置

①单击"制图首选项"工具条上的"注释首选项"命令图标，弹出"注释首选项"对话框。

②设置尺寸标注样式，如图8–17所示。

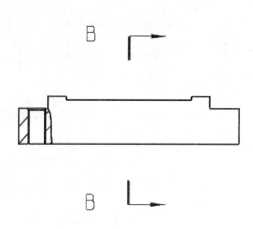

图8–16　局部剖视图效果

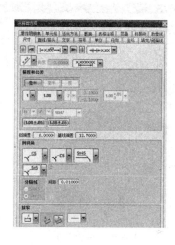

图8–17　尺寸样式

③设置直线/箭头样式，如图8–18所示。

④设置文字样式，如图8–19所示。

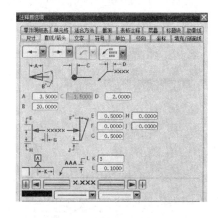

图8–18　直线/箭头样式

图8–19　文字样式

要点提示

为了使 UG NX 支持汉字显示，将对话框中的 4 种文字类型的字体全部设置为 chinesef 样式。UG NX 字体设置中，"尺寸"字符：A4、A3 和 A2 图框设置字符大小为 3.5，A1 和 A0 图框设置为 5；"附加文本"字符：字符等同于"尺寸"；"公差"字符：A4、A3 和 A2 图框设置为 2，A1 和 A0 图框设置为 3；"常规"字符：A4、A3 和 A2 图框设置为 3.5，A1 和 A0 图框设置为 5。

⑤设置单位样式，如图 8 - 20 所示。

⑥设置径向标注样式，如图 8 - 21 所示。

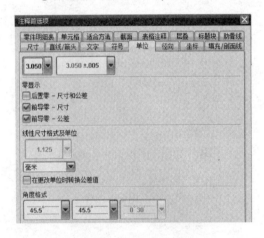

图 8 - 20　单位样式　　　　　　　　　图 8 - 21　径向样式

4．工程图标注

1）给视图添加中心线

选择"尺寸"工具条→"中心标记"→"2D 中心线"图标，如图 8 - 22 所示，弹出如图 8 - 23 所示对话框，分别选择图 8 - 24 左、右两边的边线，完成中心线的添加。同理，完成其他中心线的添加，如图 8 - 25 所示。

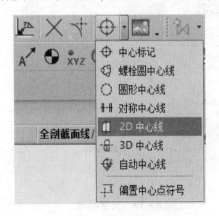

图 8 - 22　中心线样式选择　　　　　　图 8 - 23　"2D 中心线"对话框

2）标注水平尺寸

选择"尺寸"工具条→"水平标注"图标 ，标注水平尺寸，如图8-25所示。

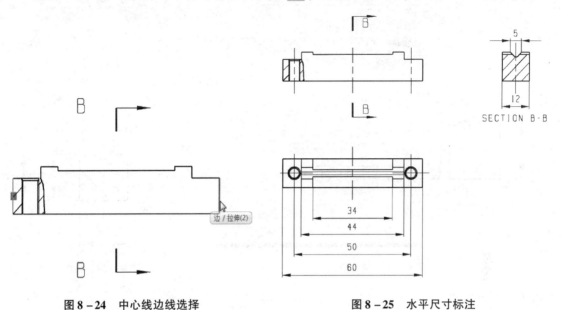

图8-24 中心线边线选择　　　　　　　图8-25 水平尺寸标注

3）标注竖直尺寸

选择"尺寸"工具条→"竖直标注"图标 ，标注竖直尺寸，如图8-26所示。

4）标注螺纹尺寸

单击"水平标注"图标 ，标注如图8-27所示的尺寸5，单击图8-27中标注中的"文本编辑器"图标，弹出"文本编辑器"对话框，单击前缀符号，加入前缀M，单击 确定 按钮，如图8-78所示。

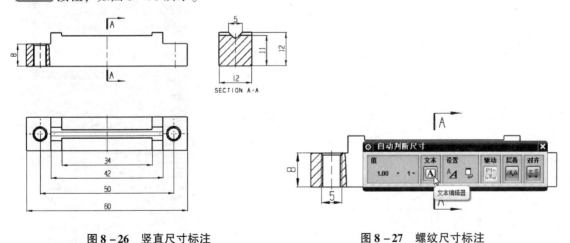

图8-26 竖直尺寸标注　　　　　　　图8-27 螺纹尺寸标注

5）标注角度尺寸

单击"角度标注"图标 ，选择角度两边，标注如图8-29所示的角度尺寸90°。

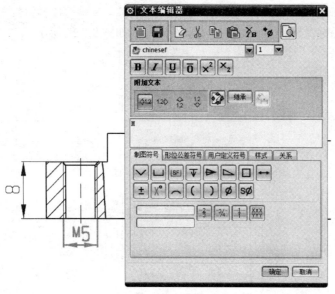

图 8 - 28　加入前缀

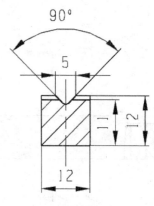

图 8 - 29　角度尺寸

6）倒角尺寸

单击"倒角标注"图标　，选择倒角边，标注如图 8 - 30 所示的 $0.5 \times 45°$。

7）标注表面粗糙度符号

单击"倒角标注"图标 √ ，弹出如图 8 - 31 所示"表面粗糙度"对话框，标注如图 8 - 32所示的粗糙度。

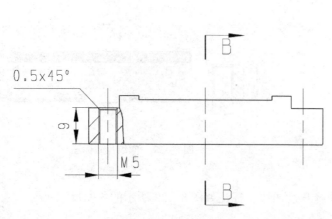

图 8 - 30　倒角尺寸

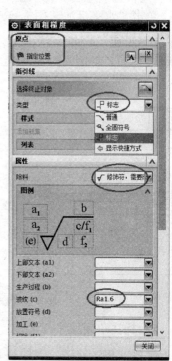

图 8 - 31　"粗糙度"对话框

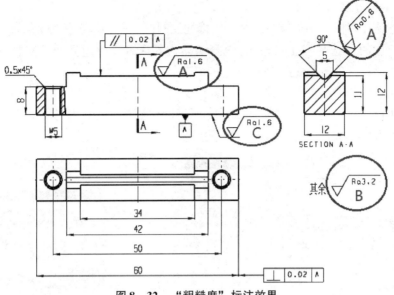

图 8-32 "粗糙度"标注效果

要点提示

①图 8-32 注明 A 处的粗糙度标注：粗糙度类型为"标志"，"指引线"选择实体边或尺寸界线作为"选择终止对象"，"除料"设置如图 8-31 所示，表面粗糙度值按照图 8-32 所示设置。

②图 8-32 注明 B 处的粗糙度标注：粗糙度类型为"标志"，设置"原点"指定粗糙度位置，"除料"和表面粗糙度值如图 8-31 和图 8-32 所示。

③图 8-32 注明 C 处的粗糙度标注：粗糙度类型为"普通"，"指引线"选择实体边或尺寸界，"除料"和表面粗糙度值如图 8-31 和图 8-32 所示。

8) 标注设计基准

单击"基准特征"图标，标注如图 8-33 所示基准 A。

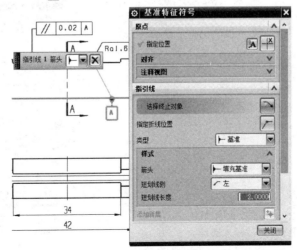

图 8-33 "基准特征"对话框

9）标注形位公差

单击"特征控制框"图标 ，弹出"特征控制框"对话框，按图8－34所示设置，单击"指引线"中的"选择终止对象"，选择实体边界或者尺寸边界线，控制好"特征控制框"的位置和形状，单击 确定 按钮。

10）添加技术要求

单击"注释"图标 ，弹出如图8－35所示的对话框，输入技术要求的内容，注意特殊符号可以在图8－35的"注释"对话框下边选择。

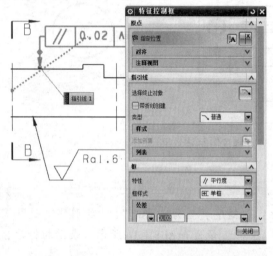

图8－34 "形位公差"标注

图8－35 "注释"对话框

11）导入标准图框

单击"文件"→"导入"→"部件"，弹出"导入部件"对话框，单击 确定 按钮，选择教材光盘中提供的"tukuang"文件夹中的A4图框，如图8－36所示，单击"OK"按钮，弹出"点"设置对话框，如图8－37所示，设置为"坐标原点"，单击 确定 按钮，完成图框调入。

图8－36 导入部件

图8－37 坐标点设置

12）填写标题栏

双击标题栏中要添加的文字信息，弹出"注释"对话框，如图 8 - 38 所示，添加设计单位为"苏州健雄职业技术学院"，同理完成其他信息的填入。

13）添加正等测视图

单击"图纸布局"工具栏中的 按钮，弹出"基本视图"对话框，在"模型视图"下拉列表中选择"正等测视图"选项，在视图区出现随鼠标移动的模型，选择合适的位置单击，生成正等测视图，结果如图 8 - 1 中图框上方的"正等测视图"所示。

14）调整视图比例

调整图纸中视图的位置和比例，让视图布满图框，同时添加右上角的其余表面粗糙度要求，效果如图 8 - 1 所示。

要点提示

①视图比例设置缩放 1.5 倍，然后调节位置。正常流程应该在标注尺寸前调整第一个视图的比例，否则每个视图都要设置比例，尺寸位置也要适当调整，增加后续工作。

②调整"技术要求"和"其余"字体大小：选择"文字"，右击，单击"样式"，"字符大小"改为 5。

③调整标题栏中日期字体：选择"日期文字"，右击，单击"样式"，"字符大小"改为 3.5，"宽高比"改为 0.4。

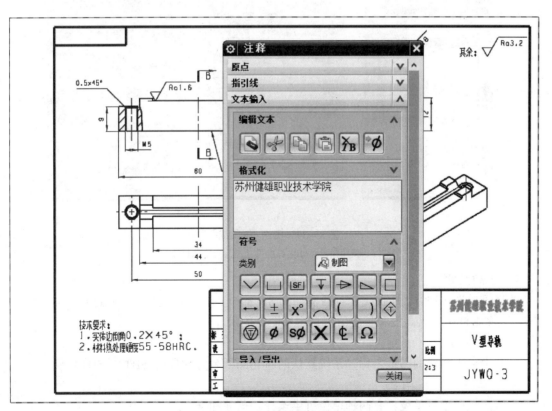

图 8 - 38 编辑标题栏

⊛ 知识加油

一、创建工程图

创建工程图即是新建图纸页，而新建图纸页是进入工程图环境的第一步。进入工程图环境时，系统会自动创建一张图纸页，选择"插入"→"图纸页"或单击"图纸页"图标 ，可以打开"图纸页"对话框，如图 8 – 39 所示。

1. "大小"选项组

1) 使用模板

选择该单选按钮，"图纸页"对话框如图 8 – 39（a）所示。通过"图纸页模板"下拉列表，可选择 A0、A1、A2、A3 和 A4 五种型号的图纸模板来新建图纸。这些模板虽带有图框和标题栏，但仅作为一个图形对象，因此不会明显增加部件文件的字节数，会增加显示速度。

2) 标准尺寸

选择该单选按钮，"图纸页"对话框如图 8 – 39（b）所示，通过"大小"下拉列表，可选择 A0、A1、A2、A3 和 A4 五种型号图纸的尺寸作为新建图纸的尺寸。

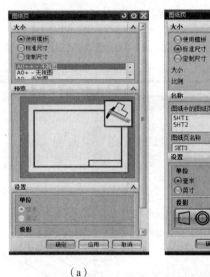
（a）

（b）

（c）

图 8 – 39　图纸页对话框

（a）使用模板；（b）标准尺寸；（c）定制尺寸

3) 定制尺寸

选择该单选按钮，"图纸页"对话框如图 8 – 39（c）所示。用户可通过在"高度"和"长度"文本框中输入高度和长度值来自定义图纸的尺寸。

2. 图纸页名称

在其中输入新建的图纸名称。系统默认的新建图纸名为 SHT1、SHT2、SHT3 等。

3. 单位

设置图纸的度量单位，有两种单位可供选择：英寸和毫米。

4. 投影象限角

设置图纸的投影角度。系统根据各个国家所使用的绘图标准不同，提供了两种投影方式。如果使用中国绘图标准，则使用第一角投影方式，如图 8－40（a）所示；若使用美国绘图标准，则使用第三角投影方式，如图 8－40（b）所示。

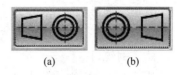

图 8－40　投影方式

（a）第一视角投影；（b）第三视角投影

二、添加视图

1. 添加基本视图

选择"插入"→"视图"→"基本视图"选项，或单击"图纸布局"工具栏中的 按钮，弹出如图 8－41（a）所示的"基本视图"对话框，利用该对话框可将三维模型的各种视图添加到当前图纸的指定位置。

1）添加视图类型

打开"模型视图"下拉列表，如图 8－41（b）所示，在其中可选择要添加的视图，包括俯视图、前视图、右视图、后视图、仰视图、左视图、正等测视图和正二测视图 8 种视图。

2）比例

这个选项用于设置要添加视图的比例，如图 8－41（c）所示。在默认情况下，该比例与新建图纸时设置的比例相同。用户可以在下拉列表中选择合适的比例，也可利用表达式来设置视图的比例。

（a）　　　　　　　　　（b）　　　　　　　　　（c）

图 8－41　"基本视图"

（a）"基本视图"对话框；（b）视图类型；（c）视图比例

3）移动视图

单击"基本视图"对话框中的 按钮，拖动某个视图可将其移动到需要的合适位置。

2. 添加"正投影视图"（项目8.1已讲）

3. 添加"正等测视图"（项目8.1已讲）

4. 建立剖视图

剖视图包括全剖视图、半剖视图、旋转剖视图及局部剖视图。

1）全剖视图

全剖视图命令可以完成全剖视图（项目8.1已讲）和阶梯剖视图（项目8.2将讲）。

2）半剖视图

①打开 jianyiwanqu 文件中的 chongtoudaoban.prt，进入图纸模块，完成正投影视图，如图8-44所示。

②单击"图纸布局"工具栏中的 🔄 按钮，选择"半剖视图"。系统弹出"半剖视图"工具栏，如图8-42所示，提示选择父视图。

③选择创建的俯视图作为父视图，此时"半剖视图"工具栏按钮自动激活，工具栏变成如图8-43所示状态。

图8-42　"半剖视图"工具栏　　　　图8-43　激活后的"半剖视图"工具栏

④按照图8-44所示的位置定义剖面线切割的位置和折弯的位置。

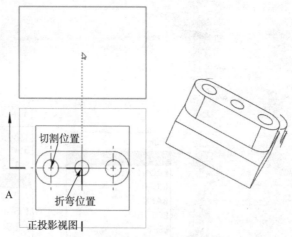

图8-44　剖切和折弯位置定义

⑤移动鼠标选择剖面图的中心，在合适的位置单击，建立剖面图，如图8-45所示。

3）旋转剖视图

①打开 jianyiwanqu 文件中的 pianxinlun.prt，进入图纸模块，完成正投影视图，如图8-48所示。

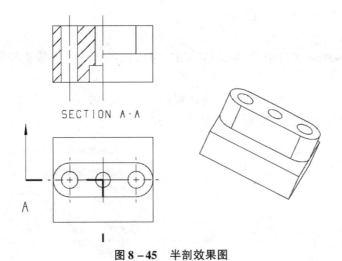

图8-45　半剖效果图

②单击"图纸布局"工具栏中的 按钮，系统弹出"旋转剖视图"工具栏，如图8-46所示，并提示选择父视图。

③选择创建的俯视图作为父视图，此时"旋转剖视图"工具栏按钮自动激活，工具栏变成如图8-47所示。

图8-46　"旋转剖视图"工具栏　　　　图8-47　激活后的"旋转剖视图"工具栏

④定义剖面线旋转中心，如图8-48所示，单击鼠标左键确定。按图8-48所示定义剖面线的切割位置，单击鼠标左键确定。

⑤选择完后，在合适位置单击鼠标左键，建立剖面图，如图8-49所示。

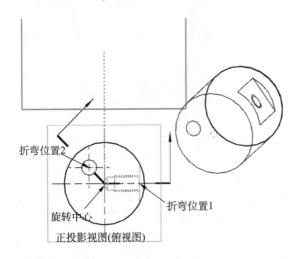

图8-48　旋转中心和折弯位置定义

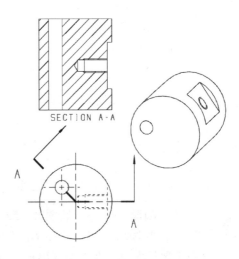

图8-49　旋转剖效果图

4) 局部剖视图（项目 8.1 已讲）

5) 断开视图

①打开 jianyiwanqu 文件中的 shoubing.prt，进入图纸模块，完成正投影视图，如图 8 – 50 所示。

②选择"插入"→"视图"→"断开视图"选项，或单击"图纸布局"工具栏中的 按钮，弹出"断开视图"对话框，如图 8 – 50 所示。

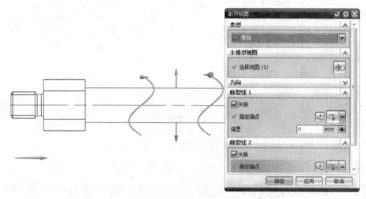

图 8 – 50　"断开视图"对话框和断裂线位置

③"主模型视图"选择"正投影视图"，"类型"设置为"常规"，在图 8 – 50 所示的位置处单击鼠标，定义"断裂线 1"和"断裂线 2"，单击 确定 按钮，完成"断开视图"，效果如图 8 – 51 所示。

5) 局部放大图

①选择"插入"→"视图"→"局部放大图"选项，或单击"图纸布局"工具栏中的 按钮，弹出"局部放大图"对话框，如图 8 – 52 所示。

图 8 – 51　"断开视图"效果图　　　　图 8 – 52　"局部放大"对话框

②选择"圆形"类型，如图 8 – 52 所示。在图 8 – 53 的俯视图上指定局部放大图的"放大圆心"，并按图 8 – 52 所示指定"边界点"作为要局部放大的区域。

③单击鼠标左键，在视图区出现随鼠标移动的模型，如图 8 – 53 上方鼠标所示。选择合适的位置单击鼠标左键，生成局部放大图，结果如图 8 – 54 所示。

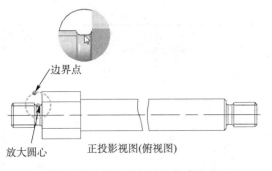

图 8-53　放大中心和边界点定义

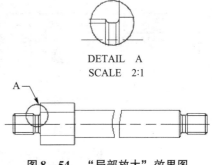

DETAIL　A
SCALE　2:1

图 8-54　"局部放大"效果图

项目 8.2　支架工程图纸设计

●项目要点

项目通过 UG NX 8.5 的制图预设置、视图表达（基本视图、投影视图、剖视图）、编辑剖切线样式、注释预设置、标注尺寸、标注表面粗糙度、形位公差等命令完成支架工程图。（操作课件见 Resources\教学课件\项目 8.2 支架工程图纸设计；操作视频见 Resources\Teaching project\Ch08\支架工程图纸设计.avi；完成零件见 Resources\Teaching project\Ch08\jianyiwanqu\支架工程图纸设计。）

●项目目标

☑ 能独立设计支架零件的视图表达；
☑ 能独立标注支架零件尺寸、表面粗糙度和形位公差；
☑ 能独立设计支架零件的技术要求并填写标题栏。

●项目实施

8.2.1　项目分析

支架零件是夹具装置中的主要支撑部件，其在夹具中跟多个零件有连接关系。支架零件结构相对复杂，设计有导向槽、螺纹槽、多组螺纹孔和销钉孔，形位公差和表面粗糙度要求比较严格。在创建其工程图时，要通过全剖和局部剖把这些孔结构和槽结构表达清楚。本零件的主视图表达零件的主要结构，采用 2 个局部剖表达螺钉孔和销钉孔结构；左视图采用阶梯剖表达剩余螺钉孔和销钉孔结构；俯视图采用全剖表达弹簧固定结构。在添加完工程图视图后，要清晰、完整、合理地标注出零件的基本尺寸、表面粗糙度及技术要求等相关内容，以提供该零件在实际制造中的主要加工依据。最终调入标准图框，填写图纸相关参数，完成的支架零件工程图如图 8-55 所示。

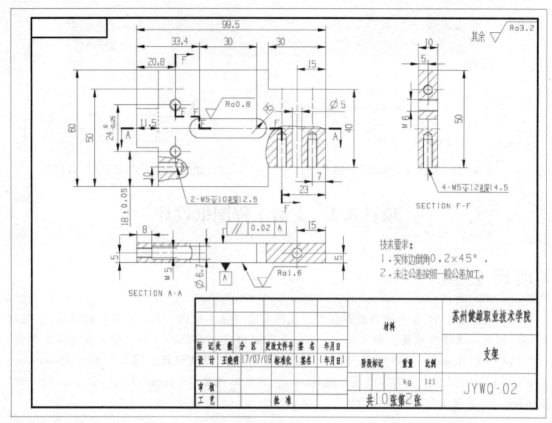

图 8 –55 支架工程图

8.2.2 工程图视图设计

1. 新建图纸

（1）打开 jianyiwanqu 文件中的 zhijia. prt，其三维模型如图 8 – 56 所示。

（2）单击"开始"→"制图"，自动弹出图 8 – 57 所示的"图纸页"对话框。

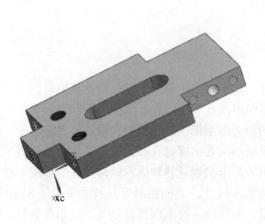

图 8 –56 支架三维造型

图 8 –57 支架定制图纸页

（3）图纸参数设置：在"大小"选项区中选择"标准尺寸"单选按钮，并选择图纸大小为"A4－210×297"，然后在"设置"选项区中选择"毫米"单选按钮，并单击"第一象限角投影"按钮，单击 确定 按钮后，弹出"基本视图"对话框。

2. 设置投影视图

1）主视图设置

①添加主视图：鼠标单击"基本视图"对话框中的"定向视图"选项 ，弹出如图8-58所示"定向视图工具"对话框。指定"法向"矢量为图8-59所示的"法向边"；指定"X向"矢量为图8-59所示的"方向边"，定向的基本视图如图8-60所示，单击 确定 按钮，退出"定向视图工具"对话框，在A4图框的适当位置单击鼠标左键，完成"主视图"的设置。

图8-58　支架定制视图

图8-59　"定向视图"参照

②主视图显示虚线：鼠标双击"主视图"，弹出"视图样式"对话框，设置"隐藏线"为"虚线"，效果如图8-61所示。

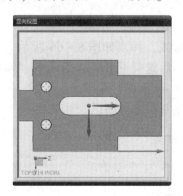

图8-60　"定向视图"效果

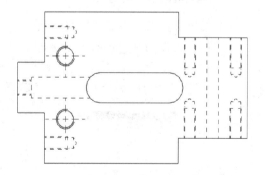

图8-61　"主视图"显示虚线效果

2）俯视图设置（全剖）

单击"全剖视图"图标 ，弹出"全剖视图"对话框，选择图8-61所示的视图，弹出图8-62所示的"铰链线"选择框，选择图8-62所示边的中点，在"主视图"下方适当位置单击鼠标左键，完成"剖视图"的设置，效果如图8-63所示。

3）左视图设置

①阶梯剖视图：单击"全剖视图"图标 ，弹出"全剖视图"对话框，选择图8-61

所示的视图，弹出图8-64所示的"铰链线"选择框，选择图8-64中的"圆心1"，然后单击"铰链线"选择框中的"添加段"图标，先后选择图8-64所示"圆弧圆心2"和"顶点"，再单击"添加段"图标，在"主视图"右方适当位置单击鼠标左键，完成"阶梯剖视图"的设置，效果如图8-65所示。

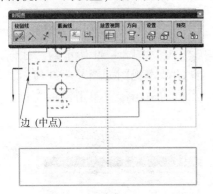

图8-62　俯视图剖切点

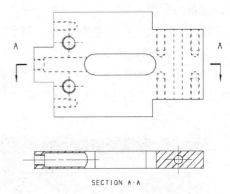

图8-63　俯视图全剖效果

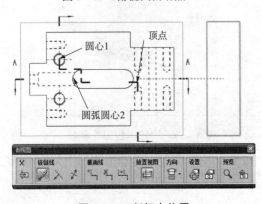

图8-64　剖切点位置

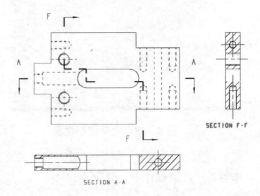

图8-65　阶梯剖效果

②修改剖切位置：鼠标双击"阶梯剖视图"的折弯线，弹出如图8-66所示的"折弯线"对话框，鼠标选择图8-66箭头所示的折弯线，然后选择图8-64所示的"圆弧圆心2"，把图8-66箭头所示的折弯线转移到图8-64所示的"圆弧圆心2"处，单击 **应用** ，完成剖切位置修改，"左视图"的阶梯剖视图会自动更新。

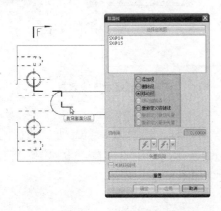

图8-66　剖切线调整

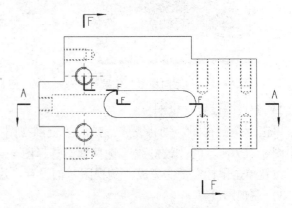

图8-67　添加剖切位置标志

③添加剖切位置标志：单击"注释"图标 **A**，弹出"注释"对话框，在图 8 – 67 所示的位置添加剖切位置标志"F"。

4）局部剖视图设置

①鼠标移到"主视图"，单击鼠标右键，单击"扩展"，进入"扩展"模式，用"曲线"工具条中的"艺术样条"绘制封闭曲线，包围要"局部剖"的结构，如图 8 – 67 所示，单击 [确定] 按钮，完成曲线绘制。单击鼠标右键，取消"扩展"。

②单击"局部剖视图"图标 [图]，弹出"局部剖视图"对话框，视图选择"主视图"，"基点"为图 8 – 68 所示的"剖开点"，"指出拉伸矢量"为默认，分别选择图 8 – 68 所示的"样条曲线 1"和"样条曲线 2"，单击 [确定] 按钮，完成"局部剖视图"设置。

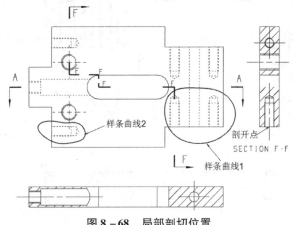

图 8 – 68　局部剖切位置

③添加中心线：单击"尺寸"工具条→"中心标记"→"2D 中心线"图标，给各视图添加中心线，效果如图 8 – 69 所示。

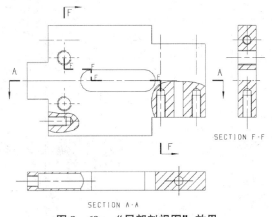

图 8 – 69　"局部剖视图"效果

④鼠标双击"主视图"，弹出"视图样式"对话框，设置"隐藏线"为"不可见"，效果如图 8 – 69 所示。

3. 工程图标注

1）标注水平尺寸

选择"尺寸"工具条→"水平标注"图标 [图]，标注水平尺寸，如图 8 – 70 所示。

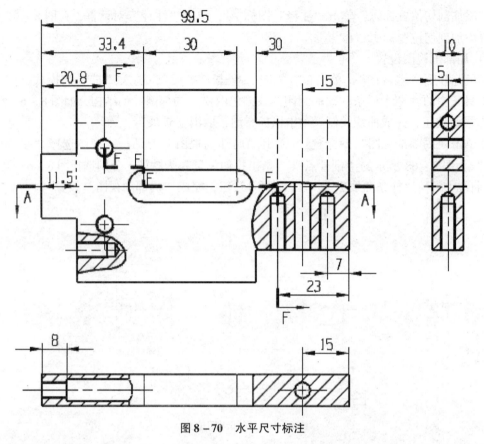

图 8-70　水平尺寸标注

2）标注竖直尺寸

选择"尺寸"工具条→"竖直标注"图标，标注竖直尺寸，如图 8-71 所示。

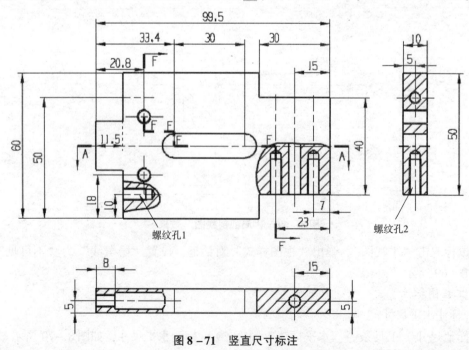

图 8-71　竖直尺寸标注

3）标注螺纹尺寸

①用一般标注方法获得"螺纹孔1"的尺寸：直径为5，螺纹长度为10，孔深12.5；"螺纹孔2"的尺寸：直径为5，螺纹长度为12，孔深14.5。

②单击"注释"图标 Ⓐ，弹出"注释"对话框，输入如图8－72所示文本内容，鼠标单击"指引线"中的"选择终止对象"，选择图8－71所示"螺纹孔1"的任何位置，调整文字排放位置，单击 确定 按钮，完成螺纹孔1的标注。同理，可以完成"螺纹孔2"的标注，效果如图8－73所示。

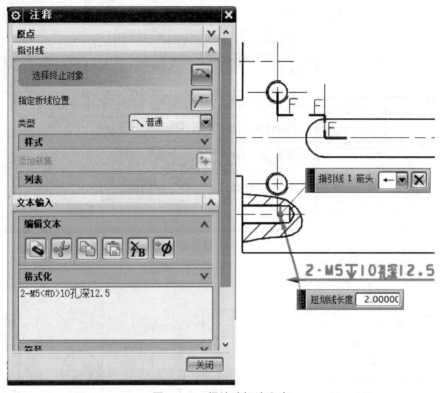

图8－72　螺纹孔标注文本

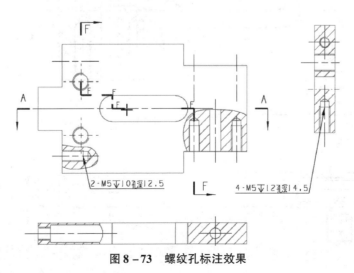

图8－73　螺纹孔标注效果

③单击"自动判断尺寸"图标 ，标注如图 8 - 74 所示的尺寸，标注过程中给文字加上前缀 M 和数量。同理，完成其他螺纹标注，效果如图 8 - 75 中"矩形框"内所示。

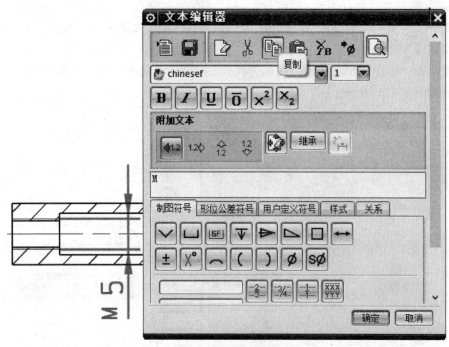

图 8 - 74　螺纹标注

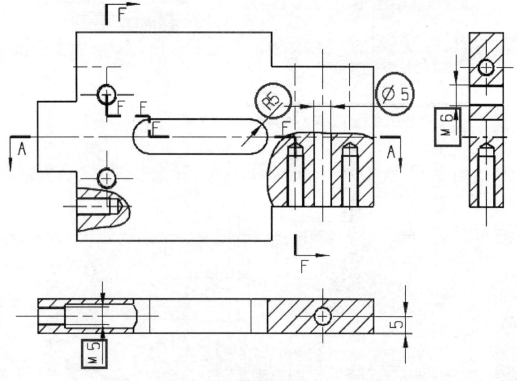

图 8 - 75　标注效果

4）标注半径和直径

①选择"尺寸"工具条→"半径标注"图标 ![icon]，选择要标注的圆弧，单击鼠标左键完成标注，效果如图 8 – 75 中"圆圈"内所示。

②选择"尺寸"工具条→"圆柱尺寸"图标 ![icon]，选择要标注的圆柱两边界，单击左键完成标注，效果如图 8 – 75 中"圆圈"内所示。

5）标注尺寸公差

①对称公差：双击需要添加公差的尺寸，如主视图中的孔定位尺寸 7.5，弹出"编辑尺寸"对话框，选择"值"的样式为"对称公差"样式 **1.00 ±.05**，单击"编辑尺寸"中的"公差"，编辑公差值为 0.05，如图 8 – 76 所示。

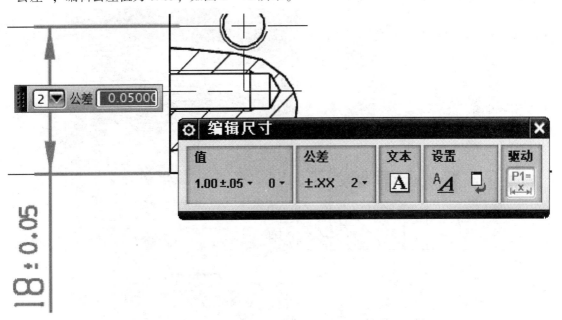

图 8 – 76　对称公差标注

②极限偏差：双击需要添加公差的尺寸，如主视图中的外形尺寸 20，弹出"编辑尺寸"对话框，选择"值"的样式为"极限偏差"样式 **1.00 +.00 −.02**，单击"编辑尺寸"中的"公差"，编辑下偏差为 – 0.05，如图 8 – 77 所示。

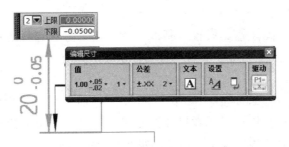

图 8 – 77　标注极限偏差

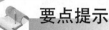要点提示

对称公差的公差数值字体比较小，要改成3.5号，具体操作：选中图8-76中的"对称公差"，鼠标右击，单击"样式"→"注释样式"→"公差"，把"文字"大小改为3.5。

6）标注表面粗糙度符号

单击"粗糙度标注"图标√，弹出如图8-78所示"表面粗糙度"对话框，设置粗糙度"下部文本"为1.6，单击"选择终止对象"，选择边或尺寸线，在适当位置单击鼠标左键，标注如图8-78所示的粗糙度。

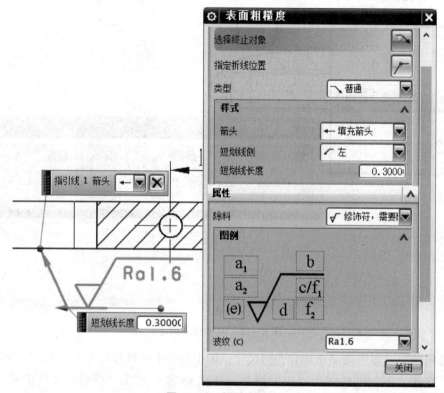

图8-78 粗糙度标注

7）标注设计基准

单击"基准特征"图标█，设置"基准"为A，单击"选择终止对象"，选择边或尺寸线，在适当位置单击鼠标左键，标注如图8-79所示基准A。

8）标注形位公差

单击"特征控制框"图标█，弹出"特征控制框"对话框，单击"指引线"中的"选择终止对象"，选择实体边界或者尺寸边界线，控制好"特征控制框"的位置和形状，单击 █确定█ 按钮，完成"形位公差"标注，如图7-80所示。

9）添加技术要求

单击"注释"图标█，弹出如图8-81所示的对话框，输入技术要求内容，注意特殊符号可以在图8-81所示的"注释"对话框下边选择。

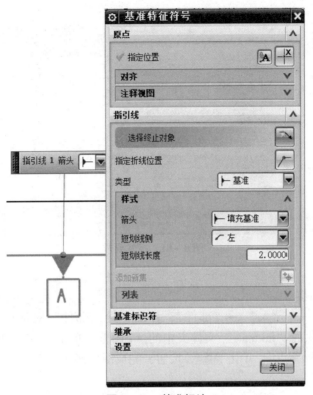

图 8-79　基准标注

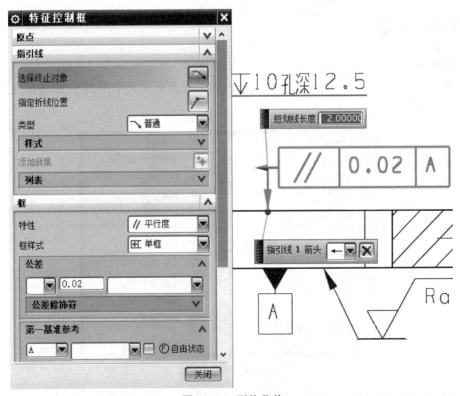

图 8-80　形位公差

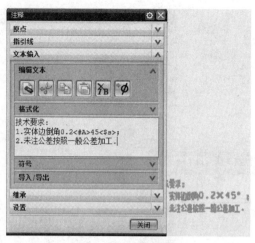

图 8-81　技术要求

4. 图框设计

1）导入标准图框

单击"文件"→"导入"→"部件"，弹出"导入部件"对话框，单击 确定 按钮，选择教材光盘中提供的"tukuang"文件夹中的 A4 图框，单击"OK"按钮，弹出点设置对话框，设置为"坐标原点"，单击 确定 按钮，完成图框调入。

2）填写标题栏

双击标题栏中要添加的文字信息，弹出"注释"对话框，完成其他信息的填入。

知识加油

1. 尺寸标注

选择"插入"→"尺寸"选项，弹出"尺寸"子菜单，其中提供了 20 种标注尺寸的方式，如图 8-82 所示。

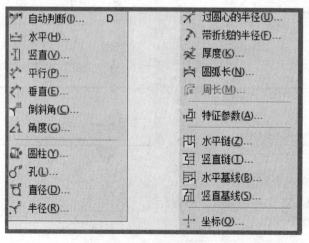

图 8-82　形位公差

1）"自动判断尺寸"工具栏

无论选择哪种尺寸标注方式，系统都弹出一个"自动判断尺寸"工具栏，如图 8-83 所示，各工具条的区别在于图 8-83 圈住的命令名称。工具栏中各参数的意义：

图 8-83 技术要求

①设置尺寸样式：单击 按钮，弹出如图 8-84 所示的"尺寸标注样式"对话框，在其中可以设置尺寸、直线、箭头、文字、单位和层叠的样式。

②名义尺寸：单击 按钮，弹出下拉列表，在其中设置尺寸的精度，即小数点后的位数。

③公差式样：单击 按钮，弹出下拉列表，在其中可以设置尺寸公差的式样。

④文本编辑器：单击 按钮，弹出如图 8-85 所示的"文本编辑器"对话框，在其中可以为尺寸文本添加注释。

图 8-84 "尺寸标注样式"对话框

图 8-85 "文本编辑器"对话框

2）自动推断标注

选择"插入"→"尺寸"→"自动推断"选项，弹出"自动判断尺寸"工具栏，系统将通过自动判断方式标注尺寸。

3）水平尺寸标注（项目 8.1 和 8.2 已经应用）

选择"插入"→"尺寸"→"水平"选项，弹出"自动判断尺寸"工具栏。选择一条直线或依次指定两点可标注水平方向尺寸。

4）竖直尺寸标注（项目 8.1 和 8.2 已经应用）

选择"插入"→"尺寸"→"竖直"选项，弹出"自动判断尺寸"工具栏。选择一条直线或依次指定两点可标注竖直方向尺寸。

5）平行尺寸标注

①打开 jianyiwanqu 文件中的 pianxinlun. prt，进入图纸模块，完成正投影视图，如图 8-

86 所示。

②选择"插入"→"尺寸"→"平行"选项,弹出"自动判断尺寸"工具栏。选择一条直线或依次指定两点（本例选择的是大圆和小圆的圆心）,可标注平行于标注对象的尺寸,如图 8 - 86 所示。

6）垂直尺寸标注

选择"插入"→"尺寸"→"垂直"选项,弹出"自动判断尺寸"工具栏。选择一条直线,再指定一点,可标注点到直线的距离。

①鼠标双击图 8 - 86 所示视图,打开"视图样式"对话框,视图角度为60°,旋转后的视图如图 8 - 87 所示。

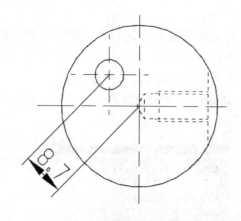

图 8 - 86　"平行"标注

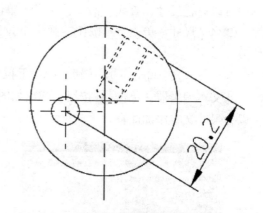

图 8 - 87　"垂直"标注

②单击"垂直尺寸"图标 ，选择小圆圆心和图 8 - 87 所示实体边可标注点到直线的距离,如图 8 - 87 所示。

7）倒斜角尺寸标注（项目 8.1 已经应用）

选择"插入"→"尺寸"→"倒斜角"选项,弹出"自动判断尺寸"工具栏。选择要标注的倒斜角边可标注倒斜角尺寸。

8）角度尺寸标注（项目 8.1 已经应用）

选择"插入"→"尺寸"→"角度"选项,弹出"自动判断尺寸"工具栏。依次选择两条非平行直线可标注两条直线的夹角。夹角的大小定义为所选的第 1 条直线沿逆时针旋转到所选的第 2 条直线的角度。

9）圆柱形的尺寸标注（项目 8.2 已经应用）

选择"插入"→"尺寸"→"圆柱形的"选项,弹出"自动判断尺寸"工具栏。选择两个对象或两个点,可标注两个对象之间圆柱形的尺寸。

10）孔尺寸标注

选择"插入"→"尺寸"→"孔"选项,弹出"自动判断尺寸"工具栏。选择圆形对象的边缘,可引出一段导引线标注圆形对象尺寸,标注结果如图 8 - 88 所示。

11）直径尺寸标注

选择"插入"→"尺寸"→"直径"选项,弹出"自动判断尺寸"工具栏。选择圆或圆弧对象的边缘线,可标注圆形对象直径尺寸,标注结果如图 8 - 89 所示。

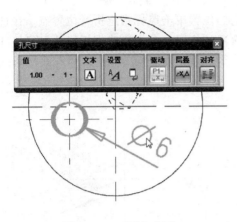

图 8－88　"孔"标注

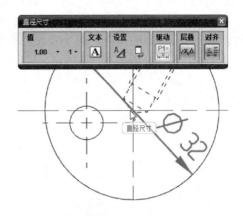

图 8－89　"直径"标注

12）半径尺寸标注

选择"插入"→"尺寸"→"半径"选项，弹出"自动判断尺寸"工具栏。选择圆或圆弧对象的边缘线，可标注圆形对象半径尺寸，标注结果如图 8－90 所示。

13）过圆心的半径尺寸标注

选择"插入"→"尺寸"→"过圆心的半径"选项，弹出"自动判断尺寸"工具栏。选择圆或圆弧对象的边缘线，可用从圆或圆弧对象的中心引出的箭头线标注半径尺寸，标注结果如图 8－90 所示。

14）带折线的半径尺寸标注

选择"插入"→"尺寸"→"折叠半径"选项，弹出"自动判断尺寸"工具栏。带折线的半径标注方式较复杂。

①选择"插入"→"中心线"→"偏置中心点符号"选项，弹出如图 8－91 所示对话框，按图中的参数进行设置。选取图 8－92 的大圆，单击 ▇应用▇ 按钮，则在视图中插入偏置中心点，如图 8－92 所示。

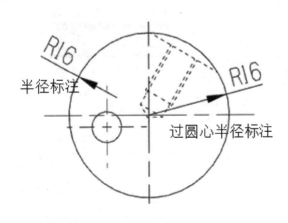

图 8－90　半径和过圆心半径标注

图 8－91　"偏置中心点符号"对话框

②选择"插入"→"尺寸"→"折叠半径"选项，弹出"自动判断尺寸"工具栏。先选取大圆，再选取刚才插入的偏置中心点，并在适当位置单击鼠标指定折弯位置点。在视图区会出现随鼠标移动的带折线的半径尺寸，选择合适的位置，单击生成带折线的半径尺寸标注，结果如图8-93所示。

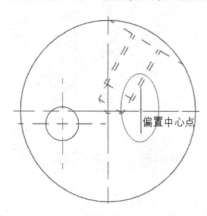

图8-92　偏置中心点

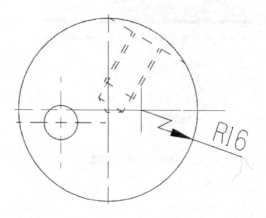

图8-93　折弯半径

15）厚度尺寸标注

选择"插入"→"尺寸"→"厚度"选项，弹出"自动判断尺寸"工具栏，标注两条曲线之间的距离。该命令较简单，也可以被其他命令代替，此处就不详细介绍了。

16）圆弧长尺寸标注

选择"插入"→"尺寸"→"圆弧长"选项，弹出"自动判断尺寸"工具栏，选取圆弧，可标注圆弧对象的弧长尺寸。该命令较简单，也可以被其他命令代替，此处就不详细介绍了。

17）水平链尺寸标注

选择"插入"→"尺寸"→"水平链"选项，弹出"自动判断尺寸"工具栏。依次选取图8-94中的点1、点2、点3和点4，视图中出现随鼠标移动的水平尺寸链。选择合适的位置，单击完成水平链尺寸的标注。

18）竖直链尺寸标注

选择"插入"→"尺寸"→"竖直链"选项，弹出"自动判断尺寸"工具栏。依次选取图8-94中的点1、点2、点3和点4，视图中出现随鼠标移动的竖直尺寸链。选择合适的位置，单击完成竖直链尺寸的标注，标注结果如图8-95所示。

图8-94　水平链尺寸标注

19）水平基线尺寸标注

选择"插入"→"尺寸"→"水平基线"选项，弹出"自动判断尺寸"工具栏。依次选取图8-96中的点1、点2、点3和点4，视图中出现随鼠标移动的水平尺寸链。选择合适的位置，单击完成水平基线尺寸的标注。该方式与水平链尺寸标注方法不同的是，水平基线方式将选取的第1个标注点作为尺寸基线。

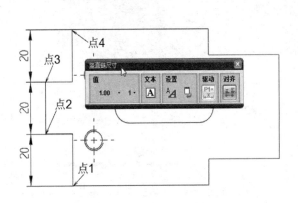

图8-95　竖直链尺寸标注

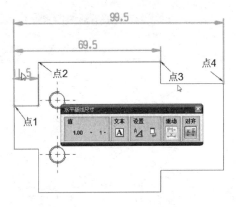

图8-96　水平基线尺寸标注

20）竖直基线尺寸标注

选择"插入"→"尺寸"→"竖直基线"选项，弹出"自动判断尺寸"工具栏。依次选取图8-97中的点1、点2、点3和点4，视图中出现随鼠标移动的竖直尺寸链，选择合适的位置，单击完成垂直基线尺寸的标注。该方式与竖直链尺寸标注方法不同的是，竖直基线方式将选取的第1个标注点作为尺寸基线，标注结果如图8-97所示。

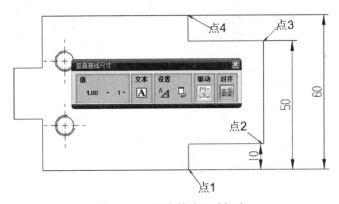

图8-97　竖直基线尺寸标注

21）坐标尺寸标注

①水平坐标标注：选择"插入"→"尺寸"→"坐标"选项，弹出"自动判断尺寸"工具栏。用鼠标单击图8-98所示的"中点"作为坐标原点。单击"自动判断尺寸"工具栏中的"留边"，"第一偏置"设为5，其他两项默认，设置标注方式为"水平"标注，选择图8-98中的"偏置参考边"，激活"自动"图标，单击"自动"图标，弹出"自动标注坐标尺寸"对话框，如图8-99所示，依次选择要标注的点1、点2、圆心、点3和点4，单击 确定 按钮，完成水平坐标标注，适当调整标注的位置，效果如图8-100所示。

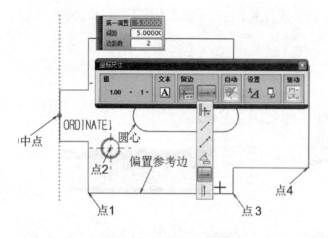

图 8 - 98   "坐标标注"设置

图 8 - 99   "自动标注坐标尺寸"对话框

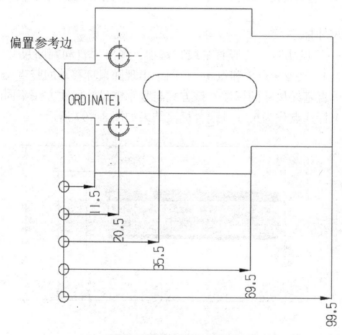

图 8 - 100   水平坐标标注

②竖直坐标标注：竖直坐标标注与水平坐标标注类似，区别在于设置标注方式为"竖直"标注，"竖直"的"偏置参考边"为图 8 - 100 所示的"参考边"。坐标标注效果如图 8 - 101所示。

2. 粗糙度（项目 8.1 和 8.2 已经应用）

选择"插入"→"注释"→"表面粗糙度符号"选项时，将会打开"表面粗糙度符号"对话框，该对话框用于在视图中对所选对象进行表面粗糙度的标注。

3. 注释（项目 8.1 和 8.2 已经应用）

注释主要是对图纸上的相关内容做进一步说明，如零件的加工技术要求、标题栏中的有关文本注释及技术要求等。

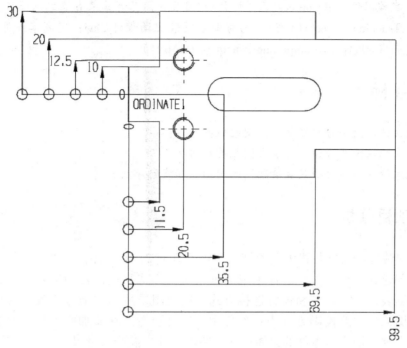

图 8-101　竖直坐标标注效果

在"注释"工具栏中单击"注释"图标 Ⓐ 或者在菜单栏执行"插入"→"注释"→"注释"，打开"注释"对话框。

4. 特征控制框（项目 8.1 和 8.2 已经应用）

特征控制框的主要功能是标注形位公差。形位公差是将几何、尺寸和公差符号组合在一起形成的组合符号，它用于表示标注对象与参考基准之间的位置和形状关系。形位公差一般用于在创建单个零件或装配体等实体的工程图时，对基准、加工表面进行有关基准或形位公差的标注。

在"注释"工具栏中单击"特征控制框"图标 ▱ 或者在菜单栏执行"插入"→"注释"→"特征控制框"命令，打开"特征控制框"对话框。

5. 基准特征符号（项目 8.1 和 8.2 已经应用）

在"注释"工具栏中单击"基准特征符号"图标 ▯ 或者在菜单栏执行"插入"→"注释"→"基准特征符号"命令，打开"基准特征符号"对话框，可以标注加工和设计基准。

项目 8.3　简易弯曲装置装配图设计

●项目要点

项目通过 UG NX 8.5 的制图预设置、视图表达（基本视图、投影视图、剖视图）、编辑剖切线样式、注释预设置、标注尺寸、配合公差、明细栏和装配序号等命令完成简易弯曲装置装配图。（操作课件见 Resources\教学课件\项目 8.3 简易弯曲装置装配图设计；操作视频见 Resources\Teaching project\Ch08\简易弯曲装置装配图设计 . avi；完成零件见 Resources\Teaching project\Ch08\jianyiwanqu\jianyiwanqu_asm1. prt。）

●项目目标

☑ 能独立设计简易弯曲装置装配图的视图表达；

☑ 能独立标注简易弯曲装置装配图相关尺寸；

☑ 能独立设计简易弯曲装置装配图的明细表和装配序列。

8.3.1 项目分析

简易弯曲装置是夹具装置中典型结构，该部件有 21 个零件，多种标准件，部件结构相对复杂。创建其工程图时，部件主视图采用全剖方式表达部件的主要连接方式，左视图采用局部剖表达顶部螺钉和销钉连接方式；向视图采用局部剖方式表达底部螺钉连接方式，俯视图采用一般投影方式表达部件主要零件位置。在添加完工程图视图后，要清晰、完整、合理地标注出零件的整体尺寸、装配尺寸、配合尺寸及技术要求等相关内容。最终调入标准图框，绘制零件引线并填写零件明细表，完成的简易弯曲装置工程图如图 8 － 102 所示。

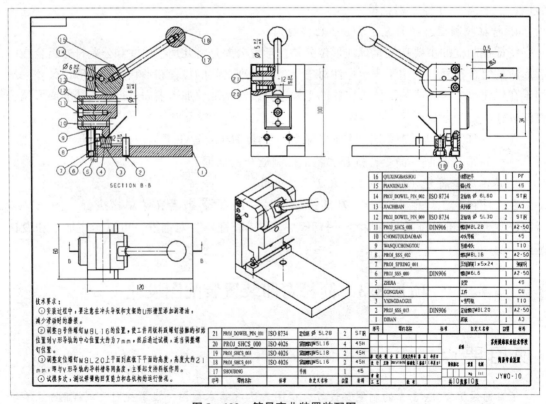

图 8 － 102　简易弯曲装置装配图

8.3.2 工程图视图设计

1. 新建图纸

（1）打开 jianyiwanqu 文件中的 jianyiwanqu_asm1. prt，其三维模型如图 8 – 103 所示。

（2）单击"开始"→"制图"，自动弹出"图纸页"对话框。

（3）图纸参数设置：在"大小"选项区中选择"标准尺寸"单选按钮，并选择图纸大小为"A2 – 420 × 594"，然后在"设置"选项区中选择"毫米"单选按钮，并单击"第一象限角投影"按钮，单击 确定 按钮后，进入工程图。

2. 设置投影视图

1）俯视图设置

鼠标单击"基本视图"对话框中的"定向视图"选项 ，弹出"定向视图工具"对话框。指定"法向"矢量为图 8 – 104 所示的"法向面"；指定"X 向"矢量为图 8 – 104 所示的"X 向边"，定向的基本视图如图 8 – 105 所示，单击 确定 按钮，退出"定向视图工具"对话框，在 A2 图框的适当位置单击鼠标左键，完成"俯视图"的设置，效果如图 8 – 105 中上方所示。

图 8 – 103 简易弯曲装置三维造型

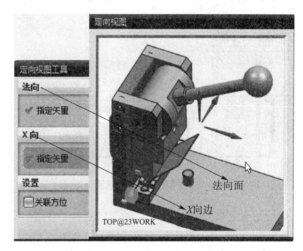

图 8 – 104 定向视图

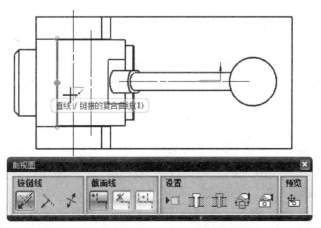

图 8 – 105 设置"俯视图"

2）主视图设置（全剖）

①单击"全剖视图"图标 ⊖，弹出"全剖视图"对话框，选择图 8 – 105 所示的视图，弹出图 8 – 105 下方所示的"铰链线"选择框，选择图 8 – 105 所示边的中点，在"俯视图"上方适当位置单击鼠标左键，完成"剖视图"的设置，效果如图 8 – 106 所示。

②单击"制图编辑"工具条中的"视图中剖切"命令图标 ，弹出如图 8 – 107 所示的"视图中剖切"对话框，"视图"选择"主视图"，"体或组件"选项组选择图 8 – 106 所示的手柄，设置"操作"选项为"变成非剖切"，单击 确定 按钮，完成设置，效果如图 8 – 108 所示。

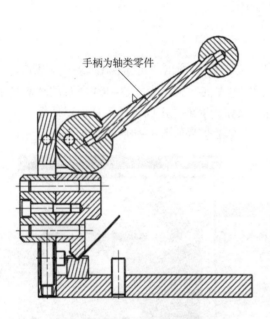

图 8 – 106　"主视图"全剖视图

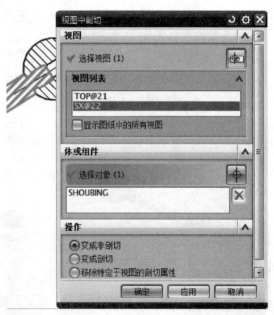

图 8 – 107　"视图中剖切"对话框

3）左视图设置

①投影视图：单击"投影视图"图标 ，弹出"投影视图"对话框，"父视图"选择图 8 – 108 完成的"主视图"，在"主视图"右方适当位置单击鼠标左键，完成"左视图"的添加。

②双击"左视图"，弹出"视图样式"对话框，设置"隐藏线"为虚线，效果如图 8 – 109 所示。

③绘制局部剖曲线：鼠标移到"主视图"，单击鼠标右键，选择"扩展"，进入"扩展"模式，用"曲线"工具条中的"艺术样条"绘制封闭曲线包围局部剖结构，如图 8 – 110 中的"局部剖曲线"所示，单击 确定 按钮，完成曲线绘制。单击鼠标右键，取消"扩展"。

④单击"局部剖视图"图标 ，弹出图 8 – 110 中间所示对话框，选择"左视图"为指出的视图，基点为图 8 – 110 中的"剖切点"，方向默认，"曲线"为图 8 – 110 中的"局部剖曲线"，单击 确定 按钮，完成"局部剖"设置。

⑤鼠标双击"左视图"，弹出"视图样式"对话框，设置"隐藏线"为"不可见"，效果如图 8 – 111 所示。

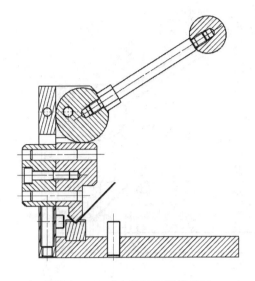

图 8 – 108 "主视图"最终效果

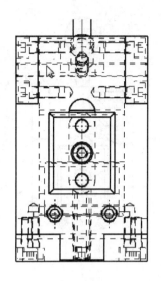

图 8 – 109 显示隐藏线的"左视图"

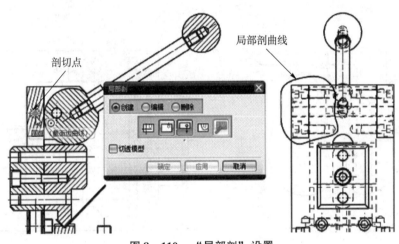

图 8 – 110 "局部剖"设置

4）后视图设置

①投影视图：单击"投影视图"图标，弹出"投影视图"对话框，"父视图"选择图 8 – 111 完成的"左视图"，在"左视图"右方适当位置单击鼠标左键，完成"后视图"的添加。

②双击"后视图"，弹出"视图样式"对话框，设置"隐藏线"为虚线，效果如图 8 – 112 所示。

③绘制局部剖曲线：用同样的方法绘制图 8 – 113 所示的"局部剖曲线 1"和"局部剖曲线 2"。

④鼠标双击"俯视图"，弹出"视图样式"对话框，设置"隐藏线"为虚线。

⑤单击"局部剖视图"图标，选择"后视图"为指出的视图，基点分别为图 8 – 114 中的"剖切点 1"和"剖切点 2"，方向默认，"曲线"分别为图 8 – 113 中的"局部剖曲线 1"和"局部剖曲线 2"，单击 确定 按钮，完成两个局部剖视图。

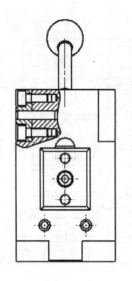

图 8-111　修饰后的左视图

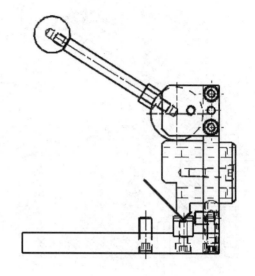

图 8-112　显示隐藏线的"后视图"

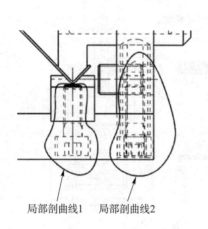

局部剖曲线1　局部剖曲线2

图 8-113　局部剖曲线

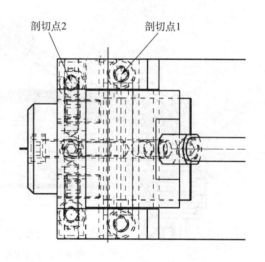

剖切点2　　　　剖切点1

图 8-114　剖切点设置

⑥分别双击"后视图"和"俯视图"，弹出"视图样式"对话框，设置"隐藏线"为虚线，效果如图 8-115 所示。

3. 添加正等测视图

单击"图纸布局"工具栏中的 按钮，弹出"基本视图"对话框，在"模型视图"下拉列表中选择"正等测视图"选项，在视图区出现随鼠标移动的模型，选择合适的位置单击，生成正等测视图，结果如图 8-116 所示。

4. 添加工件视图

1）工件主视图

单击"基本视图"，打开"基本视图"对话框，如图 8-117 所示，"部件"选项选择 gongjian. prt，单击"定向视图"选项 ，弹出"定向视图工具"对话框，定向的基本视图如图 8-118 所示，单击 确定 按钮，退出"定向视图工具"对话框，在 A2 图框的适当位置单击鼠标左键，完成工件"主视图"的设置。

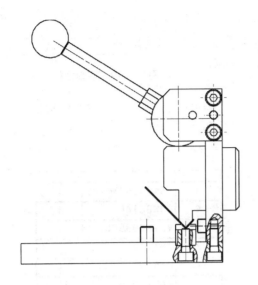

图 8 –115　修饰后的后视图

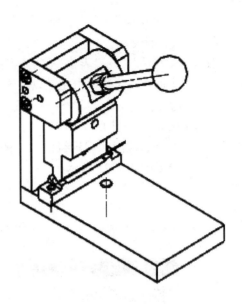

图 8 –116　正等测视图

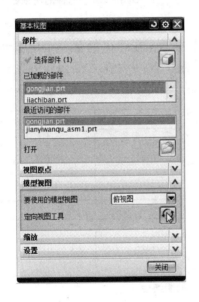

图 8 –117　调入工件

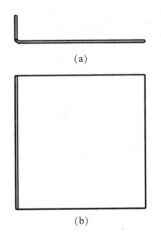

图 8 –118　工件视图

（a）主视图；（b）俯视图

2）工件俯视图

单击"投影视图"图标 ，弹出"投影视图"对话框，"父视图"选择图 8 –118（a）完成的"主视图"，在"主视图"下方适当位置单击鼠标左键，完成工件"俯视图"的添加，效果如图 8 –118（b）所示。

5. 导入标准图框

单击"文件"→"导入"→"部件"，弹出"导入部件"对话框，单击 确定 按钮，选择教材光盘中提供的"tukuang"文件夹中的 A2 图框，单击"OK"按钮，弹出点设置对话框，设置为"坐标原点"，单击 确定 按钮，完成图框调入。

6. 设置零件明细表

1）插入明细表

①选择"插入"→"表格"→"零件明细表"命令，在图纸页的任意位置单击左键以放置明细表，如图8-119所示。

图8-119　明细栏标题

②选中图8-119中的"明细栏"，右击，单击"编辑级别"，弹出图8-120所示"编辑级别"工具条，关闭"编辑级别"中的"主模型"和"仅顶级"，图8-119的明细栏显示完整，效果如图8-121所示。

图8-120　"编辑级别"工具条

5	WANOUCHONGTOU	1
4	GONGJIAN	1
3	VXINGDAOGUI	1
2	ZHIJIA	1
1	DIBAN	1
PC NO	PART NAME	QTY

图8-121　完整的明细栏

2）编辑零件明细表

①在零件明细表"PART NAME"列上单击右键，在弹出的菜单中单击"选择"→"列"，然后单击右键，在弹出的菜单中选择"镶块"→"在右侧插入列"命令，添加"标准"和"自定义名称"2列，在"数量"列右侧加"材料"1列，如图8-122所示。

7	JIACHIBAN			2
6	CHONGTOUDAOBAN			1
5	WANOUCHONGTOU			1
4	GONGJIAN			1
3	VXINGDAOGUI			1
2	ZHIJIA			1
1	DIBAN			1
PC NO	PART NAME			QTY

图8-122　添加列的明细栏

②依次选中各列，单击右键，在弹出的菜单中单击"选择"→"列"，再单击右键，使用"调整大小"命令调整列宽（尺寸可以自己调整，总宽为180 mm）。

③双击明细表表格中的"标题栏"，修改标题名称，具体如图8-123所示。

④按住鼠标左键，从标题左侧的"序号"到右侧的"材料"，选中标题一栏，单击鼠标右键，在弹出的菜单中选择"样式"命令，弹出如图8-124所示的"注释样式"对话框，单击"单元格"→"文本对齐"→"中心"对齐，单击 确定 按钮。

⑤按住鼠标左键，选中图8-125所示零件名称一列（不包括标题一栏），单击鼠标右键，在弹出的菜单中选择"样式"命令，如图8-125所示。弹出如图8-126所示"注释样式"对话框，单击"文字"样式，指定字体为"Times New Roman"，指定"字符大小"

为4，"文本间距因子"为0.1，"宽高比"为0.45，单击 确定 按钮。

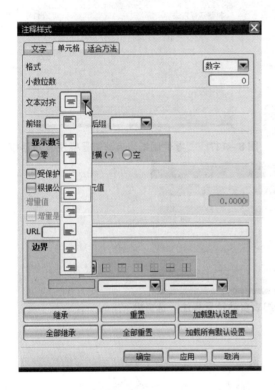

图8-123 修改明细栏标题名称

图8-124 文本对齐方式

图8-125 文字样式修改

7. 零件编号

1）自动零件编号

①选择"工具"→"表格"→"自动符号标注"命令，弹出"零件明细表自动符号标注"对话框，如图8-127所示。

②选择刚创建的明细表并单击 确定 按钮，弹出"零件明细表自动符号标注"选择框，如图8-128所示。

③选择"SX@23""ORTHO@24"和"ORTHO@26"，单击 确定 按钮，系统为所选视图自动创建零件标号，如图8-129所示。

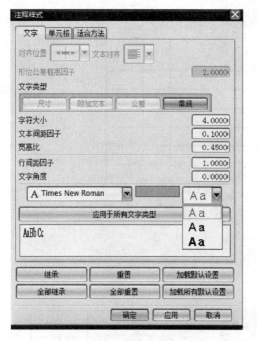

图 8 – 126　添加列的明细栏

图 8 – 127　"零件明细表自动符号标注"对话框

图 8 – 128　"零件明细表自动符号标注"选择框

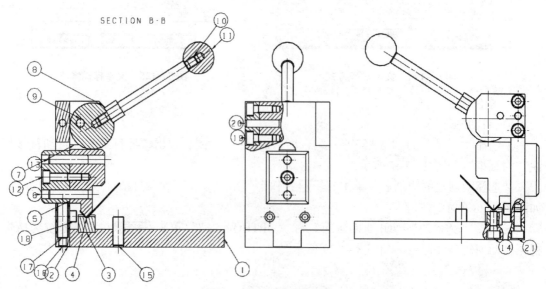

图 8 – 129　自动零件编号

要点提示

步骤③选择自动标注视图时，一定要注意先选择"SX@23"，再选择"ORTHO@24"，最后选择"ORTHO@26"，原因是：视图的先后顺序决定了"自动零件编号"的数量，先选择的视图，"自动零件编号"数量多。

2）零件编号调整

自动零件编号所编的号杂乱无章，需要手工调整。鼠标选中各编号，按住鼠标左键移动到合适的位置后松开鼠标，完成移动，移动后的视图如图 8–130 所示。

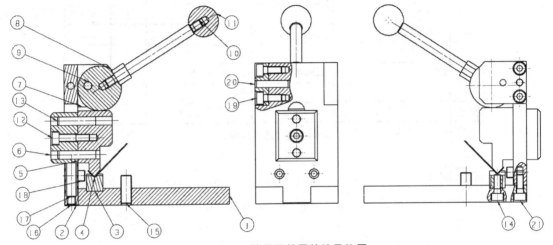

图 8–130 简易调整零件编号位置

3）装配序号排序

选择"制图工具–GC 工具箱"工具条→"装配序号排序"图标 ，弹出"装配序号排序"对话框。"视图"选择"SX@23""ORTHO@24"和"ORTHO@26"，勾选"顺时针"，"距离"设置为"10"，"初始装配序号"选择图 8–129 所示的零件编号"1"，单击 确定 按钮，完成"主视图"编号排序，效果如图 8–131 所示。

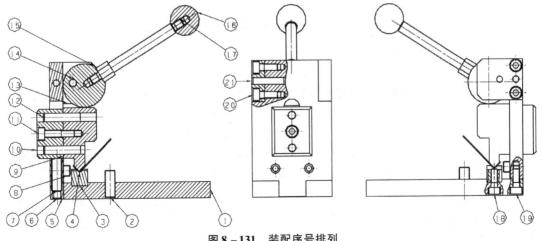

图 8–131 装配序号排列

8. 填写明细栏

双击明细栏单元格，添加明细栏零件的其他属性，完成明细表的制作，效果如图8 – 132所示。

11	PROJ_SHCS_008	DIN906	螺钉M8L28	1	A2-50
10	CHONGTOUDAOBAN		冲头导板	1	45
9	WANQUCHONGTOU		弯曲冲头	1	T10
8	PROJ_SSS_002		螺钉M8L16	2	A2-50
7	PROJ_SPRING_001		压缩弹簧1×5×24	1	弹簧钢
6	PROJ_SSS_000	DIN906	螺钉M6L6	1	A2-50
5	ZHIJIA		支架	1	45
4	GONGJIAN		工件	1	CU
3	VXINGDAOGUI		V型导轨	1	T10
2	PROJ_SSS_013	DIN906	定位螺钉M8L20	1	A2-50
1	DIBAN		底板	1	A3
序号	零件名称	标准	自定义名称	数量	材料

图8 – 132 填写明细表

要点提示

UG零件明细表里修改内容后出现方括号的解决方法：

选中"明细表"→"右键"→"样式"，弹出"注释样式"对话框，单击"零件明细表"，去掉图8 – 133所示最下方的"高亮显示手工输入的文本"前面的对号。

9. 调整视图布局

1）明细表分栏

选择"明细栏"，右击，单击"样式"，弹出"注释样式"对话框，单击"截面"，设置明细表"最大高度"为180，如图8 – 134所示，单击 确定 按钮，完成明细表分栏，明细栏分栏后的效果如图8 – 135底部所示。

2）调整视图位置

调整各个视图的位置，使视图布满图框，效果如图8 – 135所示。

10. 填写技术要求

单击"注释"图标 **A**，弹出"注释"对话框，如图8 – 136所示。在"注释"对话框中输入技术要求内容，然后在装配图空白位置单击鼠标左键，完成技术要求。技术要求内容为：

①安装过程中，要注意在冲头导板和支架的U形槽里添加润滑油，减少滑动时的磨损。

②调整8号件螺钉M8L16的位置，使工件用板料跟螺钉接触的初始位置到V形导轨的中心位置大约为7 mm，然后通过试模，适当调整螺钉位置。

③调整定位螺钉M8L20上平面到底板下平面的高度，高度大约21 mm，即与V形导轨的导料槽等同高度，主要起支持料板作用。

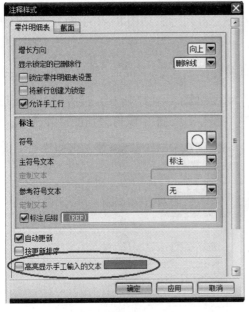

图 8－133　方括号的解决方法

图 8－134　明细表高度调整

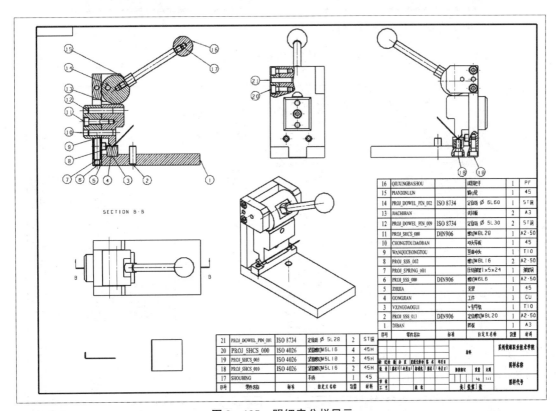

SECTION B-B

16	QIUXINGBASHOU		球型把手	1	PF
15	PIANXINLUN		偏心轮	1	45
14	PROJ_DOWEL_PIN_002	ISO 8734	定位销 Ø 5L60	1	5T钢
13	JIACHIBAN	ISO 8734	夹持板	2	A3
12	PROJ_DOWEL_PIN_009	ISO 8734	定位销 Ø 5L30	2	5T钢
11	PROJ_SHCS_008	DIN906	螺钉M8L28	1	A2-50
10	CHONGTOUDAOBAN		冲头导板	1	45
9	WANQUCHONGTOU		弯曲冲头	1	T10
8	PROJ_SSS_002		螺钉M8L16	1	A2-50
7	PROJ_SPRING_001		压缩弹簧1×5×24	1	弹簧钢
6	PROJ_SSS_000	DIN906	螺钉M8L6	1	A2-50
5	ZHIJIA		支架	1	
4	GONGJIAN		工件	1	CU
3	VXINGDAOGUI		v型导轨	1	T10
2	PROJ_SSS_013	DIN906	定位螺钉M8L20	1	A2-50
1	DIBAN		底板	1	A3
序号	零件名称	标准	自定义名称	数量	材料

苏州锐翔职业技术学院

21	PROJ_DOWEL_PIN_001	ISO 8734	定位销 Ø 5L28	2	5T钢
20	PROJ_SHCS_000	ISO 4026	紧定螺钉M5L18	4	45H
19	PROJ_SHCS_003	ISO 4026	紧定螺钉M5L18	2	45H
18	PROJ_SHCS_010	ISO 4026	紧定螺钉M5L16	2	45H
17	SHOUBING		手柄	1	45
序号	零件名称	标准	自定义名称	数量	材料

图 8－135　明细表分栏显示

④试模多次，测试弹簧的回复能力和各机构的运行情况。

11. 标注尺寸

（1）标注总体尺寸：标注总长尺寸、总宽尺寸、总高尺寸，如图8-138中方形括号内尺寸。

（2）标注配合尺寸：如标注 $\phi 6\frac{H7}{m7}$，单击"自动标注" ，标注一般尺寸6，然后打开"文本编辑器"，"前缀"，添加符号 ϕ，"后缀"添加如图8-137所示，最后单击 确定 按钮，完成配合公差标注。同理标注其他配合公差，如图8-138中圆形包括的尺寸。

图 8-136　"注释"对话框

图 8-137　"后缀"添加

（3）标注工件尺寸，如图8-138中右上角得到工件尺寸。

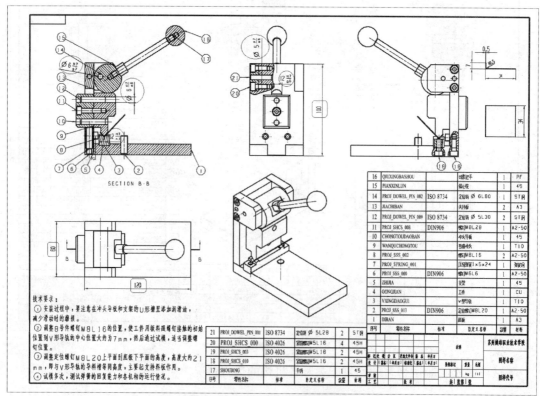

图 8-138　尺寸标注和技术要求

要点提示

①在尺寸标注过程中要注意调整视图的位置，使视图之间的尺寸线和指引线不能相交。

②在填写技术要求时，注意调整字体大小。A3、A4 和 A2 字体大小为 5 号，A1 和 A0 为 7 号。

12. 填写标题栏

双击标题栏中要添加的文字信息，弹出"注释"对话框，完成其他信息的填入，如图 8 - 102 所示。

●自主项目

1. 自主学习项目——底板工程图

功能模块：

草图	实体	曲面	装配	制图
				√

功能命令：

阶梯剖视图、局部剖视图、尺寸标注、公差标注、粗糙度标注、基准标注。

素材：如图 8 - 139 所示。

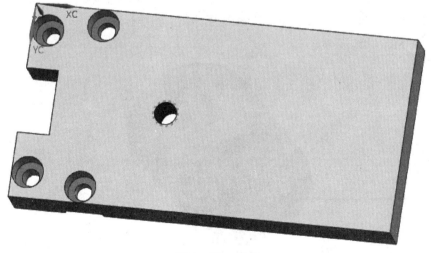

图 8 - 139 素材

2. 自主学习项目——弯曲冲头工程图

功能模块：

草图	实体	曲面	装配	制图
				√

功能命令：

全剖视图；尺寸标注、公差标注、粗糙度标注、基准标注。

素材：如图 8 – 140 所示。

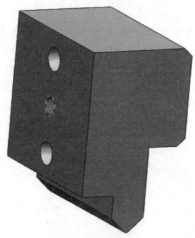

图 8 – 140　素材

3. 自主学习项目——偏心轮工程图

功能模块：

草图	实体	曲面	装配	制图
				√

功能命令：

旋转剖视图、尺寸标注、公差标注、粗糙度标注、基准标注。

素材：如图 8 – 141 所示。

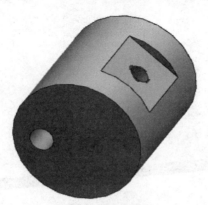

图 8 – 141　素材

附录 A

<<<<<<

UG NX 8.5 快捷键设置和命令集

附录 A.1　查看快捷键和设置快捷键

操作视频

①依次选择"工具"→"定制"命令，弹出"定制"对话框，如附录图 A－1 所示。

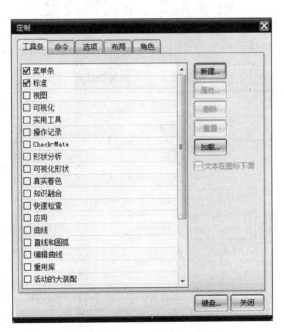

附录图 A－1　"定制"对话框

②单击附录图 A－1 中的"键盘"，弹出如附录图 A－2 所示的"定制键盘"对话框，"定制键盘"对话框"左下方"为当前快捷键，"右下方"为设置新的快捷键。若要查看已存在的快捷键，则单击右下角的"报告"按钮即可。

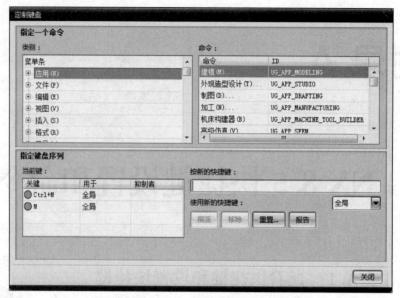

附录图 A-2 "定制键盘"对话框

附录 A.2 全局快捷键

UG NX 8.5 的"全局快捷键"区别于其他版本，具体见附录表 A-1。

附录表 A-1 全局快捷键

文件(F)_新建(N) …	Ctrl + N	UG_FILE_NEW	全局
文件(F)_打开(O) …	Ctrl + O	UG_FILE_OPEN	全局
文件(F)_保存(S)	Ctrl + S	UG_FILE_SAVE_PART	全局
文件(F)_另存为(A) …	Ctrl + Shift + A	UG_FILE_SAVE AS	全局
文件(F)_绘图(L) …	Ctrl + P	UG_FILE_PLOT	全局
文件(F)_执行(T)_Grip…	Ctrl + G	UG_FILE_RUN_GRIP	全局
文件(F)_执行(T)_调试 Grip(D) …	Ctrl + Shift + G	UG_FILE_RUN_GRIP_DEBUG	全局
文件(F)_执行(T)_NX_Open…	Ctrl + U	UG_FILE_RUN_UFUN	全局
文件(F)_完成草图(K)	Ctrl + Q	UG_DIRECT_SKETCH_FINISH	应用模块
编辑(E)_撤销列表(U)	Ctrl + Z	UG_EDIT_UNDO	全局
编辑(E)_重做(R)	Ctrl + Y	UG_EDIT_REDO	全局
编辑(E)_剪切(T)	Ctrl + X	UG_EDIT_CUT	全局
编辑(E)_复制(C)	Ctrl + C	UG_EDIT_COPY	全局
编辑(E)_粘贴(P)	Ctrl + V	UG_EDIT_PASTE	全局

续表

	Ctrl + D	UG_EDIT_DELETE	全局
编辑(E)_删除(D)…	Delete		全局
编辑(E)_选择(L)_最高选择优先级_特征(F)	Shift + F	UG_SEL_FEATURE_PRIORITY	全局
编辑(E)_选择(L)_最高选择优先级_面(A)	Shift + G	UG_SEL_FACE_PRIORITY	全局
编辑(E)_选择(L)_最高选择优先级_体(B)	Shift + B	UG_SEL_BODY_PRIORITY	全局
编辑(E)_选择(L)_最高选择优先级_边(E)	Shift + E	UG_SEL_EDGE_PRIORITY	全局
编辑(E)_选择(L)_最高选择优先级_组件(C)	Shift + C	UG_SEL_COMPONENT_PRIORITY	全局
编辑(E)_选择(L)_全选(A)	Ctrl + A	UG_SEL_SELECT_ALL	全局
编辑(E)_对象显示(J)…	Ctrl + J	UG_EDIT_OBJECT_DISPLAY	全局
编辑(E)_显示和隐藏(H)_显示和隐藏(O)…	Ctrl + W	UG_EDIT_MD_SHOWHIDE_ALL	全局
编辑(E)_显示和隐藏(H)_立即隐藏(M)…	Ctrl + Shift + I	UG_EDIT_ONE_PICK_HIDE	全局
编辑(E)_显示和隐藏(H)_隐藏(H)…	Ctrl + B	UG_EDIT_BLANK_SELECTED	全局
编辑(E)_显示和隐藏(H)_显示(S)…	Ctrl + Shift + K	UG_EDIT_UNBLANK_SELECTED	全局
编辑(E)_显示和隐藏(H)_全部显示(A)	Ctrl + Shift + U	UG_EDIT_UNBLANK_ALL_OF_PART	全局
编辑(E)_显示和隐藏(H)_反转显示和隐藏(I)	Ctrl + Shift + B	UG_EDIT_REVERSE_BLANK_ALL	全局
编辑(E)_移动对象(O)…	Ctrl + T	UG_EDIT_MOVE_OBJECT	全局
编辑(E)_草图曲线(K)…_快速修剪(Q)…	T	UG_SKETCH_QUICK_TRIM	应用模块
编辑(E)_草图曲线(K)…_快速延伸(X)…	E	UG_SKETCH_QUICK_EXTEND	应用模块
视图(V)_操作(O)_适合窗口(F)	Ctrl + F	UG_VIEW_FIT	全局
视图(V)_操作(O)_缩放(Z)…	Ctrl + Shift + Z	UG_VIEW_ZOOM	全局
视图(V)_操作(O)_旋转(R)…	Ctrl + R	UG_VIEW_ROTATE	全局

续表

视图(V)_截面(S)_编辑工作截面(C) …	Ctrl + H	UG_VIEW_SECTIONING	全局
视图(V)_可视化(V)_高质量图像(H) …	Ctrl + Shift + H	UG_VIEW_HIGH_QUALITY_IMAGE	全局
视图(V)_布局(L)_新建(N) …	Ctrl + Shift + N	UG_LAYOUT_NEW	全局
视图(V)_布局(L)_打开(O) …	Ctrl + Shift + O	UG_LAYOUT_OPEN	全局
视图(V)_布局(L)_适合所有视图(F)	Ctrl + Shift + F	UG_LAYOUT_FIT_ALL_VIEWS	全局
视图(V)_信息窗口(I)	Ctrl + Shift + S	UG_VIEW_INFO_WINDOW	全局
视图(V)_当前对话框(C)	F3	UG_VIEW_CURRENT_DIA-LOG	全局
视图(V)_HD3D 工具 UI	Ctrl + 3	UG_VIEW_VISUAL_PLM_UI	全局
视图(V)_全屏(F)	Alt + Enter	UG_VIEW_FULL_SCREEN_MODE	全局
视图(V)_定向视图到草图(K)	Shift + F8	UG_SKETCH_ORIENT_VIEW_TO_SKETCH	应用模块
视图(V)_重置方位(E)	Ctrl + F8	UG_VIEW_RESET_ORIEN-TATION	全局
插入(S)_草图曲线(S)_轮廓(O) …	Z	UG_SKETCH_PROFILE	应用模块
插入(S)_草图曲线(S)_直线(L) …	L	UG_SKETCH_LINE	应用模块
插入(S)_草图曲线(S)_圆弧(A) …	A	UG_SKETCH_ARC	应用模块
插入(S)_草图曲线(S)_圆(C) …	O	UG_SKETCH_CIRCLE	应用模块
插入(S)_草图曲线(S)_圆角(F) …	F	UG_SKETCH_FILLET	应用模块
插入(S)_草图曲线(S)_矩形(R) …	R	UG_SKETCH_RECTANGLE	应用模块
插入(S)_草图曲线(S)_多边形(Y) …	P	UG_SKETCH_POLYGON	应用模块
插入(S)_草图曲线(S)_艺术样条(D) …	S	UG_SKETCH_STUDIO_SPLINE	应用模块
插入(S)_草图约束(K)_尺寸(D)_自动判断(I) …	D	UG_SKETCH_INFER_DIM	应用模块
插入(S)_草图约束(K)_约束(T) …	C	UG_SKETCH_CONSTRAINTS	应用模块
插入(S)_设计特征(E)_拉伸(E) …	X	UG_MODELING_EXTRUDED_FEATURE	应用模块
插入(S)_曲面(R)_四点曲面(F) …	Ctrl + 4	UG_MODELING_FF_SURF4P	应用模块

续表

插入(S)_网格曲面(M)_艺术曲面(U)…	N	UG_MODELING_FF_STUSRF_NXN	应用模块
插入(S)_扫掠(W)_变化扫掠(V)…	V	UG _ MODELING _ VSWEEP_FEATURE	应用模块
格式(R)_图层设置(S)…	Ctrl + L	UG_LAYER_SETTINGS	全局
格式(R)_视图中可见图层(V)…	Ctrl + Shift + V	UG_LAYER_VIEW	全局
格式(R)_WCS_显示(P)	W	UG_WCS_DISPLAY	全局
工具(T)_表达式(X)…	Ctrl + E	UG_INSERT_DLEXPRESSION	全局
工具(T)_操作记录(J)_播放(P)…	Alt + F8	UG_JOURNAL_PLAY	全局
工具(T)_操作记录(J)_编辑(E)…	Alt + F11	UG_JOURNAL_EDIT	全局
工具(T)_宏(R)_开始录制(R)…	Ctrl + Shift + R	UG_MACRO_RECORD	全局
工具(T)_宏(R)_回放(P)…	Ctrl + Shift + P	UG_MACRO_PLAYBACK	全局
工具(T)_电影(E)_录制(R)…	Alt + F5	UG_MOVIE_RECORD	全局
工具(T)_电影(E)_暂停(P)	Alt + F6	UG_MOVIE_PAUSE	全局
工具(T)_电影(E)_停止(S)	Alt + F7	UG_MOVIE_STOP	全局
工具(T)_定制(Z)…	Ctrl + 1	UG_TOOLS_CUSTOMIZE	全局
工具(T)_重复命令(R)	F4	UG_TOOLS_REPEAT_LAST_COMMAND_0	全局
信息(I)_对象(O)…	Ctrl + I	UG_INFO_OBJECT	全局
分析(L)_曲线(C)_刷新曲率图(R)	Ctrl + Shift + C	UG_INFO_MB_SHOW_GRAPHS	全局
首选项(P)_对象(O)…	Ctrl + Shift + J	UG_PREFERENCES_OBJECT	全局
首选项(P)_选择(E)…	Ctrl + Shift + T	UG_PREFERENCES_SELECTION	全局
应用(N)_建模(M)…	Ctrl + M	UG_APP_MODELING	全局
	M		全局
应用(N)_外观造型设计(T)…	Ctrl + Alt + S	UG_APP_STUDIO	全局
应用(N)_制图(D)…	Ctrl + Shift + D	UG_APP_DRAFTING	全局
应用(N)_加工(N)…	Ctrl + Alt + M	UG_APP_MANUFACTURING	全局
应用(N)_钣金(H)_NX 钣金(H)…	Ctrl + Alt + N	UG_APP_SBSM	全局
应用(N)_挠性印制电路设计(X)…	Ctrl + Alt + P	UG_APP_FLEX_PCB	全局
帮助(H)_关联(C)…	F1	UG_HELP_ON_CONTEXT	全局
完成草图(K)	Ctrl + Q	UG_DIRECT_SKETCH_FINISH	应用模块
	Q		应用模块

定向视图到草图（K）	Shift + F8	UG_SKETCH_ORIENT_VIEW _TO_SKETCH	应用模块
刷新（S）	F5	UG_VIEW_POPUP_REFRESH	全局
缩放（Z）	F6	UG_VIEW_POPUP_ZOOM	全局
旋转（O）	F7	UG_VIEW_POPUP_ROTATE	全局
定向视图（R）_正二测视图（T）	Home	UG_VIEW_POPUP_ORIENT _TFRTRI	全局
定向视图（R）_正等测视图（I）	End	UG_VIEW_POPUP_ORIENT _TFRISO	全局
定向视图（R）_俯视图（O）	Ctrl + Alt + T	UG_VIEW_POPUP_ORIENT _TOP	全局
定向视图（R）_前视图（F）	Ctrl + Alt + F	UG_VIEW_POPUP_ORIENT _FRONT	全局
定向视图（R）_右视图（R）	Ctrl + Alt + R	UG_VIEW_POPUP_ORIENT _RIGHT	全局
定向视图（R）_左视图（L）	Ctrl + Alt + L	UG_VIEW_POPUP_ORIENT _LEFT	全局
捕捉视图（N）	F8	UG_VIEW_POPUP_SNAP _VIEW	全局
粘贴（P）	Ctrl + V	UG_EDIT_PASTE	全局
重复命令（R）	F4	UG_TOOLS_REPEAT_LAST_ COMMAND_0	全局
工具（T）_更新（U）_将第一个特征设为当前的（F）	Ctrl + Shift + Home	UG_MODELING_FEATURE_ REPLAY_ MAKE_FIRST_CURRENT	应用模块
工具（T）_更新（U）_将上一个特征设为当前的（P）	Ctrl + Shift + Left_Arrow	UG_MODELING_FEATURE_ REPLAY_ MAKE_PREVIOUS_CUR-RENT	应用模块
工具（T）_更新（U）_将下一个特征设为当前的（N）	Ctrl + Shift + Right_Arrow	UG_MODELING_FEATURE_ REPLAY_ MAKE_NEXT_CURRENT	应用模块
工具（T）_更新（U）_将最后一个特征设为当前的（L）	Ctrl + Shift + End	UG_MODELING_FEATURE_ REPLAY_ MAKE_LAST_CURRENT	应用模块

附录 A.3 常用快捷键

UG NX 8.5 的"常用快捷键"区别于其他版本，具体见附录表 A-2。

附录表 A-2 常用快捷键

Z	绘制草图
X	拉伸
R	回转体
T	修剪的片体
A	装配
V	变化的扫略
N	互换显示与隐藏（反向隐藏所有的）
Ctrl + Shift + K	取消所以隐藏部件
Ctrl + Shift + D	制图（工程图）
Shift + MB2	平移
Ctrl + MB2	缩放
Ctrl + I	显示信息
Ctrl + B	隐藏
Ctrl + T	变换（包含"平移""旋转""矩形阵列"…）
Ctrl + L	图层设置
Ctrl + M	进入建模模块
Ctrl + Q	完成草图后退出
Ctrl + F	适合窗口
Ctrl + W	基础环境
Ctrl + J	对象显示
Ctrl + D	删除
Ctrl + I	对象（显示选中项目的信息）
End	正等轴测图
Home	正二测视图
F6	缩放
F7	旋转（与 MB2 功能等同）
F8	快速直身并捕捉视图
E	Extract 抽取几何体
J	编辑显示
B	隐藏
U	取消所以隐藏的
Z	注塑模向导
Q	最合适视图
G	缝合
特定模块下的快捷键	
草图模块中	
C	约束

D	自动判断的尺寸
A	圆弧
T	快速修剪
Z	轮廓（包括直线圆弧……）
F	圆角
R	矩形
L	直线
E	延伸
O	圆
M	镜像
P	多边形
S	样条
K	自动转换的参考
实体建模模块中	
H	孔
P	基准平面
O	实例特征
F	边倒圆
D	拔模角
U	求和
I	求交
M	求差
C	倒斜角
Alt + S	抽壳
Alt + C	修剪体
Alt + D	分割体 divide
Alt + O	偏置面
制图（2D 图）模块中	
V	基本视图
C	剖视图
功能快捷键	
1	修剪和延伸
2	分割面
3	简化体
4	扩大

5	
6	编辑曲线长度
7	修剪曲线
8	分割曲线
9	投影曲线
0	相交曲线
F1	帮助文件
F2	距离分析
F3	塑模部件验证
F4	信息
F5	刷新
F6	缩放
F7	旋转
F8	快速直身

附录 A.4　设置角色快捷键

1. 依次选择"工具"→"定制",弹出"定制"对话框,单击"角色"选项卡,如附录图 A-3 所示。

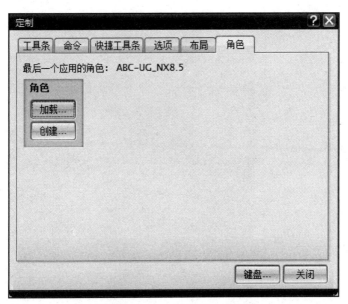

附录图 A-3　"定制"对话框

2. 单击附录图 A – 3 中的"加载"选项，弹出如附录图 A – 4 所示的"打开角色文件"对话框，选择角色文件（∗.mtx），单击"OK"按钮，回到附录图 A – 3 所示的对话框，完成角色快捷键添加。

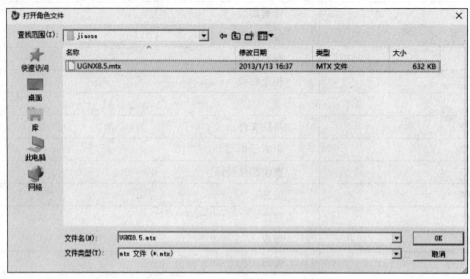

附录图 A – 4 "打开角色文件"对话框

全国 CAD/CAM 团队技能赛试卷

2009 年春季度竞赛题试卷

（总分：300 分； 考试时间：240 分钟）

操作视频

考试须知

1. 请持身份证、学生证等有效证件入场，并配合监考教师审核。
2. 不得携带课本、笔记、U 盘或者移动硬盘入场。
3. 竞赛过程中严禁交头接耳、拷贝模型等舞弊行为，一经发现，将取消竞赛成绩。
4. 请仔细填写参赛学生情况表，尤其是姓名、身份证号和 E-mail 要保证正确。

参赛学生信息表

姓名		性别	
手机		QQ	
E-mail			
身份证号			
以下部分由阅卷教师填写（各题得分）			
1		5	
2		6	
3		7	
4		总分	

阅卷教师签字：_____

第一单元：草图（共1题，共16分）

1. 参照下图绘制草图轮廓，注意线条之间的几何关系。请问：

（1）上色区域的面积是多少平方毫米？（分值9）

（2）两条绿色线条之间的角度是多少度？（分值7）

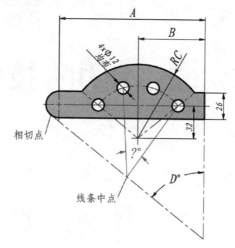

图中参数如下表，请在表中填写相关答案：

A	B	C	D	（1）面积	（2）角度
145	66	72	52		

第二单元：零件（共3题，共97分）

2. 如下图所示，构建三维模型，其中宽度 D 的槽深为12，请问：（本题分值：23）

（1）角度 X（俯视图中的投影角度，并非两个边线的空间角度）为多少度？（分值：9）

（2）两条边线之间的角度 Y 为多少度？（分值：8）

（3）模型的体积为多少？（分值：6）

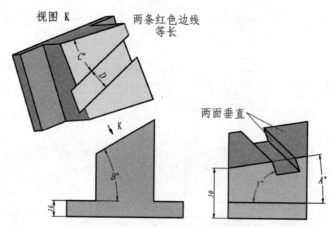

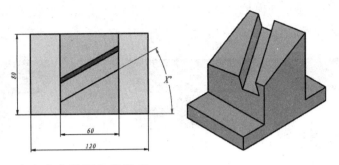

图中参数如下表，请在表中填写相关答案：

A	B	C	D	(1) X	(2) Y	(3) 体积
7	28	22	24			

3. 参照下图建立零件模型，请注意其中的对称、相切等几何关系，请问零件的体积为多少立方毫米？（分值：31）

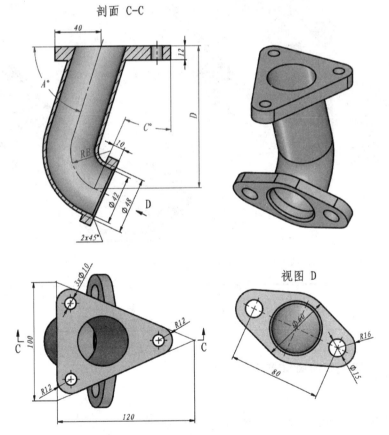

图中参数如下表，请在表中填写相关答案：

A	B	C	D	体积
78	30	30	100	

4. 参照下图构建零件模型，请注意其中的相切、重合、对称等几何关系，请问模型的体积为多少立方毫米？（分值：43）

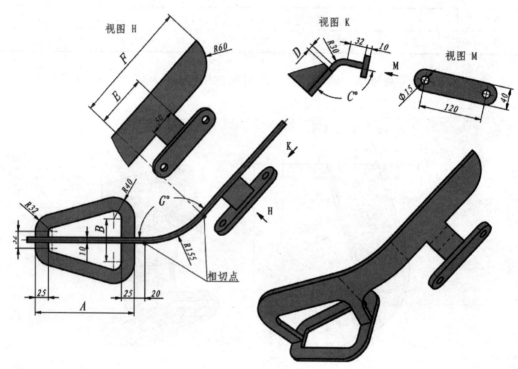

图中参数如下表，请在表中填写相关答案：

A	B	C	D	E	F	G	体积
192	80	120	10	100	232	132	

第三单元：曲线和曲面（共1题，共47分）

5. 参照下图构建三维模型。

（1）请问弯杆中心线的总长度为多少毫米？（分值31）

（2）请问弯杆体积为多少立方毫米？（分值16）

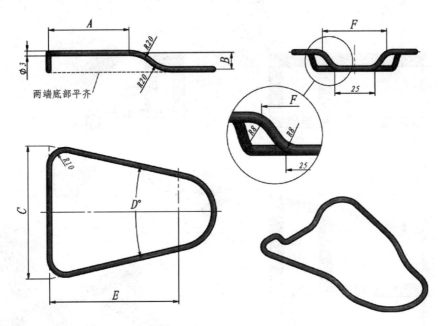

图中参数如下表，请在表中填写相关答案：

A	B	C	D	E	F	（1）中心线长	（2）体积
50	10	80	25	80	40		

第四单元：装配和自顶向下设计（共2题，共140分）

6. 如下图所示，方形管的型面（截面）均为：长为 A，宽为 B，周边圆角 R8，壁厚为 5。构建管 1～3 的零件（建议采用零件系列化技术，即一个零件中存在 3 个不同的长度规格，长度分别为 C、D 和 E）。依照下图安装管 1～3，在装配环境下，采用关联设计方法生成管 4。（分值：61）

（1）管 4 的体积是多少立方毫米？（分值：38）

（2）管 4 的两个边线之间的角度 X 为多少度？（注意是立体角度，不是视图中的投影角度）（分值：23）

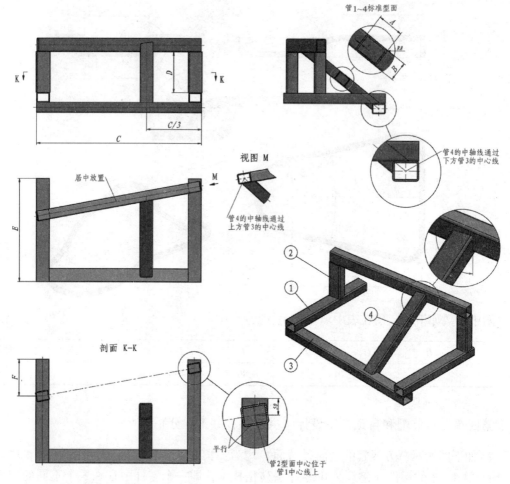

图中参数如下表，请在表中填写相关答案：

A	B	C	D	E	F	（1）体积	（2）角度
70	50	800	220	500	200		

7. 下图为实验水槽，按照图中尺寸构建三维模型。注意其中的对称、重合等几何关系。（分值：79）

（1）请问实验水槽的总体积为多少立方毫米？（分值：28）

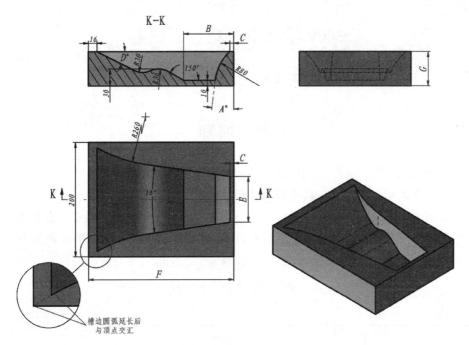

图中参数如下表，请在表中填写相关答案：

A	B	C	D	E	F	G	体积
7	90	7	26	80	260	58	

（2）如下图所示，模拟在水槽中注水，假定水面与水槽上表面有一个夹角 T，问水位高度 X 为多少时（精确到小数点后 2 位），水槽中的水体积最接近 400 000 立方毫米？（分值：51）

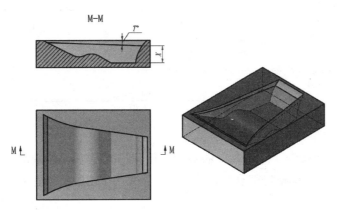

图中参数如下表，请在表中填写相关答案：

T	X
1.5	

2009 年秋季度竞赛题试卷

（总分：300 分；　考试时间：240 分钟）

考试须知

1. 请持身份证、学生证等有效证件入场，并配合监考教师审核。
2. 不得携带课本、笔记、U 盘或者移动硬盘入场。
3. 竞赛过程中严禁交头接耳、拷贝模型等舞弊行为，一经发现，将取消竞赛成绩。
4. 请仔细填写参赛学生情况表，尤其是姓名、身份证号和 E - mail 要保证正确。

参赛学生信息表

姓名		性别	
手机		QQ	
E – mail			
身份证号			
以下部分由阅卷教师填写（各题得分）			
1		5	
2		6	
3		7	
4		总分	

阅卷教师签字：＿＿＿＿＿＿＿＿＿＿＿＿＿＿

1. 参照下图构建模型，注意其中的对称、重合、等距、同心等约束关系。零件壁厚均为 E。输入答案时，请精确到小数点后两位（注意采用正常数字表达方法，而不要采用科学计数法）。

请问模型体积为多少？

A	B	C	D	E	体积
110	30	72	60	1.5	

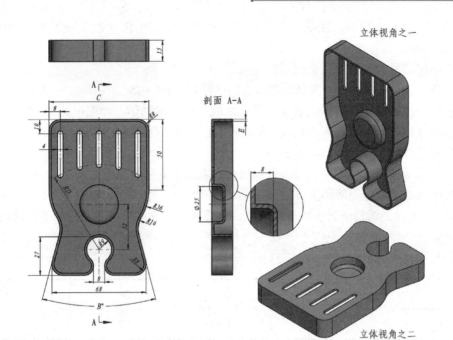

立体视角之一

剖面 A-A

立体视角之二

2. 参照下图构建三维模型，注意其中的对称、相切、同心、阵列等几何关系，输入答案时，请精确到小数点后两位。（注意采用正常数字表达方法，而不要采用科学计数法）

请问零件模型体积为多少？

A	B	C	D	体积
72	32	30	27	

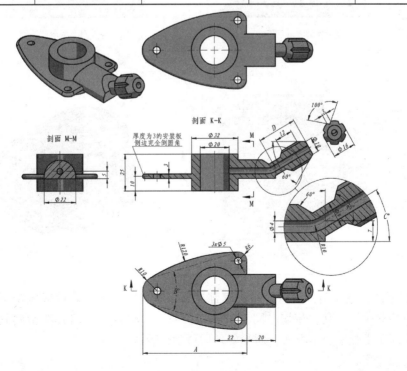

剖面 M-M

剖面 K-K

厚度为3的安装板侧边完全倒圆角

3. 参照下图构建模型，注意通过方程式等方法设定其中尺寸的关联关系，并满足共线等几何关系。

需要确保的尺寸和几何关系包括：

①右侧立柱的高度为整个架体高度加15，即图中的 $A+15$。

②右侧立柱的壁厚为架体主区域（橘色区域）壁厚的两倍，即图中的 $2 \times C$。

③右侧立柱位于架体右侧圆角 RB 区域的中心位置，即图中的 $B/2$。

④架体外缘的长宽相等，均为 D。

⑤架体外缘蓝色区域的左右边线分别通过左右两个立柱的孔中心。

⑥加强筋的上边缘与架体上方的圆角相切。

（输入答案时，请精确到小数点后 2 位，注意采用正常数字表达方法，而不要采用科学计数法）。

请问模型体积为多少？

A	B	C	D	体积
45	32	2	120	

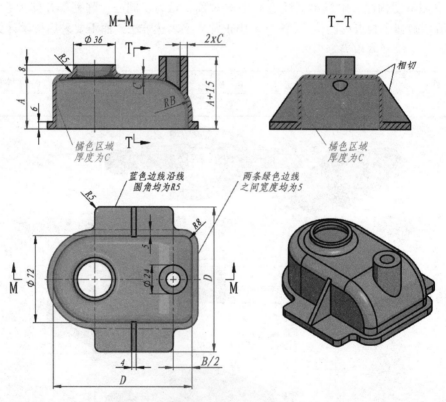

4. 参照下图构建模型，注意，除去底部 8 mm 厚的区域外，其他区域壁厚都是 5 mm。注意模型中的对称、阵列、相切、同心等几何关系。（输入答案时，请精确到小数点后两位，注意采用正常数字表达方法，而不要采用科学计数法）

请问模型体积为多少？

A	B	C	D	体积
112	92	56	30	

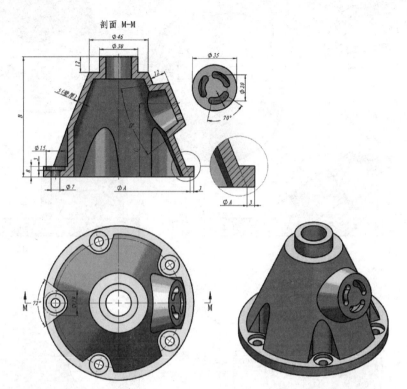

剖面 M-M

5. 题目：参照下图构建三维模型，请注意其中的偏距、同心、重合等约束关系。（输入答案时请精确到小数点后 2 位，注意采用正常数字表达方法，而不要采用科学计数法）

请问模型体积为多少？

A	B	C	D	E	F	体积
55	87	37	43	5.9	119	

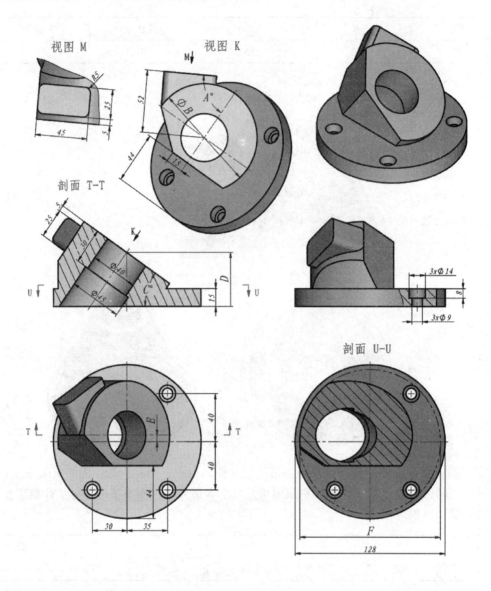

视图 M

视图 K

剖面 T-T

剖面 U-U

2010 年春季学期全国大学生 CAD 类软件团队技能赛赛题

（三维 CAD 方向）

（总分：300 分；　考试时间：240 分钟）

考试须知

9. 请持身份证、学生证等有效证件入场，并配合监考教师审核。

10. 不得携带课本、笔记、U 盘或者移动硬盘入场。

11. 竞赛过程中严禁交头接耳、拷贝模型等舞弊行为，一经发现，将取消竞赛成绩。

12. 请仔细填写参赛学生情况表，尤其是姓名、身份证号和 E – mail 要保证正确。

参赛学生信息表

姓名		性别	
手机		QQ	
E – mail			
身份证号			
以下部分由阅卷教师填写（各题得分）			
1		5	
2		6	
3		7	
4		总分	

阅卷教师签字：_____

1. 参照下图绘制草图，注意其中的水平、竖直、同心、相切等几何关系。其中绿色线条上的圆弧半径都是 $R3$，请问草图上色区域的面积是多少？

A	B	C	D	E	面积
54	80	77	48	25	

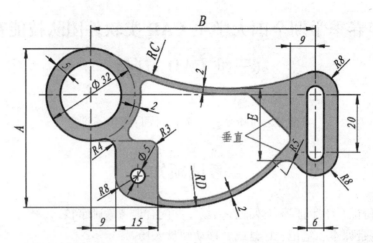

2. 参照下图构建三维模型，请注意其中的对称、同心等几何关系。请问模型的体积是多少？

A	B	C	D	E	体积
20	40	30	18	108	

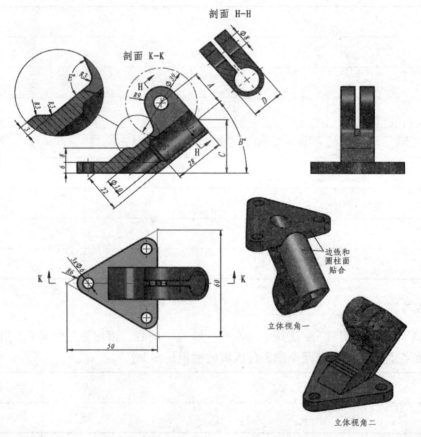

剖面 H-H

剖面 K-K

立体视角一

立体视角二

3. 参照下图构建零件模型，注意其中的同心、对称、阵列等关系。请问该模型体积为多少？

A	B	C	D	E	体积
85	62	25	50	32	

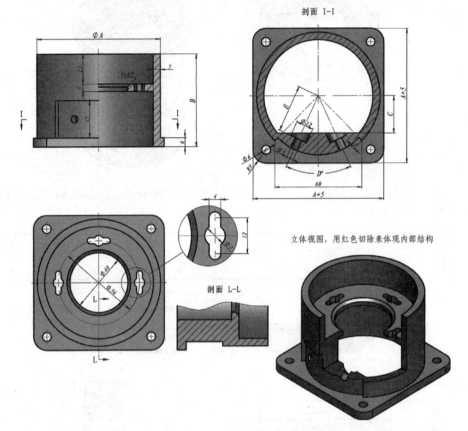

立体视图，用红色切除来体现内部结构

4. 请参照下图构建三维模型，注意其中的同心、对称、阵列等关系。请问模型的体积是多少？

A	B	C	D	E	体积
72	90	51	20	7	

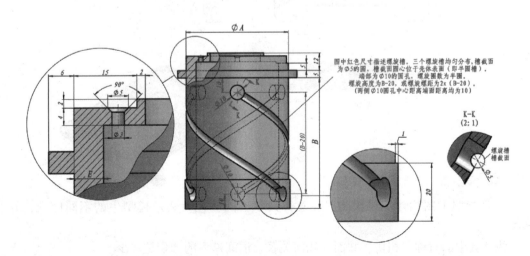

图中红色尺寸描述螺旋槽。三个螺旋槽均匀分布，槽截面为φ5的圆。槽截面圆心位于壳体表面（即半圆槽）。端部为φ10的圆孔，螺旋圈数为半圈。螺旋高度为B-20，或螺旋螺距为2×（B-20）。（两侧φ10圆孔中心距离端面距离均为10）

K-K
(2:1)

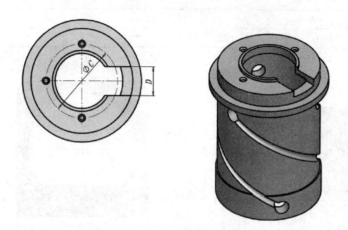

5. 参照下图构建零件模型，请注意其中的对称等几何关系。凹陷区域周边倾角为30°。请问零件体积为多少？

A	B	C	D	体积
100	16	16	2	

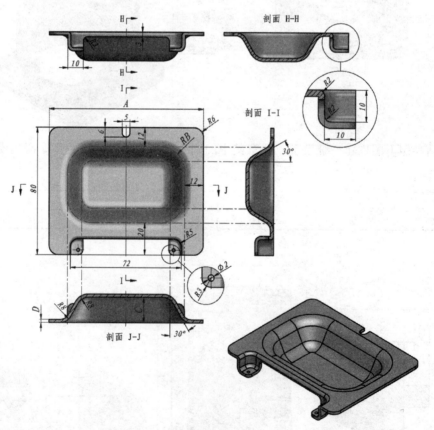

6. 请参照下图构建三维模型，注意，其中不同颜色只表示模型中的不同区域，并非装配。

注意其中的对称、相切、共面等几何关系。请问模型的体积是多少？

A	B	C	D	E	F	体积
60	7	1	4	180	30	

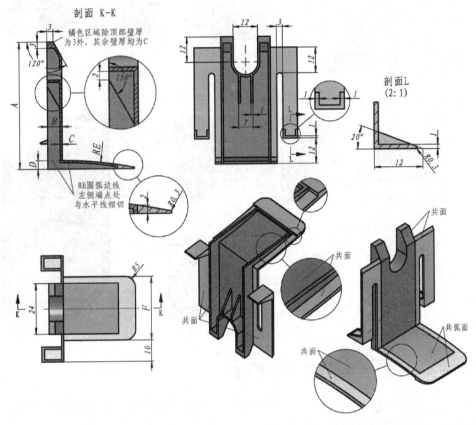

7. 请参照下图构建零件模型，注意其中的水平、对称、同心等几何关系。请问模型体积为多少？

A	B	C	D	E	F	体积
15	60	8	20	1.3	3.6	

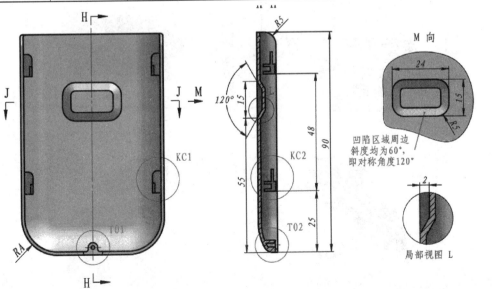

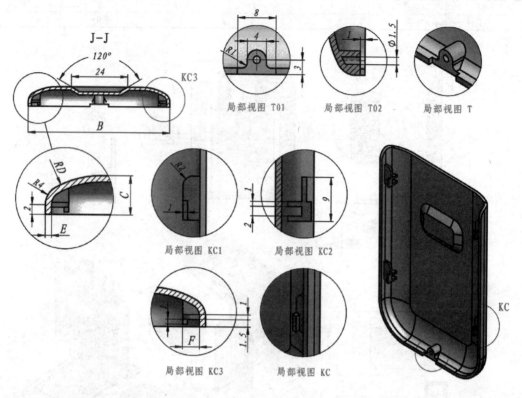

附录一：替换题，在第二赛段替换第 6 题

参照下图构建零件模型，注意其中的绿色部分的壁厚均为 *G*。注意其中的相切、阵列、同心等关系。请问模型的体积是多少？

A	B	C	D	E	F	G	体积
120	72	49	60	30	85	2	

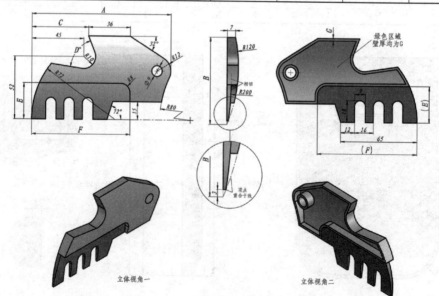

2010 年秋季学期全国大学生 CAD 类软件团队技能赛赛题

（三维 CAD 方向）

（总分：300 分；　考试时间：240 分钟）

考试须知

13. 请持身份证、学生证等有效证件入场，并配合监考教师审核。
14. 不得携带课本、笔记、U 盘或者移动硬盘入场。
15. 竞赛过程中严禁交头接耳、拷贝模型等舞弊行为，一经发现，将取消竞赛成绩。
16. 请仔细填写参赛学生情况表，尤其是姓名、身份证号和 E－mail 要保证正确。

参赛学生信息表

姓名		性别	
手机		QQ	
E－mail			
身份证号			
以下部分由阅卷教师填写（各题得分）			
1		5	
2		6	
3		7	
4		总分	

阅卷教师签字：＿＿＿＿＿＿＿＿＿＿＿＿＿＿＿

1. 参照下图绘制草图，注意其中的水平、相切、同心、对称等几何关系。
请问草图上色区域的面积是多少？

A	B	C	D	E	F	面积
29	14	70	58	139	19	

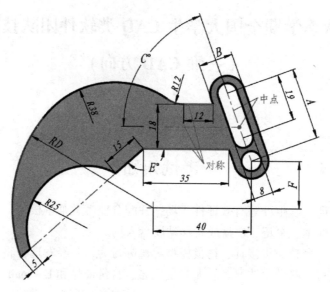

2. 参照下图构建零件。注意其中的重合、同心、相切等几何关系。请问模型的体积是多少？

A	B	C	D	E	体积
45	16	136	45	3	

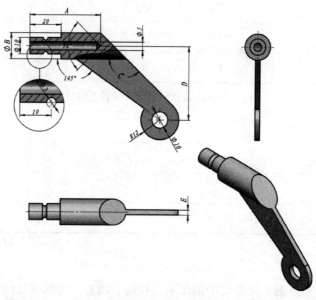

3. 参照下图构建立体模型，请注意其中孔均为贯穿孔。请问模型体积为多少？

A	B	C	D	E	体积
60	35	60	130	50	

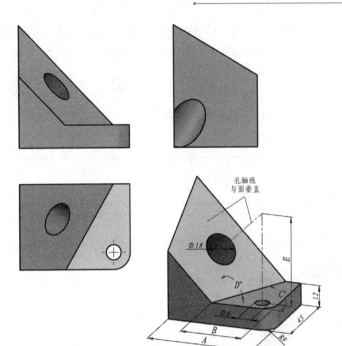

4. 参照下图构建三维模型，其中未标注的厚度（或偏距）均为 A。注意模型中的同心、对称等几何关系。请问模型的体积是多少？

A	B	C	D	E	体积
1	16	60	22	145	

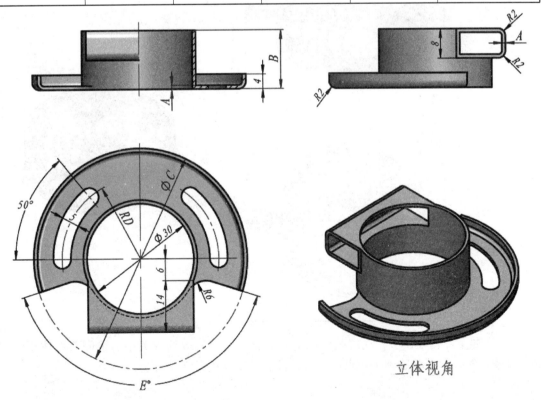

立体视角

5. 参照下图构建三维模型，其中绿色部分为一束圆锥形光束（请用曲面造型），其起点为高度为 D 的圆锥顶点，光束投射到容器底部，光照范围为红色区域（也可以用曲面造型）。

请问：

（1）模型体积（实体部分，即容器）为多少？

（2）照射区域的表面积为多少？

A	B	C	D	E	F	G	体积	表面积
17	22	32	40	200	5	240		

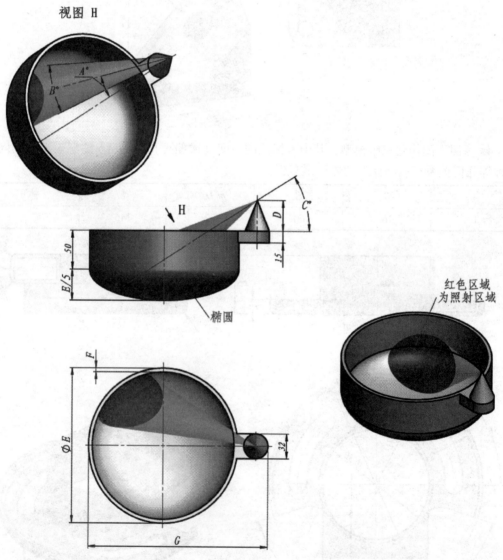

6. 参照下图构建模型，注意其中的对称、相切、同心等约束关系。请问模型体积为多少？（输入答案时请精确到小数点后两位，注意不要使用科学计数法）

A	B	C	D	E	体积
70	36	36	82	66	

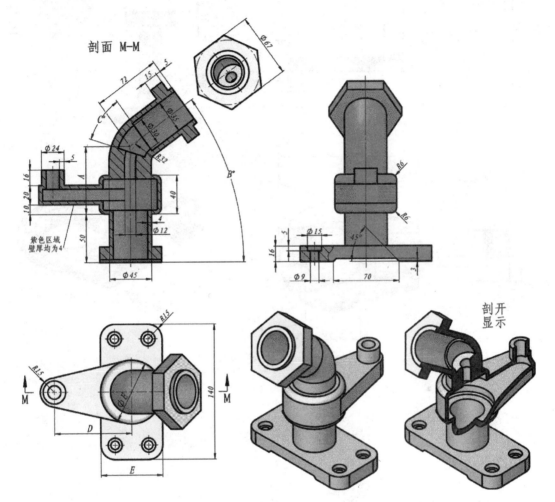

7. 参照下图构建立体模型，为便于描述其中的形态关系，用三种颜色表示。其中绿色部分是壁厚为2的等壁厚形体。请问：

（1）模型的体积是多少？

（2）假设模型按照前视图形态放置在水平平台上（即绿色区域的底部接触平台）。如果保障整个模型不倾倒，即整个模型的重心坐标在底面的投影落在绿色部分范围之内，红色尺寸所能达到的最大值是多少？

A	B	C	D	E	F	G	体积	极限值
65	72	10	165	10	102	32		

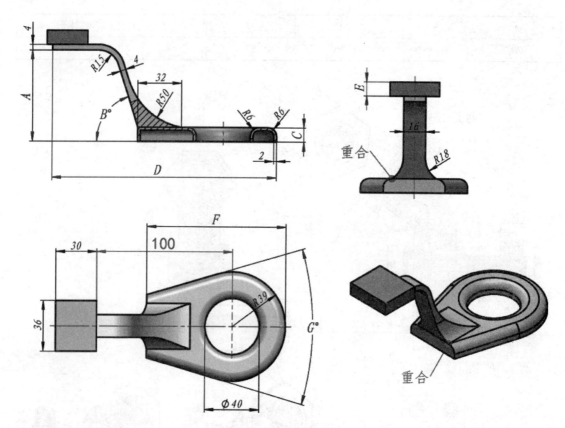

参 考 文 献

［1］展迪优 . UG NX 4.0 产品设计实例教程 ［M］. 北京：机械工业出版社，2008.

［2］云杰漫步多媒体科技 CAX 教研室 . UG NX 6.0 中文版曲面造型设计 ［M］. 北京：清华大学出版社，2009.

［3］单岩，等 . UG NX 6.0 立体词典：产品建模 ［M］. 浙江：浙江大学出版社，2010.

［4］胡仁喜，等 . UG NX 8.0 动力学与有限元分析从入门到精通 ［M］. 北京：机械工业出版社，2008.

［5］谢丽华 . 零点起飞学 UG NX 8.5 辅助设计 ［M］. 北京：清华大学出版社，2014.

［6］张黎骅，等 . UG NX 9.0 计算机辅助设计与制造实用教程（第二版）［M］. 北京：北京大学出版社，2015.

［7］李红萍 . 中文版 UG NX 9.0 实例教程 ［M］. 北京：清华大学出版社，2014.

［8］王卫兵 . UG NX 机械结构设计仿真与优化 ［M］. 北京：清华大学出版社，2014.